湛庐CHEERS



与最聪明的人共同进化

HERE COMES EVERYBODY

# 自我升级的大脑

# Smarter Tomorrow

[美] 伊丽莎白·里克 著
Elizabeth R. Ricker
鲁创创 译

浙江科学技术出版社

测一测

# 你知道如何升级自己的大脑吗？

扫码激活这本书
获取你的专属福利

扫码获取全部测试题及答案，
一起升级你的大脑

- 适度玩电子游戏能帮助玩家提高认知能力吗？（ ）

  A. 能

  B. 否

- 以下哪种活动被认为是对记忆力最有益的？（ ）

  A. 阅读

  B. 唱歌

  C. 跳舞

  D. 游泳

- 营养不良会导致脑雾吗？（ ）

  A. 会

  B. 不会

扫描左侧二维码查看本书更多测试题

献给我的家人，

瓦伦、妈妈、爸爸、林赛、莱莎和 GP，

还有我们的新成员芒奇金，

我爱你们每一个。

---

对于在做真实的自己

和在现实世界中取得成功之间做出选择的人，

我希望本书能提供一些工具，帮你们在这场

斗争中既获得胜利，又获得平和。

SMARTER
TOMORROW

# 目 录

PART 2

第二部分

## 升级 4 种至关重要的心智能力



PART 3

第三部分

## 升级大脑的 5 种基本干预方法

# PART 4

## 第四部分

## 升级大脑的两种高阶干预方法



# PART 5

## 第五部分

## 选择适合自己的实验，把自己作为方法

# 开启脑力升级的神奇之旅

未来早已到来，只是尚未平均分布。

**威廉·吉布森（William Gibson）**
科幻小说作家

**时间投入：** 11 分钟
**目标：** 通过阅读本书，了解你能得到的和得不到的分别有哪些内容。

我曾经为找到一个问题的答案而遍寻四海。在它的驱使下，我拜访了很多专家；在它的激励下，我查阅了几百篇研究论文；在它的催促下，我从神经科学研究领域跳槽到技术创业公司，后来又回归更个体化的研究工作。最终，在这个问题的刺激下，我在自己身上尝试了数十甚至数百种各类程序、可穿戴设备、科学仪器和药物。我想，假如我能为自己找到这个问题的答案，那么我也能为其他人解答这个问题：人们该怎样“升级”自己的大脑？

我的医生无法升级我的大脑，我的老师不能，我的老板不能，我的亲朋好友也不能。那么我自己该如何做到这一点呢？

“大脑升级”是什么意思呢？对我而言，它是指**持续开启一个更好版本的自己，而不是懒散地度过每一天。**我想要的**这个更好版本的自己，能够更快速地学习，记起任何容易被遗忘的细节，轻松应对日常任务而不耽误任何重要的事情，说得出正确的言语而让友人感到慰藉。**这个版本的自己，自信、可靠、温和、友好，还能解决问题。

科幻作品向我们展示的夸张的精神思维升级是一幅怎样的场景呢？比如，吞下一颗药片之后，一个男人就能在几周之内成为金融奇才；接受神经植入手术之后，一个女人在几秒钟后就能熟练驾驶直升机。还有其他一些讲述完美记忆能力、不费力气的语言学习能力和无限创造能力的故事。

如果这样的升级不再局限于科幻领域呢？最微不足道的升级也可能改变我们的生活：如果我们能在与别人见面之后不至于转身就忘记他们的姓名，如果我们能在被挚爱亲友打扰时不发火，如果我们能在工作亟须完成的时候不去看短视频，如果我们能在有人试图激怒我们时保持冷静，那么生活又会变成什么样呢？简而言之，如果我们能够挖掘出更棒、更聪明的自我，并且持续保持这样的状态，那么我们的人生会是怎样一幅光景呢？

## 发现瓶颈，升级大脑的关键步骤

你上学时，老师的评语中有没有诸如“很聪明但并未充分发挥潜力”这样的话呢？如果有，那你或许跟我读小学时候的情况差不多。有一次，我的老师在全班面前这样说道："伊丽莎白需要去找阅读障碍治疗师，因为她不知道该如何像大家一样阅读。"当时我的脸颊热得发烫，我甚至一度想过逃跑，而不是去楼上的阅读障碍治疗师办公室。然而与莱克托女士[1]相处几分钟之后，我逐渐明确了两件事。首先，她并不认为我是不可雕的朽木；其次，在我能按照自己的方式取得进步这件事上，她既给我设置了挑战，又给了我信任。之前，在别的老师面前，我总是处于一种心不在焉、烦躁恍惚的状态之中。而在莱克托女士面前，我的大脑终于被激活了。

前一年我曾是全年级最差的阅读者之一，但在莱克托女士的帮助之下，我在暑假时就完全追赶上来了。接下来的一年，我的阅读和写作能力已经高于本年级的平均水平了。几年之后，我变得快让大家认不出来了，我已经不再是那个每天在课堂上走神的小孩，而是一名能够考高分、能够在写作比赛中获奖的学生。后来，我先后在麻省理工学院和哈佛大学获得了学位。

这样的转变究竟是如何发生的？

我在研究生阶段的同学里并未遇见过太多"后发阅读者"，这在意料之中。但我在那段时间的确发现了一些别的东西：有关"阅读轨迹"的研究[2]发现，像我这种阅读能力发展落后于正常水平的学生，到了青春期仍有继续落后的趋势，尤其是在美国。此外，"后发阅读者"更难从高中毕业。[3]我算是特例，但这是怎么发生的呢？其他一些研究论文指出，某些遭遇阅读障碍的孩子，他们大脑中与语言相关的区域较小，或是并未被激活。这些现象甚至在他们尝试阅读之前就发生了。[4]所以我怀疑，我当年的困境是否也可以被提前预知。或者说，我只是注意力不够集中，毕竟我小时候的确容易走神。美国杜克大学的一个研究项目对近 400 个孩子从幼儿园到小学五年级的状况进行了持续研究，发现注意力在预测阅读障碍方面有重要作用。[5]

由于大脑的状态会随着时间推移而发生很大改变，而我在儿童时期又不曾进行过大脑扫描或是注意力评估，所以我无从得知自己的阅读障碍是否能被预测。然而我毕竟曾经是一个存在阅读障碍的人，后来却成了学术领域的幸运儿。莱克托女士个性化的教育方法，使我顺利走上了学术之路，这是我当年的班主任始料未及的。假如我的问题在于注意力层面，那么莱克托女士帮助我完美地解决了这方面的问题。在本书中，你将会了解到大脑升级的关键步骤之一：发现瓶颈。一个瓶子倒水的速度，取决于水通过其最窄处的流量，这个最窄处就是瓶颈。就我的情况而言，无法控制注意力，至少是导致我无法参与正常课堂学习的瓶颈之一。而对你来说，瓶颈或许是指别的东西。

并不是每个人都能遇到莱克托女士这样的老师。坦率地说，我甚至有一点点负罪感，因为我真的太幸运了。这样的运气，对于控制并管理你的精神状态，是非常重要的。在高中和大学的某些时候，我憧憬着更加普适的大脑升级，不再局限于改善阅读能力或是提升注意力。无论瓶颈是什么，有没有一种能够帮助所有人提升精神状态的实证方法呢？

在接下来的10年甚至更长的时间里，为了追寻这个问题的答案，我经历了一系列充满压力、令人兴奋，甚至有点儿滑稽的研究过程。其中还有些有趣的经历，包括我在麻省理工学院读书时曾在一位诺贝尔奖得主的分子神经生物学实验室做实验，或者在硅谷为某位亿万富豪工作。而那些不太有趣的经历，则包括我用手袋拎着自己的粪便去邮局，以及由于笨手笨脚，在一次电疗实验中烧焦了自己的头发。在那段时间里，我一直怀揣这样的疑问：我们究竟该怎么做，才能在控制精神状态中排除运气因素？最佳答案，或者说迄今为止我能找寻到的最佳答案，就在本书接下来的章节中。

## 自我实验，量身定制的科学方法

由于技术的发展和神经科学基础研究的突破，在过去几十年间，我们对大脑的了解或许比之前数个世纪加在一起都多。你选择在此时来阅读这本讲述大脑升级的书，正是时候。

然而，我们在讨论“大脑”时将其看作一种普遍相似的东西，这是现代科技的一大错觉。事实上，人类的大脑并不是一模一样的。每个人的大脑都有令人抓狂的显著独特性，跟其他任何人的大脑都存在差异。在本书第 3 章中，我们将会探讨那些支持这一结论的、让人激动的实证。不过请你记住这一点，如果你的目标是升级自己的大脑，那么对其他人大脑的研究或许能激发你的好奇心，但你未必会信服。这是因为，那些研究成果对其他人有用，并不意味着对你也有用。我们现阶段对大脑的认知还不够细致，尚不足以做到准确预测每一个人的问题。

意识到这一点后，我陷入了无尽的苦恼，它使我发现了一种叫作“自我实验”（self-experimentation）的方法。人们彼此之间千差万别，而解决这个难题为数不多的办法之一，便是使用为个体量身定制的科学方法。这并不是说我们无法彼此学习，你将会在接下来的章节中看到很多基于团队合作的传统研究项目，但我们无法确定这些研究成果是否具有完美的普适性。要想知道某种方法对你是否有效，你必须进行自我实验。本书将教你如何做到这一点。

要做到这一点，你并不需要身处神经科学实验室。只要你能按照烹饪书上的食谱做一道美食，就能进行自我实验。最妙的地方是，你将能够亲自掌控你身上最个体化的部位：大脑。当谈及大脑的健康状况和表现水平之时，很多人会羞于与他人分享内心的感受。其实，说到升级你自己的大脑这件事，还有谁比你更适合呢？如果你曾经也是一个被指责没有“充分发挥潜力”的孩子，那么可以说这本书就是专门为你而写的。

## 改变，每天只需 15 分钟

在接下来的章节中，你将会读到一些“干预手段”（intervention），它们将是你在改变精神状态时要用到的工具。如果你曾经帮助至亲之人摆脱药物成瘾或者酒精依赖，你或许更熟悉“干预”这个词。这个词在研究中更加常用，我从数十个实例中选出了 7 个干预手段，并将其写进了本书。所有这些干预手段的经济成本都相对较低，从免费的到 500 美元不等，而且可以在家中使用，每天 15 分钟即可。最棒的是，有证据证明，这些手段能够提升 4 种至关重要的心智能力：执行能力、情绪调节能力、学习与记忆能力以及创造能力。你可以在本书的第二部分读到更多有关上述 4 种能力的内容。

你还将了解到一些能够用来测评自己在上述 4 种心智能力方面表现的指标体系。这些测评做起来很方便，你甚至不需要太多仪器设备，也不需要医生为你做测试。它们同样是低成本且可重复的，这一点很重要，因为你将要多次进行此类测评。

我希望本书能够填补一些空白。就治疗身体疾病而言，有许多基于实证的资源。然而，对那些只是简单地想要成为更好的自己且未经特别诊断的人来说，基于实证的应对手段却少之又少。如果你曾经被诊断罹患某种身体疾病，我依然非常欢迎你，与我一起踏上这条神经破解（neurohacking）的旅途，只不过在这期间请你与你的医生保持联络。如果你没有具体的健康问题，我希望你能与你的医生分享你在本书里学到的内容，以便他们能够为你提供更为个性化的护理服务。

本书提到的有些干预手段，需要用到一些小工具，其中既包括硬件，也包括软件，有些干预手段甚至需要药物，还有一些主要是改变思维模式。在这些干预手段中，有许多是由西方国家各大实验室的科学家开发出来的，有一种是在南太平洋地区被发现的，其他的则来自印度和中国的传统医药。对我而言，只有满足下列条件的干预手段，才会被我收入本书：在健康的被试身上进行过随机可控的科学研究；经过同行评审并发表在学术期刊上；被试的 4 种心智能力目标中，至少有一种得到了明确有效的提升。我没有收录那些需要开处方或是做手术，甚至可能带来重大副作用的干预手段。而且被收录的干预手段也必须在人身上体现正面效果，而不仅仅是对实验动物有效。

我在自己身上测试了几乎所有被收录进本书的干预手段。有一些干预手段改变了我的认知，还有一些干预手段对我个人而言作用有限，但对他人有效，所以我依然将其收录进了本书。你的体验将会是独一无二的，正因为如此，你应当学会如何自我测评。这一点很重要，也是我们在本书第一部分要做的事。

## 如何阅读本书

为了能够更容易地将本书的内容分割成短时间内能够操作的“小块”，以便你能按自己的时间表去实施，我在每一章的开头部分都写明了读完该章节预估的阅读时间和目标。如果你用更短时间读完了某一章的内容，那么恭喜你；如果你花的时间更长，也没关系。请按照你自己的节奏和方式去阅读吧。

每一章结尾处都设有“让大脑更聪明”专栏。如果你只有阅读这些内容的时间，那么你将会错过许多有趣的故事和科学理论，但你依然能掌握相应章节的中心思想。

读完本书的第一部分和第二部分之后，你尽可以按照自己的想法去阅读接下来那些讲述干预手段的章节，也就是本书的第三部分和第四部分。

在本书的第五部分，你将会发现一系列耗时 15 分钟的自我实验。你可以将该部分的内容想象成大脑升级的说明书。这些实验根据不同的心智能力目标设计构建，假如你已经明确知道自己想要提升哪方面的精神状态，可以翻到本书与该项能力相关的目标，找到相应的指南，开启新一轮每天 15 分钟的自我实验。当然，这些目标可能略显简单生硬，但你读完相关章节后就会发现它们也有一定程度的可行性。

如果你想要查看本书中给出的各种结论的来源，可以通过本书“注释”部分提供的参考资料进行查询。

读完本书后，你将会：

- 找出那些可能阻碍你提升精神状态的瓶颈。
- 学会如何采用自我跟踪和居家实验的方法提升你的精神状态。
- 掌握一系列能够升级大脑的新方法。有些方法听上去或许是老生常谈，而一些方法则不同寻常。比如，我曾经把一块电池固定在我朋友的脑袋上，帮助他提高打字速度。
- 做好充分准备，通过“15 分钟自我实验”提升精神状态。

在整个过程中，你会了解到我和我的朋友是如何在工作场所和学校中，与我们的医生分享我们的自我跟踪和自我实验数据的。这些故事可以对你有所启发，促使你去探寻自己的认知数据。

本书是一次大胆的尝试，它打开了实验室的大门，让每个人都能有机会走进来，摆弄那些嘀嘀作响的仪器。这样做是否会造成混乱呢？也许会，但我希望它会带来好的结果。你将得到对某样东西全天候的“登录权限”，而别人却触碰不到它，这样东西就是你的大脑。科学家、医生、教师以及技术人员可以向你讲述人类大脑的共性和一般特征，在一些成本高昂的技术设备的加持下，他们也的确能做到这一点。然而他们仍然无法完全“登录”你的大脑。如果你选择进行自我跟踪和自我实验，在研究你自己的大脑这件事上，你将成为世界级专家。你可以对其进行优化、调整、打磨。通过这些操作，你可以变成一个深度进化的、更好的你。到那时，谁知道你会给这个世界带来怎样的惊喜呢？

现在，让我们一起来升级大脑吧！

# SMARTER TOMORROW

第一部分

# 准备好成为神经破解者了吗

# 01

# 科学自助，像诺贝尔奖得主一样做自己的小白鼠

无论你有多聪明，无论你的理论有多完美，如果不符合实际，那它就是错的。

**理查德·P. 费曼**（Richard P. Feynman）
物理学家，诺贝尔物理学奖得主

**时间投入：** 7 分钟

**目标：** 理解什么是“科学自助”，掌握如何利用它来提升你的精神状态。

“自助”究竟能给你多少帮助？

作为一个市场概念，“自助”的价值是数十亿美元。[1]讲述这一概念的文章数不胜数，也有很多内容优质的纸质书和电子书。该领域有影响力的人都在分享他们的智慧，各种研讨会和学习班吸引着心怀希望的人，然而“自助”对人们的影响却很少被精准测定。

传统自助，通常包括竭尽所能地复制权威人士所教授的做事方式。这种方式的一个缺陷在于，这里所说的权威人士的情况或许和你完全不同。即便他们通过自己的技巧取得了巨大的成功，也不能确保这些技巧对你有用。他们的个性或者价值观也许与你存在差异，他们也许生活在一个与你截然不同的环境中，而这环境恰好适合其技巧更好地发挥作用。

传统自助的另一个缺陷在于，缺少或是完全没有测量手段。通过测量，整件事就有了责任性。通常情况下，引导你进行自助的“导师”并不总是希望你去纠结他们的理念是否实际有效，并由此让他们负责。

科学自助与传统自助相反。为了产出让人看上去感觉舒服的报表，传统自助不使用测量手段，并且经常宣称是适合所有人的最佳途径，而科学自助则选择了一条完全不同的路径。它引入了测量手段和责任性，并且假定每一个个体都大不相同。它并不会教你如何严格实施某一特定的解决方案，而是教你一种方法，让你学会怎样对比不同的方案，判定哪一种解决方案对你最有效。此外，科学自助还能让你获得更多自主权，以便测试你自己打算尝试的方案，你也不需要听信任何人关于这些方案的说辞。

自我实验是科学自助的驱动引擎。在一场自我实验中，同一个人既是研究者，也是研究对象。如果你认为自己的注意力会在冥想之后立刻得到改善，那么你可以进行如下自我实验：首先，对你的注意力加以测量。随后，进行一段时间的冥想。在冥想结束之后，立刻再次对注意力加以测量。尽量经常重复这一流程，以便你的实验结果不会受你注意力中与冥想无关的随机变量的影响。这听上去很简单，只要你每一步都按照正确的方式去做以避免偏差，直到你能同时兼任研究者和研究对象的角色，这样一来你就可以让你的理念从一种假说转化为一项个人发现。

尝试某种方法，发现它并不适合你之后，再去尝试其他方法，直到找到对你有用的方法，这便是科学自助的核心。科学那充满缺陷的宏伟发展进程，已经给我们带来了许多：治愈疾病，延长人类寿命，更好地理解物理世界，以及近几十年来对于“心智决定者”——大脑，相关认知的巨大扩展。想想看：如果将科学的手法用于自身，你能发现些什么呢？

## 什么是自我实验

**在学术研究圈，从单一个体身上收集信息并进行实验的科学家，会称其所做的实验为“个案实验法”、“单一被试研究法”或是“个案研究法”。当然，要同时扮演研究者和研究对象的角色所采用的方法与上述方法存在差异。这就是自我实验，有人称其为私人科学。**我和朋友们将它称作“人豚鼠”（human guinea pigging）。

真正的科学家会采用自我实验法吗？自 1901 年诺贝尔奖设立以来，据我所知，至少有 14 名获奖者都是自我实验者，而其中半数都曾在其获奖的具体领域进行过自我实验。[2] 有些科学家使用自我实验，是为了提升自己在学术发现上的信心，即便这样做会威胁到他们自身和挚爱亲朋的生命也在所不惜。比如乔纳斯·索尔克（Jonas Salk），就曾在他自己和包括妻儿在内的家人身上测试过脊髓灰质炎疫苗。[3] 对某些科学家而言，自我实验似乎是从事科学事业最为道德的途径。正如 1977 年诺贝尔生理学或医学奖得主罗莎琳·S. 耶洛（Rosalyn S. Yalow）所说：“我们在实验室里，常常将自己作为实验对象，因为我们是仅有的能够完全知情的人。”[4] 她是美国第一位获得该领域诺贝尔奖的女性。

当然，为了推广自己的发现，自我实验者们后期也需要在其他人身上重复试验。如果专业烘焙师想要在行业中站稳脚跟，就必须烤制出别人也爱吃的面包。为了做到这一点，烘焙师需要制作不同类型的面包，直至找到一份顾客喜欢的面包配方。但是，如果烘焙师只想着满足自己，需要做的就只是烤制他们自己喜欢吃的面包。这听起来或许有点儿小气或是自私，但最终你会意识到，如果每个人都能借由自我实验开启自己的最佳状态，那么这个世界会充满更加有竞争力、有创造能力、有激情的人类。

在科学自助的加持下，你会变得既思想开放又富有洞察力。它会助力你去勇敢尝试任何建议、窍门、策略或是工具，测试它们对你是否真的有效。你也许甚至能借助科学自助，恰当地测试相关书籍、手机软件或其他你已经拥有的工具中的建议和窍门。

自我实验包含自我跟踪，即在不尝试改变自身行为表现的前提下，观察和记录自己的行为。举个例子，你或许记录过每晚自己睡眠的小时数，并观察过睡眠时间与你第二天精神状态之间的关系。如果我儿时对自我跟踪有所了解，那么我或许能找到引发我的注意力问题的是哪些特定种类的食物。因为我当初没有进行正确的自我跟踪，所以直到 20 多岁时一位敏锐的室友怀疑我可能无法消化有麸质的餐食，我才开始专注进行一项有关自身饮食的自我跟踪实验（更多的食物诱因参见第 6 章）。

## 什么是干预手段

正如我在引言中提到的，"干预"一词通常用于医学研究。**所谓干预，就像是一场治疗，它是一种工具或是手法，目的是带来某种特定的改变。**它可能是一片药、一个疗程、一种全新的生活习惯……从本质上说，任何方案都可以用于解决一个问题。**在这里，我们使用"干预"来描述任何有可能改善精神状态的工具。**举例来说，它可以是一种专门用来改善记忆能力的药片、一组意在改善情绪的瑜伽动作，也可以是一款用来减轻焦虑的电子游戏。

我们还能找到一个术语来指代自我实验，即网站设计者常用的一个概念：A/B 测试（对照测试）。还记得你刚刚在你最喜欢的网站上点击过的那个按钮吗？它或许就经历过 A/B 测试。网站设计者会设计出总体上相同，但存在细小差异的两个版本，比如版本 A 的按钮是红色的，而版本 B 的按钮则是蓝色的。接下来，他们会观察哪个版本的网站点击率更高。你可以在自己身上进行 A/B 测试。比如，你可以将自己在跑步 10 分钟后的记忆情况（干预 A）与做 10 分钟纵横字谜后的记忆情况（干预 B）进行对比。用在自己身上的 A/B 测试，有很多要更加复杂，毕竟你不能像网站设计者复制网站内容那样克隆自己，但你依然可以进行足够多次实验，并在实验之间等待足够长的时间，以便得出谨慎的结论，看看究竟哪种干预方案对你更为有效。我将在第 4 章探讨更多让你的自我实验更符合逻辑的方式。

现在你已经知道了什么是科学自助，以及它与传统自助之间存在怎样的差别。你也了解了什么是自我跟踪，什么是 A/B 测试。最重要的是，关于自我实验，你也了解了很多。但这一切与升级你的大脑又有多少关系呢？

在第 2 章中，你将触碰到整个拼图中的第一片。你将会认识一群人，他们进行的是一种非常特别的自我实验，他们就是“神经破解者”。

## 让大脑更聪明 SMARTER TOMORROW

1. 科学自助与传统自助相反，科学自助并不会教你如何严格实施某一特定的解决方案，而是教你一种方法，让你学会怎样对比不同的解决方案，判定哪一种方案对你最有效。
2. 自我实验是科学自助的驱动引擎。在一场自我实验中，同一个人既是研究者，也是研究对象。至少有 14 名诺贝尔奖得主是自我实验者。在科学自助的加持下，你会变得既思想开放又富有洞察力。

# 02

# 揭示神经破解者的秘密

在这宇宙之中，只有一个地方是你一定可以改进的，那就是你自己。

奥尔德斯·赫胥黎（Aldous Huxley）

英国小说家

**时间投入：** 9 分钟

**目标：** 了解怎样才算是成功升级大脑。

## 两项工作，升级你的大脑

对某些人而言，“破解”这个词看上去有些吓人，它会让人想起为了窃取信用卡信息而破解网络安全系统的计算机黑客。而对一些人来说，这意味着恶作剧。我在麻省理工学院读书时，我们做过的恶作剧可谓相当有名：比如学生们把一辆警车停到楼顶，并在前座放上甜甜圈①。在那种语境下，所谓的“破解”，指的是找乐子，想象用完全反其道而行之的方法做事。而升级大脑则包含去寻找有创造性的思维捷径，使用寻常的材料达成不寻常的目的，以及去挑战常规思维。这一切的驱动力是好奇，具体到这里，就是对思维运作模式的好奇。

**升级大脑包含两项工作：探究你现阶段的精神状态（通过自我跟踪），以及对其加以升级，从而提高心智能力（通过自我实验）。**我们来看一个实例，看看神经破解者如何提升自己的记忆能力。

① 美国警察在巡逻和执行外勤任务时有一种备受嘲笑的饮食习惯，即吃甜甜圈。——译者注

SMARTER TOMORROW

## 案例研究 1：提升学习与记忆能力

2010 年 9 月 14 日，一位名叫罗杰·克雷格（Roger Craig）的计算机科学家成为智力竞猜节目《危险边缘》（*Jeopardy!*）单日获奖金额最高的参与者（77 000 美元）。这一头衔他保持了近 10 年之久。2011 年，克雷格解释了他通过什么方法记忆《危险边缘》节目冠军所需的海量信息。他的秘诀就是一种有着百年历史的记忆技巧。[1]

19 世纪 80 年代，为了测试记忆的运作机制，德国心理学家赫尔曼·艾宾浩斯（Hermann Ebbinghaus）将自己关在巴黎的一间屋子里。他强迫自己按照一份具体的时间计划去学习、复习和回忆一些毫无意义的词语。艾宾浩斯发现，遗忘的速度是可以预测的。他发现了一个可以体现人们要经过多久会发生遗忘的模型。假如他能在即将忘记某个无意义词语之前提示一下自己，而不是遗忘之后立刻去复习，就能省下很多学习时间，同时仍旧能正确地记起相关信息。关键点就在于掌握“即将遗忘”的时间。艾宾浩斯的记忆技巧后来以“间隔重复”（spaced repetition）而为人所知。从本质上说，这是你能想到的以科学为基础的最具体的学习计划。[2] 100 多年后，借助经过特殊设计的计算机程序，人们遵照改良后的艾宾浩斯记忆法进行学习变得更方便。[3]

克雷格就是利用这样一种程序取得了辉煌的成功。他找到了一份《危险边缘》过往的问答题库，将其输入免费的间隔重复辅助记忆软件 Anki。[4] 艾宾浩斯若泉下有知，应该会为克雷格感到骄傲：经过了最初的学习之后，克雷格一直保持着对知识的清晰记忆，他每天只花 10 ～ 30 分钟学习新的材料，而将精力集中于复习他即将忘记的信息上。借助间隔重复，克雷格不仅节省了时间，还在《危险边缘》节目中名利双收。

## 与大脑的“技术大师”并肩作战

无论你给你的大脑定下了怎样的目标，负责升级大脑的“指挥官”都会为每个人制订高度个体化的提升方案。即将与你并肩作战的，是一个大胆自信、充满好奇的“团队”。准备好享受快乐，让你大脑深处那个“技术大师”一展拳脚吧！

十几年前，当我开始为写作本书而进行研究时，神经破解者还很少见，我们这种人零星分布在世界各地。大多数情况下，我们甚至互不相识。时间慢慢过去，我到一些实验室采访了相关的研究者，使用各种零件搭建了属于我自己的研究设备。我花费了数年时间，才找到一些志同道合的人，让自己在这条研究道路上不那么孤单，而提高研究效率则更为艰难。然而，对于正在阅读本书的读者，则可以直接跳过其中大部分流程。

如今，无论在网络社交平台还是私人场合，你都可以找到一些充满活力的、专注于“生物破解”（biohacking）的社群。这里所说的“生物破解”指的是破解某人的生物学状态，当然也可以包括大脑。蒂莫西·费里斯（Timothy Ferriss）有关生物破解的畅销书《每周健身4小时》（*The 4-hour body*）的读者，在网上也创建了专门的群组。

对某些了不起的、勇于自我实验并自行跟踪实验结果的读者而言，可以了解一下“量化自我社群”（Quantified Self）。该社群是《连线》杂志创始主编盖瑞·沃尔夫（Gary Wolf）和凯文·凯利（Kevin Kelly）于2007年发起成立的。“量化自我社群”的上万名会员对“通过数字，认识自我”有着共同兴趣。从肥胖大半生的男人利用撰写日志和自我跟踪的方式减掉200磅①体重[5]，到努力想要孕育后代的女人通过生物技术健康怀孕[6]，该社群成

① 1磅约为0.45千克，200磅约为90.7千克。——编者注

员的“展示与讲述”项目涵盖的范围很广。

如果你想要参与一个专注于大脑和相关新技术的社群，可以看看由一群北美洲大学生联合创立的 NeuroTechX。如今，该社群为其遍布世界的数百个分支机构和数千名成员所组织的活动，包括“破解之夜”——爱好者共同研究神经相关技术项目的非正式见面会、各类网络聚会，以及其他一些活动。

由于成员的科学背景水平存在差异，这些社群也呈现出多样化的特征。但它们所涵盖的成员性格和背景足够丰富多彩，只要你不断去寻找，总能找到志同道合的人。尽管这些社群的成员状态往往与美国科技社群的人口统计资料相吻合，比如，多为白人男性、具有工科学背景、经济富足，但其他各种族、性别和职业人群的参与比例也在增长。

什么东西能够将大家团结在一起？除了好奇心，就是一份信念：相信理解自身状态数据之后，能够让自己摆脱先入为主的观念和偏见。

SMARTER TOMORROW

### 案例研究 2：防止思维冻结

2012 年，公益分析师史蒂文·乔纳斯（Steven Jonas）进行了一次公开演讲，讲述了他的个人项目，内容是减少某项“压力相关因素”对其精神状态的影响。[7]他发现，在工作日的某些不同时间点，他的思维会陷入冻结状态。接着他会突然意识到自己进入了“逃避”状态，开始浏览一些新闻和模因①，或是起身去吃高热量的、能提神

① 模因（meme）是指文化的基本单位，通过非遗传的方式，特别是模仿得到传递。——编者注

的食物。他意识到这些只是压力状态下的一种反应，对于解决问题并无益处。他需要一种方法，以物理方法对他的压力进行量化。他认为，如果能量化自己的压力，那么他也能学着去管理压力。

乔纳斯找到了一种名为“心率变异性”（heart rate variability，HRV）的量化指标。健康、体格强壮的个体的心率变化范围很宽，即 HRV 很高，因为它精确反馈着来自大脑的信号变化。数十年来，有关心脏和大脑之间关联性的研究发现，长期承受压力时，心脏对大脑的反馈会变差，导致 HRV 较低。乔纳斯决定跟进研究自己的 HRV，以检测压力，希望在压力导致出现思维冻结状态之前发现它们。想要测量 HRV，可以使用检测胸带，或是其他穿在身上、贴着皮肤的传感器。乔纳斯改造了一部旧的 HRV 探测设备，使它能够在检测到自己的 HRV 降低时发出嘀嘀声，从而提醒他压力正在增长。

他开始注意到一些模式：有的电子邮件总能触发嘀嘀的报警声，尤其是来自某些特定人物的邮件。不久后，他已经能在嘀嘀声即将响起之前做出预测了。这给了他时间通过尝试干预来减轻压力。他所做的是进行呼吸训练。实时警报提升了他的自我意识，凭着这一点，乔纳斯感受到的思维冻结现象开始减少。这样做还有一项意外的好处，通过自我跟踪，乔纳斯发现在特别关注实时报警的日子里，完成一天的工作之后，自己的精力还有余裕。

## 现在就是升级大脑的最佳时机

**自我跟踪和自我实验是大脑升级的核心要义。**如今，人们比历史上任何时代都更容易将其付诸实践。我们可以在智能手机上安装程序，以自动记录数据；有免费的电子表格工具，对实验结果进行归档；可以在舒适的居家环境下，设置许多测试和干预手段。即便你更偏爱用铅笔和纸做自我跟踪记录，依然可以找到相应的网络社群，从中得到启发并解决问题。与10年前我刚刚开始为写作本书做研究时相比，现在的医生更能接受患者的自我跟踪了。这意味着你可以并且应该将在进行自我跟踪和自我实验时发现的内容与医生分享。你可以提供数据，这有助于他们为你量身定制治疗方案。

SMARTER TOMORROW

## 案例研究3：驱散脑雾

2014年夏末，临床科学家兼铁人三项运动员马克·德朗斯霍特（Mark Drangsholt）在“量化自我社群”的一次会议上做了报告。[8] 他称曾经向医生抱怨过自己被脑雾所困：每逢此类时刻，他都不能记住单词，忘记关键信息，无法集中精神。由于脑雾有多种诱因，而德朗斯霍特看上去健康状况尚可，医生并不确定该怎样帮助他。

德朗斯霍特决定亲自来解决问题，他在商业检测机构进行了基因、血液和认知测试并收集了相关数据。掌握了这一系列数据之后，他重新去拜访了医生。通过合作，他们查明，德朗斯霍特脑雾症状发作的可能诱因，是他大脑中某个关键区域里的小血管存在变窄现象。医生为德朗斯霍特开了一种可降低体内胆固醇水平的他汀类药物，后来他的脑雾症状消失了。

德朗斯霍特或他的医生会建议所有受脑雾困扰的人都服用他汀类药物吗？这当然不太可能。然而，德朗斯霍特的自我跟踪帮助医生为他选择了一种更加个体化的药物方案。经由自我实验获得的知识是一种力量：德朗斯霍特的自我认识给了他最终驱散脑雾的力量。

## 神经破解者的信条

升级大脑并没有太多条条框框，但若想安全地升级大脑，还是要遵循 4 条基本原则。我将它们称作神经破解者的信条：

- **神经破解者要设计自我实验。**神经黑客并不会单纯因为某些人说过有些方法能改善精神状态，就假定其能够奏效。在使用这些方法之前，他们会测试自身的精神状态。这一测试和评估过程能提供一条可控的路径，使他们达成自我理解和自我完善。
- **神经破解者会认真地选择测试内容和干预手段。**神经破解者充满好奇心，却也小心谨慎。他们会尽可能选择有效且可靠的测试，他们会在尝试干预手段之前，对自己进行测试。如果两种干预手段的效果类似，神经破解者会选择其中副作用最小的那一种。
- **神经破解者从不假定自我实验具有普适性。**神经破解者明白，每个人的大脑是不同的，每个人的生活方式和目标也是不同的。成功的自我实验必定是高度个体化的。神经破解者可以相互学习，而且他们也确实这样做了，或是从大型研究项目中汲取营养，但他们认为两个采用相同方案的人并不能得到完全一致的实验结果。
- **神经破解者从不单独行动。**神经破解者在设计其自我实验时，会与老师、医生、治疗师以及其他专家合作。神经破解者会在自己的自我实验中彻底把持掌控权，但他们常常会与一位责任伙伴合作。这个参与冒险的责任伙伴，也是自身升级大脑之路上的探索者。两个或两个以上的人如果能在升级大脑的道路上合作，那么每个参与者都能够肩负起责任，使独自一人的科学探索成为一场群体狂欢！

现在，你已经见识过神经破解者发挥作用的实例了。你或许在想，自己该从哪里入手呢？同样，你或许在想，什么才是真正的“提升”呢？在身体层面，何种迹象能够证明这些“提升”是真实发生的呢？在第 3 章中，你将找到这些问题的答案。

## 让大脑更聪明 SMARTER TOMORROW

1. 升级大脑包含两项工作：探究你现阶段的精神状态（通过自我跟踪），以及对其加以升级，从而提高心智能力（通过自我实验）。
2. 无论在网络社交平台还是私人场合，你都可以找到一些充满活力的、专注于“生物破解”的社群。新入门的神经破解者可以在这些社群里找到志同道合者。
3. 神经破解者的信条包含 4 条基本原则：（1）神经破解者要设计自我实验；（2）神经破解者会认真地选择测试内容和干预手段；（3）神经破解者从不假定自我实验具有普适性；（4）神经破解者从不单独行动。

# 03

# 大脑真的可以被改变吗

生命里没有要畏惧的，只有要了解的，我们应该了解多一些，这样才能畏惧少一些。

玛丽·居里（Marie Curie）
物理学家，诺贝尔物理学奖得主

**时间投入：** 11 分钟

**目标：** 尝试理解神经破解的工作原理和真实存在的佐证，思考你想要通过升级大脑而达成的目标。

在本章中，我们将聚焦大脑可被改变的佐证，以及应该如何去改变大脑。我们还将关注，在人类大脑个体差异极大的前提下，该怎样衡量大脑的改变。

## 如何改变大脑

如何改变大脑？当我刚开始研究的时候，这一问题时常浮现在我的脑海之中。从某个角度看，这个问题涉及先天禀赋与后天培养：你的智力水平有多少是由基因决定的，又有多少是由环境决定的呢？这里所说的环境，也包括你通过升级大脑而为自己创造的环境。

阿兰·考夫曼（Alan Kaufman）曾经发明过一些被广泛运用的智商测试，自 1997 年开始，他便在耶鲁大学儿童研究中心担任临床心理学教授。他说："基因要素和环境要素对智力水平的影响各占 50%这一概念，与我们用科学手段得出的结论基本吻合，可以用来评估二者在每个人智力水平中的相对影响。”[1] 为了探究环境对大脑的影响，考夫曼及其同事对生活在一起的兄弟姐妹的智力水平与各自单独生活的兄弟姐妹的智力水平进行了对比。他们发现，那些生活在一起但并无生物学意义上的血缘关系的兄弟姐妹（即那些由于收养而生活在一起的孩子），其智力水平高度相似（相关性为 0.28）。随着成年之后分开居住，他们的智力水平出现差异：生活环境发生改变后，其智力水平的相关性降至 0.04。[2]

当然，这些研究发现也存在局限性。一方面，这些研究都是基于观察，而不是基于实验的。在基于观察的研究中，科学家只是将发生的事情记录下来，并注意到某些事情往往发生在其他事情发生之后。如果此类事情发生得足够频繁，那么或许这两件事之间存在关联，而不只是偶然发生的。只有当你进行了恰当的实验，你才能对事情之间的因果关系做出有力的陈述。当然，在这种情况下，做这样一番实验是不道德的。另一方面，智商测试是有局限性的，测试并不能判定被试的心智状况。抛开这些负面因素不谈，我们对智商的相关研究，在某种程度上应该持谨慎的乐观态度。这些研究表明，智商并不仅仅是由基因控制的，智力水平可以也的确会根据环境不同而发生变化。只要环境适合，智力水平将得到改善这个说法就是正确的。换句话说，这便是支撑神经破解的证据。然而，环境究竟是如何使大脑产生变化的呢？

关于环境如何改变包括大脑在内的人体，人们提出过很多机制。第一种方式是环境因素的改变，它会影响基因的表达方式，正如表观遗传学领域的研究所展现的那样。第二种方式是通过微生物进行改变，即存在于我们体内外的、能够对从情绪到能量水平的一切造成影响的微生物生态系统。比如，这个微生物的生态系统会被食物和压力所影响。第三种方式，也是最常被提及的方式，则是我们的大脑会为了对感受做出反应而出现结构改变。

## 学习改变大脑

本书不会讨论太多技术方面的问题。但既然我们坚信大脑能够被改变，那么支持这一信念的基本证据还是值得稍加了解的。神经可塑性，指的是大脑为了对学习活动、新的体验以及伤痛做出反应，而形成和重组神经元连接的能力。在对负面事物（比如孩提时代的苦难或压力），以及正面事物（比如学习机会）产生回应时，我们的大脑会发生结构改变。

作为神经破解者，我们会通过学习来控制大脑发生改变的能力。随着我们不断学习，大脑也会按照预期方向发生变化。举个例子，2014 年，为了进行一项大脑成像研究，韩国一个研究团队招募了三组被试，他们分别是毫无射箭经验的大学生、大学里的射箭选手和奥运会射箭比赛奖牌获得者。[3] 当毫无射箭经验组的被试脑海里想象着“自己松开了弓弦”时，扫描成像显示他们的大脑出现了大范围的活动。而大学里的射箭选手组对大脑的运用效率则更高，他们只调动了少部分脑区。奥运会射箭比赛奖牌获得者组调动的脑区是最少的。

神经元之间的关联被称作“连接”。神经学家常说两句话，一句是“并肩作战的神经元会彼此连接”，另一句则是“行动不一致的神经元会失去连接。”他们用这两句话来阐释某些神经元建立连接和断开连接的原因。在你学习一套陌生的钢琴音阶，或是第一次尝试记忆某个方程式的时候，实际上你是在建立一组新的神经元连接。这些神经元之间形成新连接（接线）的过程，被称作“突触形成”（synaptogenesis）。

在尝试学习新的任务时，邻近的神经元常常会收到“召唤”前来“帮忙”。如果主要参与处理某项学习任务的神经元附近的神经元恰好空闲，那就会被那个处理学习任务的神经元“召唤”，参与该项学习任务。随着人类在某个领域的专长技能的发展，不仅大脑中某些大规模“街区”之间的关联性会发生改变，而且各脑区中的特定“实体房屋”也会被利用起来，以便完成学习任务。人们发现，学习某种乐器，[4] 玩乐，[5] 记住城市的交通路线，[6] 为了参加法学 [7] 或是医学行业 [8] 标准化考试而强化复习，以及接受谈话治疗 [9] 等，都会让大脑发生可观察到的结构改变。这一切都说明，改变大脑的可能性是非常大的。

人们不仅会因为新的学习任务而改变，在应对环境和生活体验时，我们也会在更广阔的层面进行改变。我在麻省理工学院时，我的同事承现峻（Sebastian Seung）教授向我介绍了“神经连接组”（connectome）的力量。神经连接组指的是大脑中不同神经元彼此之间精确而又独特的接线。在一项涉及数百人的研究中，来自美国和中国台湾的研究者发现，与 100 天前的状态相比，每个被试的大脑都呈现出平均超过 12%的差异。[10]

**大脑给自己重新接线的能力，至少在一定程度上，能够帮助人类学习知识和改变自我，即便成年之后也是如此。**这一切都让我们更加有理由相信，人可以有意识地去升级自己的大脑。接下来需要确保的是，大脑必须按照人们想要的方式去重新接线。

## 如何测量大脑的改变

**想要回答如何测量大脑的改变，你需要了解如何测量人的精神状态。一般有两种方法：一种是行为学层面的，另一种是生物学层面的。**

## 测试精神状态：行为测试

我推荐你在自我实验中采用的行为测试，指的是那些用来度量心智能力（而非文化知识），且能够被重复实施的测试。作为神经破解者的我们既然是为了运用测试手段来度量我们的进步，那么需要确保这些测试手段在重复使用过程中仍然有效。这样我们才能看出自己的表现随着时间的推移而产生的变化。

如果多次测试后，你对问题越来越熟悉，那么测试后期你得到高分的含义与测试前期得到高分并不相同。这是我们希望避免的情况。有用的测试通常包括视觉谜题或游戏。在本书中，我将向你介绍一些此类测试的简短版本。我精心选择了一些可以重复做的测试，方便你对自我实验的效果做出评估。我们将在本书第二部分详细讨论这些测试。

有一些测试是我不推荐去做的。比如，有些性格测试与智商测试虽然被广泛使用，但它们既无法重复，又无法在文化层面做到公正。因此，你可能会得低分，原因是你不了解某些词在特定文化中的含义。例如，这里有一个选自 SAT 的测试[①]：

**跑者：马拉松**

A. 使者：大使馆
B. 殉道者：大屠杀
C. 划桨手：赛船会
D. 马：马厩

---

① SAT 相当于美国的高考。这个测试与智商测试相关性很高，其内容在文化层面曾显得颇为生僻。——译者注

这个题目的正确答案是 C（划桨手是一位负责划船桨的选手，赛船指的是划船比赛）。这些词可能为特定群体所熟知，但很多不属于那个群体的人或许并不了解它们。为了消弭文化层面的偏差，这个问题以及其他类似问题，后来从测试中剔除了。[11] 这就是我们要避免的测试。

### 测试精神状态：生物学测试

对大脑之中可观察的结构改变进行测量，比如说测量大脑的生物电活动，或许就是"神经破解"的未来。平价的可穿戴大脑成像设备的发展，令我们得以瞥见这一领域的发展方向，使人们有机会实时观察大脑如何实现各种功能。大脑成像技术也被用于诊断注意缺陷多动障碍（ADHD）。美国食品药品监督管理局批准了一项申请，允许医生对普通儿童的脑电波和确诊患有注意缺陷多动障碍的儿童的脑电波进行对比。[12] 然而大多数用于测试心理状态医疗级生物学测试仪器，要么还不够先进，要么不够简单易用，不足以让人们在家中进行"神经破解"。所以，我们只能依靠行为测试了。

## 量身定制个体化的大脑升级

这个时候你也许会感到困惑："神经破解"的终极目标究竟是什么？换句话说，一个被升级过的大脑应该是什么样的？答案是：每个人的情况都不同。**作为神经破解者，你负责对自己的大脑进行升级。你需要构建专属的自我实验，并给出优化自己的精神状态的定义。**这仅仅是由于，尽管你可以改变自身的某些属性，但这并不意味着这些属性应该被改变。

"神经多样性"（neurodiversity）是一个你或许见过的时髦词。它指的是个体差异巨大的人类大脑中自然出现的多样特征。人的发色、肤色和眼睛的颜色非常丰富多彩，而藏在那些面孔背后的大脑有着更大的多样性。精神状态上的个体差异可能非常显著：没有任何两个大脑是一模一样的，就算是同卵双胞胎的大脑也有很大差异。

近年来，大脑成像数据向我们展示了人类大脑的接线模式是独特而明确可辨的，[13] 这一点即便随着时间流逝也不会改变，与人类的指纹类似。[14] 同卵双胞胎的基因是相同的，但他们的大脑接线模式并不完全相同。来自美国和中国台湾的研究者发现，同卵双胞胎的大脑接线模式的重合度只有大约 13%。在同样的实验环境条件下，异卵双胞胎或是同胞兄弟姐妹间，大脑接线模式的重合度大约只有 5%。[15] 每个大脑的电信号图谱或许都是独一无二的：当一组被试面对同一组 500 张图片——包含一片比萨、一艘小船、一张安妮·海瑟薇的照片等以及单词 conundrum（谜语）之类的内容时，每个被试大脑的反应差异巨大，以至于研究者可以非常准确地分辨出每一位被试。[16]

神经多样性是一个引发了科学运动和社会运动的概念。那些思维和行为被打上“不正常”标签的人开始组织起来，呼吁正常人接受他们的心理特征。规模较大的此类组织之一的成员是一群被诊断患有孤独症谱系障碍的人。他们被“标记为”患有注意缺陷多动障碍、双相情感障碍、阅读障碍以及其他一些精神障碍。这些人呼吁社会接受他们，不能因为他们的不同而将其视作患者。[17]

他们认为，自己的大脑只是有不同的接线模式，但这些模式并不一定是坏的。在某种特定的环境下，相比于所谓的“神经标准人”（那些在别人眼中可能“正常”的或“健康”的人），他们这些“不正常”的人还具备一些优势。他们甚至提出，现阶段被视作“障碍”的某些差异，或许可以被解释为进化的多样异变，能够帮助人类适应不同的环境。比如，在日照量不同的环境下，人类的肤色会产生差异——深肤色使赤道附近地区的人在阳光直射下更能保护自己，而浅肤色则让高纬度地区的人更容易吸收维生素 D。[18] 有些患有注意缺陷多动障碍的人认为，他们是优秀的猎人而非采集者的后裔。因为许多患有注意缺陷多动障碍的人在不得不应对过量低密度（无聊）的细节事物时，会感到煎熬，而他们在其他人感到信息过量时却仍能保持极强的专注力。这种专注力也许能帮助他们更顺利地接近猎物。这种现象或许能解释一些事情，比如在患有注意缺陷多动障碍的人中，有更多人最终会成为急诊医生。[19] 与此类似，“夜猫子”或晚睡晚起型人群，也就是那些天生倾向于比早睡早起型人群睡得更晚、起得也更晚的人的祖先，也许曾经是负责在危险出现时叫醒部落其他成员的守夜人。有趣的是，在关于多项精神健康指标的实验室测试中，这一群体在他们一天中精神最好的时段——晚上得分很高，甚至比其他睡眠类型的人在精神最好时段的测试分数还要高。[20]

所以，当你踏上神经破解之旅时，你或许会发现自身精神状态层面的一些特征，初看上去就像是一些缺陷。在你“纠正”它们之前，我强烈建议你再想一想，它们能扮演（甚至可能是不露痕迹地去扮演）怎样的正面角色。这是你自己的大脑，你应该无拘无束地按照你自己的想法来升级它。但以我个人的看法，我希望你不要将神经破解当作一种工作，不要不加区别地将自己改造得与身边人更为相似。这个世界有着很多问题和机遇，你的大脑结构或许非常独特，让你有能力解决其中的一个或者更多的问题，抓住一个或多个机遇。我希望你通过神经破解来将自己的大脑升级成更好的版本，但依然保留着它的众多特质。

为了理解怎样才能真正升级你的大脑，你需要学习如何开展自我实验。第 4 章为你讲述开展实验的方法。

## 让大脑更聪明 SMARTER TOMORROW

1. 大脑成像得到的证据表明，人类大脑可以被有意识地升级，即便成年之后也是如此。一个人的大脑接线会随着时间流逝发生显著改变。专家认为，影响一个人智力水平的因素50%在于环境，50%在于基因。这对我们来说是好消息，因为神经破解本身就是针对你所处的环境做出有意识的改变。
2. 所谓个体差异，是指因人而异的永久性生物特征，比如指纹和大脑的模式。大脑的个体差异是很重要的，这种差异的存在，是“一刀切”式神经破解干预手段很难奏效的原因，而关键在于个体化。
3. 神经多样性是人类多样性的一部分。你既可以借由神经破解让自己更加“正常”，也可以通过神经破解强化那些能体现你的独特性的特质。这两件事你都可以去做，这取决于你的时间框架，以及你所进行的自我实验。这是你自己的大脑，自然由你自己来升级。

# 04

# 成为神经破解者的快捷四步法

当你能测量你所谈论的事物，并能用数字表达它时，你才算对它有所了解。

开尔文勋爵（Lord Kelvin）

英国物理学家

**时间投入：** 12 分钟

**目标：** 了解如何进行一场神经破解自我实验。

我曾经搞砸过很多场神经破解自我实验。有一次，我在实验之前忘记了测量我的精神状态，直到实验快结束时，我才意识到自己没有用来对比的基准数据。还有一次，我的自我实验中重复的次数太少，我根本没办法判断实验结果是不是偶然现象。坦率地说，我犯过的愚蠢错误都够再写一章了，当然，我不会在本章里再多赘述我的错误实验。我撰写本章的目的，是让你避免犯同样的错误，从而帮你节省时间。让我们开始吧！

你将看到我为神经破解自我实验搭建的框架。在本章后文，你还能得到一张“自我实验日程表”。如果你按照那张计划表样本去做，你将会很容易选定某个精神状态作为你的升级目标，为你的自我实验选择一套好的设计方案，最终更快地升级你的精神状态。

此时此刻，这听起来似乎有些怪，但我希望你能在脑海中想象出一个梯子……

## 快捷四步法，神经破解自我实验的关键步骤

想象一下，一个有 4 级阶梯的梯子靠在墙上，墙的另一侧，是已经升级过的你的大脑。问题是，你在墙的这一侧，需要爬过梯子才能到达另一侧。你注意到，梯子的每一阶上都写着一个词：

- **专注**（focus）
- **选择**（selection）
- **训练**（training）
- **反思**（reflection）

将这 4 个词的大写首字母放在一起就得到了 FSTR，我将其拼读为 faster，即快捷四步法。我认为神经破解梯子上的这 4 级阶梯，涵盖了一场神经破解自我实验的 4 个关键步骤。

开始“爬梯子”之前，你应该做好下列准备工作：

- **准备一个记录本。**在第 5 章中，你将了解怎样选择记录本。
- **尽量找一位责任伙伴。**同样在第 5 章中，你将学习该选择谁作为神经破解伙伴，以及如何与其合作。
- **自我调试。**在第 6 章中，你将会发现自己的健康和生活习惯中的潜在瓶颈，那些瓶颈可能会阻碍你的精神状态。

现在，让我们爬上神经破解之梯，先踏上第一级阶梯——专注。

## 快捷四步法之“专注”

专注即专注于你的目标。如果你尝试一次性改善太多东西，每天将会花费远超 15 分钟的时间。你需要合理使用这些时间，否则将无法进行一场符合科学规律的自我实验。粗心大意的神经破解者会遇到很多风险，包括偏见、练习效应（practice effects）以及遗留效应（carryover effects）等谬误。这些技术性问题会对你造成阻碍，让你无法分辨一种干预手段是否对自己真的奏效。如果你按下列步骤做，可减少此类风险：

**选定一个升级目标。**要做到这一点，你需要评估目前自己的心智能力，哪些方面较强，哪些方面较弱。本书的第二部分将叙述你该如何在执行能力、情绪调节能力、学习与记忆能力、创造能力这 4 个方面对自己做出评估。这 4 个方面与你在日常生活中的精神状态都密切相关。这里有一个问题：若不使用基于表现的测量手段进行自我测评，就会有严重的偏差隐患。无论是因为自负或是出于一厢情愿的主观想法，都很容易让你对自己的精神状态做出超乎实际水平的乐观评价。反之，如果你正感到沮丧，或是正处在严苛的自我批评状态，你或许也会给自己做出不公平的差劲评价。不过也有许多方法可以解决这一问题，其中一种方法是，使用各种各样的度量手段来评估自己，这些手段中有的主观性很弱，并且更基于表现本身。这样做在某种程度上就能有效控制因为你自己的主观偏差而搞砸整个实验的可能性。

**收集与你的精神状态和生活质量相关的基本数据。**为了方便对比，在采取任何干预手段之前，你需要为自己的精神状态划定一条基准线。还记得我们在神经破解风险列表里提到的谬误吗？让我们来处理练习效应的风险。多站到体重秤上几次，你并不能得到一个明显更小的体重数字。与此不同的是，如果我们在认知类测试中多做几次，常常会得到更好的结果。这是因为我们对测试题的格式更加熟悉了，而不是因为深层次的认知能力得到了提升。想要应对练习效应，你有一些方法可以使用。第一种方法，是在你刚开始自我实验时做一次认知测试，然后等待足够长的时间，当你差不多忘记了所有问题时，再做一次跟进测试。不少临床专家主张，两次测试要间隔 6 个月。[1]我推荐的是第二种方法。我第一次见到“量化思维”（quantifield mind）的在线认知测试平台[2]，是看到谷歌的研究员尤尼·唐纳（Yoni Donner）在使用它。在这个平台上，你需要进行足够多次数的测试，这样你的答案才能稳定下来。在一周时间内完成专注阶段，每项基于表现的测试都要做 5 次以上。[3]保留你在基准线期获得的第二高分，因为你的第一高分有可能是侥幸达成的，而第二高分就是你在自我实验阶段需要去打破的基准分数。

**确保干预手段对你真正有效的方法，是在你的日常生活中寻找改变。**你需要按照第 12 章的描述，对你的生活满意度和计划兑现度进行评估打分。这两个分数，大概能给你当下的生活水平和工作效率画出粗略的基准线。比较自我实验前后这些项的分数后，你就能得到一把源自“现实世界”的量尺，用以评估你的神经破解成果。道理很简单，一件事情比另一件事情发生得早，并不意味着前者导致了后者，也就是说，相关性并不等同于因果关系。然而，如果你的生活满意度和计划兑现度打分随着精神状态的改善而得到提高，那至少说明，神经破解对它们都起到了协助提升的作用。关于这些，你可以在第 12 章中读到更多相关内容。

## 快捷四步法之“选择”

选择即选择某种干预手段。在这一阶段，你将选择一个自我实验、做好准备、构建实验并选择工具。

**选择你的干预手段。**本书的第三部分和第四部分将介绍不同的干预手段，你可以选择它们来提升认知能力。大多数研究都假定一个人在同一时间只能测试一种干预手段。然而，你也可以将不同干预手段结合起来。比如，一场在芬兰进行、由数百名老年人参与的大规模随机对照研究，这项研究通过将饮食、锻炼和基于计算机技术的认知训练、健康监测[4]等结合在一起，在认知研究方面取得了令人印象深刻的进步。如果你选择采用被我的朋友、斯坦福大学教授伊琳娜·斯凯勒-斯科特（Irina Skylar-Scott）称作“厨房水槽”（kitchen sink）的测试方法，你将无法知道究竟哪些干预手段才是促成你进步的主要原因。[5]当然，你也可以通过自我实验来确定，哪个特定的“厨房水槽”对你的认知能力起到了帮助作用还是造成了损害。

**选择或设计一个独特的自我实验计划。**大部分工作我已经为你做好了，因为本书第五部分包含了将心智能力进行分类的自我实验列表。你还可以看到有关实验成本、复杂度和所需材料的相关信息，以及关于如何精确进行每一项自我实验的说明。所有这些计划，预计每天花费约 15 分钟，成本最低为 0 元，最高不超过 500 美元。

现在回到神经破解风险列表里的谬误，我们最后一项风险是遗留效应。当前一项实验对目前的实验产生遗留影响时，我们就无法判断某项改善究竟得益于哪种干预手段，这便是遗留效应。不过你也可以想办法解决这个问题。其中一种方法是，在不同的干预手段之间留出较长的时间间隔，这就是所谓的“清除期”。[6]通过在一段时间内不采取任何干预手段，你便可以“清除”某种干预手段留下的影响。这样一来，你在尝试新的干预手段之前就能使系统变得“干净”。本章后文的“自我实验日程表”便包含了一段清除期。

不过，本书中提到的大多数自我实验，都用于帮助你对比某种干预手段与其他干预手段在即时效果方面的差异，而不是尝试帮助你评估干预手段的长期影响。即使你还受到前一天使用过的某种干预手段的影响，你此刻刚刚完成的干预手段所带来的影响也要远强于那些遗留影响。“如果我只有 15 分钟时间让自己的精神振作起来，哪种干预手段对我才是最有效的呢?”大多数此类自我实验，都能回答这个问题。这些实验可以让你将刚刚完成的干预手段的测试结果与之前使用的其他干预手段的测试结果进行对比。

当然，如果你对即时效果不感兴趣，那你需要选择一种不同的方法。例如，有一项自我实验的目的是评估某种特定的草药是否有助于改善你的记忆能力。然而众所周知，这种特定的草药补剂需要服用几周才能起效（见第 19 章）。在这种情况下，每天在服药前后进行测试就毫无意义。正确的自我实验应该是在你开始服药之前和服药几周后、预计药物已经生效后分别进行测试。此外，你不能在进行这样的实验时穿插任何其他干预手段，否则将难以分辨不同干预手段的遗留效应。

**选择一套随机化的计划表。**最简单的做法是将每天要采用的两种干预手段交替使用。但采用交替法的缺陷在于，你或许会引来所谓的系统性偏差（systematic bias）。比如，假设你通常在周一采用干预手段 A（如进行 10 分钟运动），而周一对你而言是有压力的；假设你通常在周六采用干预手段 B（如进行 10 分钟冥想），周六这天你通常会做些有趣的事情。出于某些与干预手段没有实际关联的原因，你很可能最终会发现采用干预手段 A（锻炼）之后，你的精神状态要比采用干预手段 B（冥想）之后更差。所以，为了避免系统性偏差，你可以采用统计学家所说的“不重复抽样”。在这个案例中，你可以采用一种特别的方法来选择每天是锻炼还是冥想。这一方法可以保证你在使用之前不知道自己会选择哪种干预手段。你使用两种干预手段的次数同样是相等的。这样做会保持“悬念”，颇有趣味。但这种做法也存在缺陷，相关内容我们将在第五部分介绍。

**选择实验项目时长。**为了避免被随机性所困扰，你需要重复你的干预手段。实际上，究竟要重复多少次，取决于干预手段的效果有多强，以及将偶然效果误认为真实改变有多容易。一般来说，我推荐你在测试本书中提到的干预手段时，做 15 ～ 30 次。如果你每天都尝试干预手段，那么可以从每个季度开始到季度结束进行数次自我实验。相关内容将在第五部分介绍。

**购买或构建你自己的工具。**为了给你的自我实验做准备，请查看材料清单，确定你需要购买或构建哪些东西。

## 快捷四步法之“训练”

训练，指的是你真正开始使用某种干预手段，按照方案对大脑进行训练。以下是你在这一阶段需要采取的行动：

**按照你所选择的时长去执行。**使用你所选择的随机化方法，每天在你的记录本上记下测试前和测试后的结果。

**在持续收集数据时，留出清除期。**清除期有助于你消除遗留效应的影响。然而，与你在基准线期要做的一样，在清除期，你依然需要每天完成所有用于评估心智能力达成度的精神状态测试，以便观察在不采取干预手段的情况下自己的状态如何。这样做的目的是观察你的表现是否有改善，不仅是你在训练期所作的测试，还包括其他你练习较少的心智能力方面的测试。你还需要再次对自己的生活满意度进行评估。最终，你需要完成全部 4 个自我测评，以确定从自我实验开始以来，你在其他方面的精神状态是否发生了改变。

## 快捷四步法之"反思"

反思，指的是回顾你在基准线期、干预期和清除期收集的数据。下面是你在这一阶段需要做的事：

**收集数据。**如果你想要快速大致确定某一干预手段对你是否有效，那么以图表形式归纳数据可以给你很多帮助。观察图表中的数据，可以帮助你确定哪种干预手段更有效，确定是否应该同时采用两种干预手段，舍弃某种干预手段，或是在下一场实验中尝试某些新的干预手段等。我推荐，直观地对图表进行分析，而不是简单地做计算。关于这些，第五部分有更多阐述。

**解读数据。**如果你倾向于根据数字而非图表去做判断，那么你可以从一个非常简单的方法入手。只需要拿出你在每个实验期——基准线期、干预期和清除期获得的第二高分，将它们进行对比。还有一条更常规，但同时更依赖计算的方法，就是使用统计学计算。你可以算出基准线期的平均值和标准差，确定基准线期得分的置信区间。对干预期和清除期的测试得分也进行同样的计算。然后，将这三组（在其置信区间之内的）平均值进行对比。然而，在自我实验中，我们很容易被此类数据欺骗。你将在第五部分中了解到，为何漂亮的图表总是比统计数据更好。

**决定下一步要做什么。**你要基于数据做出选择，是继续专注于同一个目标，还是选择一个新目标；在接下来的自我实验中，究竟是要继续使用同一种干预手段，还是选择不同的干预手段。

## 准备“自我实验日程表”

表 4-1 是一份用来组织一场神经破解自我实验的日程表，它展示了整个实验流程。在整个实验期间，你可以进行自我跟踪并尝试各种干预手段。实验时长是我在“心情急切”（希望尽快得出结果）和“对精准结果的渴望”（希望用足够长的时间收集数据，以避免由于偶然因素而被误导的可能性）之间做出权衡的结果。有些实验项目需要的时间可能比我在下面举的例子所需时间更少，而有些则要花费更多时间。这份日程表中，可以让你对实验中的基准线期、准备期、干预期、清除期和反思期等每个阶段有大致的了解。请注意，你会遇到一些或许你尚未听说过的术语，比如“自我调试”，但你稍后就会了解这些术语的含义，并接触我们将在第 6 章至第 12 章中讲到的测量方法。

本章是本书相对难懂却又极为重要的一章。现在你已经了解进行自我实验包含的内容，学会了如何借助快捷四步法的阶梯进入你的大脑升级后的新世界。我希望表 4-1 能够指引你，但请你记住，它只是一个范例。我要再次强调，并不是所有自我实验都需要花费 12 周，有些实验可以很快完成，而有些则需要花费更长时间。同时，尽管你尝试着小心行事，但你依然无法掌控所有事物。当然，如果你刚跑完一场马拉松赛，那对于测试“额外的 10 分钟运动对精神状态的影响”而言，当下可能就不是最佳时机了。运用自己的判断，随时记录自己的观察，尽情享受这一切。就像任何新的冒险一样，你总会有感到不确定或是手足无措的时刻。在第 5 章，我们将讨论那些已被证实有效的策略，学会善用它们，即便在筋疲力尽的时候，你也能保持积极性和条理性。

表 4-1　自我实验日程表

| 计划样板 | 周日 | 周一 | 周二 | 周三 | 周四 | 周五 | 周六 |
|---|---|---|---|---|---|---|---|
| **第一周：基准线期，专注** | 选定一个心智能力<br>完成 4 项精神状态测评<br>准备一个记录本<br>☐ | 自我调试<br>完成健康状况与生活方式测评<br>☐ | 基准线<br>在目标范围内进行精神状态测试（或对健康状况与生活方式的跟踪记录）<br>☐ | 基准线与生活满意度<br>在目标范围内进行精神状态测试（或对健康状况与生活方式的跟踪记录）<br>生活满意度测评<br>☐ | 基准线与计划兑现度<br>在目标范围内进行精神状态测试（或对健康状况与生活方式的跟踪记录）<br>计划兑现度测评<br>☐ | 基准线<br>在目标范围内进行精神状态测试（或对健康状况与生活方式、计划兑现度的跟踪记录）<br>☐ | 基准线<br>在目标范围内进行精神状态测试（或对健康状况与生活方式、计划兑现度的跟踪记录）<br>☐ |
| **第二周：准备期，选择** | 选择专门为实现心智能力而制订的计划（或对计划兑现度的跟踪记录）<br>☐ | 选择专门为实现心智能力而制订的计划（或对计划兑现度的跟踪记录）<br>☐ | 购买或构建工具（或者：1. 对计划兑现度的跟踪记录；2. 寻找一位责任伙伴）<br>☐ | 购买或构建工具（或对计划兑现度的跟踪记录）<br>☐ | 购买或构建工具（或对计划兑现度的跟踪记录）<br>☐ | 购买或构建工具（或对计划兑现度的跟踪记录）<br>☐ | 购买或构建工具（或对计划兑现度的跟踪记录）<br>☐ |
| **第三周到第十周：干预期，训练** | 练习<br>实验前测试，然后练习，实验后再进行测试<br>计划兑现度的跟踪记录<br>☐ | 休息<br>实验前测试，然后休息，实验后再进行测试<br>计划兑现度的跟踪记录<br>☐ | 练习<br>实验前测试，然后练习，实验后再测试<br>计划兑现度的跟踪记录<br>☐ | 休息<br>实验前测试，然后休息，实验后再进行测试<br>计划兑现度的跟踪记录<br>☐ | 练习<br>实验前测试，然后练习，实验后再进行测试<br>计划兑现度的跟踪记录<br>☐ | 休息<br>实验前测试，然后休息，实验后再进行测试<br>计划兑现度的跟踪记录<br>☐ | 练习<br>实验前测试，然后练习，实验后再测试<br>计划兑现度的跟踪记录<br>☐ |
| **第十一周：清除期** | 精神状态测试<br>生活满意度测评<br>☐ | 精神状态测试<br>计划兑现度测评<br>☐ | 精神状态测试<br>健康状况与生活方式测评<br>☐ | 精神状态测试<br>☐ | 精神状态测试<br>☐ | 精神状态测试<br>☐ | 完成 4 项精神状态测评<br>☐ |
| **第十二周：反思期，反思** | 干预期数据图表化 | 清除期数据图表化 | 对比干预期、清除期和基准线期的数据 | 选定新的专注领域 | 选定新的干预手段 | 设计新的干预计划 | 购买 / 构建工具 |

## 让大脑更聪明 SMARTER TOMORROW

1. 神经破解之梯的 4 级阶梯分别是：专注、选择、训练、反思，即快捷四步法。
2. 粗心大意的神经破解者会遇到很多风险，包括偏见、练习效应以及遗留效应等谬误。这些技术性问题会对你造成阻碍，让你无法分辨一种干预手段是否对自己真的奏效。
3. 表 4-1——自我实验日程表，为你提供了一份时间表，以便你能按照推荐的方式进行实验。

# 05

# 保持积极，为成为神经破解者做好准备

不做好准备，那你就是在准备失败。

**本杰明·富兰克林（Benjamin Franklin）**

美国政治家，《独立宣言》起草人之一

**时间投入：** 11 分钟

**目标：** 学习如何在神经破解实验中保持积极并随时做好准备。

从 2011 年起，我一直在跟踪记录我的新年计划，以及我对生活的总体满意度。为此，我会在每年 1 月的第一周抽出一些时间，对过去的一年进行回顾。这是我做过的持续时间最久的自我跟踪项目之一。在这个过程中，我经历了职业生涯和人际关系的变故，跨越了整个国家，读了研究生，写了本书，还生了一个孩子。当我回顾这个自我跟踪项目，思考为何它能如此持久而其他项目却都半途而废时，我意识到，自己借由三条路径将其变成了一种习惯：（1）我为它准备了一个记录本；（2）我有一位责任伙伴；（3）我使用了基于实证的激励技巧，推动自己前进。

这三条路径帮助我记录自我，在必要时采用干预手段，并且足够频繁地回顾我的数据，将得到的经验教训用于指导未来生活。在本章中，我们将探讨这三条路径，以及其他一些以研究为支撑的、关于“保持积极”和“做好准备”的小窍门。我希望，在它们的帮助下，你也能把神经破解变成一种习惯。

## 合理使用记录本

自我监督乃是一味良药。仅仅是做记录和度量，就可以让你在自我监督方面有所提高，改进方法并借助它取得进步。想要做到这些，你需要一个记录本。你将使用它来记录自己的目标（比如你的精神状态）、决定（比如你打算测试哪种干预手段），以及你的日常活动。例如，你可以在自己测试和使用干预手段时，记录具体的日期和时间，以及观察到的所有相关信息。你可以在记录本上画出图表，或者进行一些计算。

什么样的记录本最好用呢？我喜欢使用诸如“谷歌表格”之类的在线电子表格工具，这样我就能随时随地登录查阅我的数据。有些人出于隐私考虑，更青睐电脑中的电子表格软件。还有的人更加传统，喜欢使用纸质的记录本。如果你也想这样做，请做好准备，随时手动绘制图表或是进行计算。如果你觉得划线的绘图纸不好用，反倒是面对白纸时更有感觉，那尽请随意。但请注意，你最后很可能还是要将图表打印出来，贴在记录本上。

由于涉及个人隐私信息，我建议，无论保存在电脑中还是在线文档里，任何与你自己的神经破解实验相关的表格和文件，都要放在有密码保护的文件夹里。另外，使用防火墙、经常扫描病毒、定时备份文件，也都是好习惯。

## 找一位责任伙伴

在本书中，我喜欢用“责任伙伴”这个词，你也可以使用“责任追溯链”（account ability）的说法。责任追溯链是指，你对某人负责，而他又对某个第三人负责。如果这位第三人又对某个第四人负责，而第四人又对第五人负责……

尽管你完全可以独自一人开展本书中提到的自我实验，但如果能“招募”一位责任伙伴，你将有可能更容易、更高效地进行实验，并且实验过程会更有趣。有一位可以向其汇报并见面详谈的责任伙伴，你几乎可以事半功倍。2015 年，美国加州多明尼克大学的心理学家希望了解“写下目标”这一行为，有没有可能改变人们在为期 4 周的实验里的目标达成度。[1] 心理学家发现，那些拥有责任伙伴并且将目标写下来的被试，比只满足其中一项条件或者两项都不满足的被试，更容易达成目标。那些将自身目标告知朋友，并且向朋友发送每周进展报告的被试，成功完成了他们的大部分目标。

你会注意到，下面所提到的有关寻找责任伙伴并维持关系的小窍门里，有些只是基本技巧，并且只是我个人的观点。我保证，我并不是要尝试像对待幼儿园小朋友那样对你说教。如果你没有办法跟别人“分享玩具”，并在“游乐区”不停地与别人发生冲突，那是你自己的问题。但下面这些建议，不仅会提高你建立并享受良好伙伴关系的概率，还有可能提高你在神经破解实验中成功的概率。

一旦你找到了合适的责任伙伴（稍后进行详细介绍），不妨尝试下面这些窍门，以便让你们的合作更为顺畅。

**分享相对数据，而非原始数据。**尽管我喜欢分享我的神经破解经历，但我从来不觉得与责任伙伴分享原始数据是一件令人愉悦的事。如果你也有这样的感觉，那我告诉你一个办法。每当我与责任伙伴分享精神状态数据时，我只分享被我称作“百分比变化”的数据。也就是说，我只会分享每周得分中相对于基准分数的变化量。我的责任伙伴既不知道我的基准分数，也不知道我当前的得分。她只能看到“增加了15%”或是“减少了10%”这样的数据。我的责任伙伴从来都不知道我在任何一次特定测试中的实际得分，但如果她发现我的得分呈现向某个特定方向变化的趋势，仍旧会向我反馈。

**养成见面详谈的习惯。**每当新年伊始下定的决心逐渐动摇，人的状态自然会下滑。这就是我和我的责任伙伴每周都在固定时间见面详谈的原因。在我们见面的时候，每个人都要做以下三件事：汇报上一周神经破解工作的进展情况，汇报接下来一周计划做些什么，提出一个问题以供讨论。我可能会这样问我的责任伙伴：“你能在我睡觉前发短信提醒我做干预吗？”“我不确定该去测试电子游戏还是尝试神经反馈，你愿意和我一起尝试其中一件事吗？”如果我是主动提出取消会面的人，那么我也会尝试主动重新约见。

**尽可能多地给出反馈，但要注意态度温和。**关键是，要在激励和有效反馈之间找到一个平衡。我和我的责任伙伴互相温和地提醒对方我们之前制订的计划。我记得一句老话：“朋友是知道你心中那首歌的人，可以在你忘词时唱给你听。”不同于恼人的唠叨和指责，恰到好处的反馈会让人重新振作精神。我们发现，就沟通问题进行明确对话是很有帮助的，可以让每个人都能收到对他们最有效的反馈。就我个人而言，我喜欢“三明治批评法”的反馈方式：下面那片“面包”，是对我做得好的方面的一些真实、正面的反馈；中间尝起来不太好的部分（相当于三明治里馊了的肉）是一些建设性的建议，也就是我能根据具体建议做出一些改变的事情，而“三明治”上面的那片“面包”是另外一组正面反馈，或是一些发自内心的肯定。如果你不确定哪种沟通交流方式对你最有效，你也可以多去尝试。

**找到合适的责任伙伴。**我非常推崇寻找一位责任伙伴合作。但重要的是，我们需要明确自己的期望并与伙伴分享。我与我最初的责任伙伴合作得并不成功。我发现，无论是你挚爱的另一半、让你笑到流泪的老友还是你情愿奉献一切的亲人，尽管你与他们亲密无间，但这并不代表你可以与其建立良好的责任伙伴关系。多年之前，我很幸运地交到了一位朋友，而她后来成了我非常棒的责任伙伴。与我之前尝试过的其他合作不同，这段合作让我感觉很单纯：我们的“积极性”水平相当——愿意为每次会面做好准备，期待彼此坦诚相待，想要为彼此的成功（比如实现写作或是商业上的目标）和失败（比如没有信守承诺打扫房子）而负起责任。

为了尽最大可能建立成功的伙伴关系，我发现合作各方最好能在以下 4 个方面合得来。

**积极性。**寻找一位在积极性和期望值方面与你水平相当的伙伴。如果一个人的态度比较随意，而另一个人全身心地努力上进，双方早晚会分道扬镳。双方在承诺水平上保持一致是合作的关键。你们两人愿意每周在神经破解方面花费同样多的时间吗？你们希望自己与对方都实现同样程度的改变吗？请注意，关于这些目标最终能否实现，你们两人并不一定要抱有相同的目标。

**工作风格。**如果你们能以彼此相容的方式理解信息，那么你们就能制订最佳计划。如果你是一个非常有条理的人，喜欢列表和制订日程计划，那你或许会被一个任何事都记在脑子里的伙伴惹恼。相比于计划好的会面，有些人喜欢临时起意给责任伙伴打电话，这样的人会把“计划狂”激怒。而喜欢使用纸质记录本的人，则会被那些用数字技术处理一切事情的人弄得头疼不已。找到一位喜欢以你的方式工作的人，你就能在制订工作流程时少费力气，把更多时间用于实际操作。

**经验。**如果你已经感受过上一阶段的自我实验项目，并建立了自信——比如，你减肥成功了，养成了一种新的习惯，凭借自己的努力学会了某种乐器或是某一门外语……或许你希望找到一位跟你经验水平相似的伙伴。假如你对这一切都不太熟悉，或许你希望与某个同样是新手的人合作，这样你们就能一起学习；或许你想找到一位更有经验且乐于引领你的伙伴。

**信任与尊重。**选择一位你信任且关心的责任伙伴。信任至关重要，因为你将会与伙伴分享自己的精神状态——神经破解是一件非常私人的事（当然，正如我之前提到的，分享相对数据而非原始数据，显然是可以缓解这方面焦虑的）。找到一些既不会因为你的表现比他们更好而妒忌你，也不会因为你的进展不如他们而使你心情不悦的人。这是一件不容易的事。如果你衷心希望责任伙伴把事情做好，而他们也有同样的愿望，那么你们都会受到激励，从而做到最好。你的责任伙伴并不一定非得是你要去永远崇拜的对象。实际上，如果他们不是，反而更好。毕竟，你想要的是随心所欲地尝试新的事物、分享彼此的错误经验、与责任伙伴一起学习。

## 将新习惯坚持下去

下面这些方法可以帮助你将自己正在尝试养成的新习惯坚持下去：

**制订一个可实施的计划。**看某个目标是否能够实际达成，最具有说服力的标志之一，就是有没有实施计划。所谓实施计划，包含地点、时间和完成的方式，以及你对可能出现的干扰和阻碍的应对方法。哈佛大学的一个研究团队发现，对那些因多次旷课而有退学风险的学生而言，制订合理的实施计划可以帮助他们更为可靠地到校学习。而对选举活动中的拉票团队来说，制订合理的实施计划也是提高投票率的常见手段之一。[2] 只需问自己一句“我计划怎么做?”，就足以让你迸发出惊人的能量。

若想在你的神经破解计划中顺利应用实施计划，你还需要回答以下问题：

- 我每天要在什么地方做神经破解？
- 我每天做神经破解要花多长时间？
- 我在做神经破解时，需要用到什么材料？
- 影响我完成神经破解的干扰和阻碍有哪些？面对每一种干扰和阻碍，我有什么应对的方法？

我之所以能将自己长期的自我跟踪项目坚持下去，原因之一是我坚持按年度计划表在操作：每年 1 月，我都会做年度计划。在每个季度之初设立一个阶段目标，而每一周、每一天我也都会为其设定相应的目标。在你开始自我实验之时，请确保你知道自己在任何一天要干些什么。你可以参考表 4-1，从而制订更为清晰的神经破解计划。

**“堆砌”习惯。**当你开始培养一个新习惯时，成功的关键之一便是在某种现存的、早已养成的习惯之上堆砌习惯。而后者就是研究者所说的“基石习惯”。举个例子，如果你想要养成每天做 15 分钟神经破解的习惯，而你已经有每天早晨吃早餐的固定习惯，那么你就应该制订一个早餐后立刻做神经破解的计划。所谓的基石习惯会为你提供一种触发机制，这样你就不用刻意想着去做每天的神经破解了。你会在某个你能自动完成的事情之后，自动地执行计划。

**对待自己的时候要有灵活性和同情心。**有时我们会疑惑，如果完成目标需要某些能力，那我们是否真的有这些能力。应对这种疑惑的“解药”是什么呢？是自我同情。在针对那些最具有心理韧性的人的各种研究中，表现最好的被试，都是能够接受暂时的挫折而没有被击垮的人。电影《蝙蝠侠：侠影之谜》(*Batman Begins*) 中我最喜欢的一句台词是："先生，为什么我们会被击倒？因为这样我们才能够学会振作。"[3] **心理韧性并不是让你永不失败的绝招，而是让你从失败中吸取教训，最终取得成功的秘诀。**

为了探究这一想法，研究者让三组被试每天完成枯燥的任务，并对各组被试采用了不同的奖励手段。[4] 第一组被试即便在 7 天里只完成了 5 天的任务，也会得到奖励（这一组被称作"简单"组）；而第二组只有完成 7 天的任务才会得到奖励（这一组被称作"没有借口"组）；第三组被试的奖励规则与"没有借口"组一致，但研究者给了他们第二次机会（如果他们需要的话，可以再花 2 天时间完成任务）。你是不是觉得"没有借口"组表现最差？你猜对了。"没有借口"组表现最差，只有 21% 的被试得到了奖励。"简单"组表现得只是略好一点，有 26% 的被试得到了奖励。而"第二次机会"组有多达 53% 的被试得到了奖励。这个实验说明什么？你可以定一个较高的目标，但如果你没有办法完成，就再给自己一次机会吧，这样你会更有可能将习惯坚持下去。研究者还发现，当你没能完成既定计划之时，最好的反应并非大声呵斥自己或是干脆放弃，而是对自己说"下周再重新开始"。[5] 如果你没能完成既定计划，请原谅自己，并从中吸取教训，然后马上重新开始。

现在，你已经装备了"积极性工具"（激励工具），它们不仅可以帮助你取得自我实验的成功，还能让你在实验中享受探险之乐。接下来，该去选择你的心智能力了——你打算升级哪方面的精神状态呢？

## 让大脑更聪明 SMARTER TOMORROW

1. 选择符合你要求的记录本，每天使用它。
2. 选择一位志趣相投的责任伙伴，保持顺畅的沟通并彼此支持，或是开启一条责任追溯链。
3. 为了保护隐私，请分享相对数据而非原始数据：不分享实际的数值，而是分享自我实验开始以来你的精神状态的百分比变化。也就是说，你只需要分享每周得分中相对于基准分数的变化量。
4. 将新习惯坚持下去的方法，包括制订一个可实施的计划和“堆砌”习惯。

# 06

# 自我调试，保持好的状态

能够战胜自己的人，才是最伟大的征服者。

**时间投入：** 25 分钟

**目标：** 找出那些会影响精神状态的生活方式和健康问题。

到目前为止，我的心理能量水平一直在波动，有时候波动幅度甚至非常大。中学时的一天下午，数学老师正等待我解答一道简单的乘法题，甚至有些不耐烦了。我花了好一会儿才写完答案，因为那天我一直在胡思乱想。“伊丽莎白，我们不是在完成麻省理工学院的题目吧？”过了大概 10 年，我在麻省理工学院的毕业典礼上被授予了学位证，有一瞬间，我想把自己的学位证拍成照片并通过电子邮件发给那位数学老师看。想到这里，我不禁笑了。我自然没给老师发学位证的照片，但当年那句话的确引发了一些事情。我还记得，那天下午我上完数学课后离开了教室，发誓一定要找出我大脑偶尔迟钝的原因。当时的我完全不明白，并不是单独某一个原因造成了我偶尔的迟钝。实际上，导致这个问题的原因有很多个。如果你开始了自我调试，你或许会发现自己也有相同的问题。不过，请你保持耐心，踏上自我发现的旅程，即使这将会是一场充满曲折的旅程。

中学数学课上的尴尬情景发生几年之后，有一次，我刚刚在田径场上跑完最后一圈。我觉得自己的肋骨热得像发烫的老虎钳，我的喉咙几乎被堵住了，我的呼吸呈现出一种不稳定的古怪节奏。我在跑道旁坐下，但还是无济于事。教练来到我面前："你的吸入器放在哪里了？"我抬头，气喘吁吁且困惑地看着教练。"你的哮喘发作了，你的药物吸入器在哪里？"我没有药物吸入器，因为我并不知道自己有哮喘。后来的呼气高峰流量测试发现，我肺部的通气功能不太好，医生给我开了药，还给了我一只药物吸入器。在我服用这些新药后，不仅我的身体状况有所改善，我的心理状态也有所改善。这算是一个令人愉悦的副作用？由于哮喘是一种难以发现的疾病，那些时常感到疲劳的人不妨做一做呼气高峰流量测试。相关器材只需要大约 20 美元，不需要处方即可购买。

由于我被诊断出患有哮喘，我的医生还让我接受了一些过敏原实验（我又学到了新的知识：哮喘患者常常会过敏，过敏患者也常常患有哮喘）。[1] 我做了皮试，涂抹了潜在过敏原的微小金属尖刺轻轻扎进我小臂的皮肤。几分钟内，我的皮肤上就出现了大片的红疹。在诸多致敏物中，我发现自己对尘螨过敏。最直接的解决方案是改善我待得最久的、遍布尘螨的地方——我的床铺。我买了一台空气净化机，还有新的枕套。几年之后我才找到更长期的解决办法。我求诊的耳鼻喉科医生向我介绍了一项令人惊叹的创新方法：针对尘螨和其他过敏原进行脱敏治疗。这项经美国食品药品监督管理局核准的舌下滴剂（经由舌下给药吸收的液体药剂），使我的身体针对过敏原建立一种耐受机制。接受这项治疗之后，我住酒店时再也不用自带枕头，也无须担心醒来后会出现眼袋或脸颊浮肿了。最棒的是，经常在我醒来之后数小时里困扰我的脑雾现象，在我接受舌下滴剂脱敏疗法的过程中慢慢消失了。如果你时常为精力不足所累，不妨调查一下你所处的环境，也许某些特定因素正影响着你的状态（对我而言，就是尘螨和其他一些过敏原），你可以使用一些措施让情况有所改善，比如做一下过敏原实验，如果有必要，也可以尝试舌下滴剂。

## 检视你的身体健康状况

在你选定神经破解目标之前，对自己的整体健康状况和生活习惯进行检视是很值得的。如果你能改善这些方面的状况，不仅你的生活品质会变得更高，你的整体精力水平和注意力可能也会得到提升。我个人已经通过治疗健康问题（还包括下面这些问题在内的更多问题）以及改善健康状况与生活方式，多次成功地改善了自己的状态。

- **睡眠**：很多学生会在求学阶段的某个时间点出现整夜胡思乱想，难以入睡的情况。初为父母的人都知道，在孩子养成睡整夜觉的习惯之前，自己持续的睡眠不足会对情绪产生怎样的影响，这些新手父母在做很小的决定时都感觉难如登天。除了警觉性降低之外，包括创造能力、创新能力和情绪处理能力在内的高阶认知能力，似乎特别容易因为睡眠不足而受到不良影响。[2]
- **空气质量**：我住在美国加利福尼亚州的旧金山，在当地的火灾季，或是当我在家中做饭，不方便开窗时，室内空气污染指数会像坐了火箭一般急速上升。即便我短时暴露在这样的环境里，我的精神状态也会出现下降。[3]
- **温度**：无论太高还是太低，温度都会以令人惊讶的强烈方式影响人的精神状态。经常身处炎热环境，加上空调使用不足，会导致考试成绩和学习能力下降。[4] 而某年冬天我身处波士顿一座供暖不足的老房子里，连续几周都感觉自己工作效率低下。
- **营养**：许多西方人没有摄入足够的水果、蔬菜和坚果。缺乏这些食物中所含的微量营养素，可能导致精神不振、脑雾、头疼以及难以集中精力。[5] 此外，很多人对麸质、乳制品和咖啡因比较敏感。这既可能引发炎症，也会使精神状态变差。[6]

## 改善营养不良

缺乏某些特定的营养素会导致脑雾、嗜睡、难以集中注意力、学习与记忆障碍、头痛以及其他一些症状。对儿童来说，一些营养不良常与认知障碍相关联。[7] 2012 年，美国疾病控制与预防中心估计，有 10%的美国人缺乏某种维生素或矿物质。[8] 美国人普遍缺乏的营养素，按照缺乏程度从高到低排列分别是：维生素 $B_6$、铁（12 岁至 49 岁的女性）、维生素 D、铁（1 岁至 5 岁的儿童）、维生素 C、维生素 $B_{12}$，而缺乏维生素 A、维生素 E 和叶酸的人则要少得多。[9] 我曾患缺铁性贫血和严重的维生素 D 缺乏病。之所以缺铁，是因为我曾经严重依赖谷物，将其当作主要的铁元素来源，而同时又持续摄入牛奶这种富含钙的食物。有一些研究发现，钙会抑制身体对铁的吸收，[10] 当时我并不知道，所以虽然我从谷物饮食中摄取了铁，但我的身体只吸收了其中的一小部分。我不得不调整饮食结构，从而增加铁元素的其他来源。

许多流行菜谱将特定食物门类排除在外，这会提升营养不良的发生风险。如果你是素食主义者、完全吃素、不吃麦麸、断碳水、奉行原始人饮食法，或是奉行生酮饮食，那么你出现营养不良的风险就更高了。举个例子，你也许听说过肌酸，就是举重运动员用以增大肌肉规模、增加力量输出的物质。肌酸对身体产生三磷酸腺苷发挥着巨大作用。而在肌肉或是大脑努力工作的时候，三磷酸腺苷的意义非同一般。肌酸天然存在于红肉中，所以素食者就很难获得这一营养素。研究表明，额外补充肌酸会提高素食主义者的逻辑思考能力，或是显著改善工作记忆，这可能就是因为素食主义者的饮食造成了肌酸缺乏。[11] 另外，老年人往往较少摄入动物蛋白，因此尤其应当关注自身的肌酸水平。[12]

如果你的饮食习惯适合你，那就没必要改变它，但最好定期检查血液中关键维生素和矿物质的水平。以我为例，我曾经在大学期间做过一年的素食主义者。可惜，我当时并没有学习营养学相关知识。几个月间，我感觉自己行动迟缓，原来是由于铁缺乏。尽管对许多人来说，素食是一种健康的生活方式，但医生在化验了我的血液之后，建议我恢复之前的饮食方式，因为我俩都很清楚地知道，我不可能靠吃大量豌豆或是豆腐来补齐不吃肉造成的营养素缺失。图 6-1 展示了限制饮食期间普遍会出现的营养素缺乏及解决方法。[13]

| 饮食 | 值得关注的主要营养素 | 造成缺乏的可能原因 | 解决方法 |
|---|---|---|---|
| 无麸质饮食 | 钙、铁、镁、锌、叶酸、维生素 $B_1$、维生素 $B_{12}$、维生素 D | 许多小麦制品富含营养素<br>但有些人过度依赖大米制品 | 在食用有营养的无麸质食物时，认真制订食谱<br>食用强化营养的大米制品 |
| 素食 | 钙、铁、锌、维生素 $B_{12}$ | 不再以肉类和乳制品作为营养来源 | 在食用有营养的素食时，认真制订食谱<br>保证日常维生素 $B_{12}$ 的摄入<br>食用南瓜子补锌<br>食用菠菜补充钙和铁 |
| 低碳水饮食（如阿特金斯饮食法） | 钙、铜、镁、钾、维生素 $B_5$、维生素 E | 对许多富含营养素的食物忌口<br>而许多小麦产品富含营养素 | 在主要食用低碳水化合物的蔬菜和坚果时，认真制订食谱 |
| 原始人饮食法 | 钙、碘、维生素 $B_2$、维生素 $B_1$ | 对许多富含营养素的食物忌口 | 在主要食用绿叶食材和坚果时，认真制订食谱 |

**图 6-1 限制饮食期间普遍会出现的营养素缺乏及解决方法**

## 跟踪体内的维生素与矿物质含量水平

大学毕业多年后，当我的室友无意听我谈到我那持续的、周期性发作的严重胃痛时，她好心地建议我尝试一下无麸质饮食。我不太友好地告诉她谢谢她的好意，我不想在下半辈子只能吃米饭和那些嚼起来像锯末一样的食物。她很快烤了一些好吃到极点的玉米面包和饼干。好吧，也许她说得有道理，我同意进行一次为期几周的实验，尽量少摄入麸质。实验结束之时，我胃里突然产生灼烧感的概率明显降低了，我的思维也变得更清晰了。为了缓解日常困扰我的胃痛症状，我毫不犹豫地放弃了我之前大多数的碳水化合物来源。我试着每年都去做血液检测，检测刚刚提到的维生素和矿物质的含量。

做血液检测可以展示确定的结果，但你在测试期间也可以使用手机上的饮食记录应用。大多数饮食记录应用都关注宏观指标（比如你吃的食物中的热量、蛋白质和脂肪占比），但有些应用关注微量元素（比如你摄入了多少镁、胆碱、维生素 D、B 族维生素等关键维生素和矿物质）。跟踪记录微量元素的意义在于，你可以通过图表进行观察，并在你下一次血液检测之前发现某种营养素缺乏的情况。

你所采用的饮食记录应用需要具备一个全面的食物数据库，包含各种食物完整的营养数据。为了尽量可靠，你可以选择一个能够轻松输入数据的应用。我喜欢可以扫描食物上的条形码，或是能够在搜索框上输入食物名称的应用。跟踪记录至少要坚持一周，但最好是持续记录几周。你记录的数据或许能帮助你的医生确定，是否该给你做一次血液检测。如果医生一直不愿给你做血液检测，或者你的保险不包含这类项目，你也可以直接从第三方公司购买血液检测服务。

## 食物还是补充剂

相比于通过服用维生素片来解决某种营养不良，吃更多包含你所缺乏营养素的食物通常更加有效。出于某些我们尚未完全理解的原因，比起复合维生素片，人体似乎更善于从食物中吸收营养素。[14]然而，有些情况需要警惕。如果你严重营养不良，那么你将很难从食物中摄取足够的营养素。例如，在我严重缺乏维生素 D 时，医生给我开了一种药物。我通过这种药物每时摄入的维生素 D 是人体每日需求量的 40 倍，直到我的指标恢复正常。要是只通过食物摄入或是日晒以同样的速度快速摄取这么大剂量的维生素 D，那将是非常困难的，甚至是危险的。在选择维生素、矿物质或是其他营养补充剂时，我强烈建议你先通过第三方质检机构或是独立检测机构查阅一下每种产品的纯度级别。

## 注意补充“非必要”的维生素

假如你并没有任何营养不良，你是一位模范饮食者，那你该补充维生素吗？没这个必要。某些与认知能力紧密相关的维生素是水溶性的，比如 B 族维生素（包括维生素 $B_6$、维生素 $B_{12}$ 以及叶酸等）。如果你的摄入量超过了身体所需的量，多余的部分只会随着尿液排出，摄入过多反而会引起某些健康问题。[15]尽管改善营养不良可以带来认知能力的显著提升，但主流研究界依然认为，中老年人若非营养不良，那么额外摄入多余的维生素对他们提升认知能力并没有明显的帮助。[16]而对普通群体中的成年人来说，只有极少数证据证明 Omega-3 脂肪酸能提升认知能力。[17]多项证据表明，孕妇摄入 Omega-3 脂肪酸，可以提高胎儿的认知能力，而且没有副作用。[18]

此外，过去 10 余年间大量研究表明，在预防全因死亡方面，也就是预防因心肌梗死、脑卒中等原因造成的死亡，那些每天服用复合维生素的人并不比不吃复合维生素的人更“幸运”。[19] 有一项研究发现，服用特定矿物质补充剂（铁和铜）的被试，长期的死亡风险会略有提高。但这项实验并未提及一种可能性，即人们之所以服用这些营养补充剂，其实是为了应对某些症状或为了治疗临床疾病。[20] 另外，服用过量的维生素和矿物质补充剂，有可能增加服用者接触重金属和污染物的风险。[21]

## 慎用褪黑素

尽管褪黑素不能用于治疗营养不良，但它能帮助人们解决（或者至少能缓解）某些睡眠问题，并且相对安全。[22] 如果你夜里难以入睡，服用0.5～15毫克褪黑素，就能起作用。[23] 短期使用褪黑素是安全的，但长期使用的影响尚不可知。[24] 然而助眠类药物有很多副作用。它们会导致服用者进入一种近乎麻醉或像是打了镇静剂的状态，而那并不是真正的睡眠状态。而且它们容易让人产生药物依赖。[25] 它们甚至会将服用者的大脑本身的自然入睡节奏打乱，这最终会导致服用者更加疲惫，并且打断许多在真正的睡眠期间才会进行的，比如学习与记忆能力、注意能力以及情绪调节能力等的提升过程。[26]

## 治疗身体上的问题

数年之前，我通过一种意料之外的方式，幸运地实现了一次大脑升级。当时我正忍受着持续的胃痛和脑雾，为此遍寻专家，却未能找到良医。一次偶然的机会，我的私人医生没办法接待我的例行检查，于是我预约了一位新的医生，一位同时拥有传染病学博士学位的医学博士。那时的我，就快要放弃因为胃痛和脑雾的反复发作向医生寻求帮助了。但当这位医生问我是否“还有其他病症”时，我决定试试看。他当场就问我是否做过幽门螺杆菌测试。我从来没听说过这样一种细菌。正如医生所料，检测结果呈阳性。医生向我解释道，有许多人都是这种细菌的携带者，且并不会表现出症状，但如果近期在外出旅行的过程中尝试食用过某些新奇的食物，就有可能引发症状。在服用了一段时间抗生素之后——当然随后我也服用了益生菌以调理肠胃，我的胃痛和脑雾症状都得到了缓解。那么我胃里的幽门螺杆菌真的被清除了吗？检测结果呈阴性。我的病被治好了，大脑也得到了升级。尽管这是一个非常新的领域，还有更多研究需要进行，但如果你一直在遭受间歇性症状的折磨，比如脑雾、头痛甚至情绪波动，不妨让医生检查一下你肠道的微生物水平，或者进行相关检测，确定是否感染。[27]

## 检视你的精神健康状况

解决精神健康方面的挑战，可以大幅改善你的认知。精神健康极大地影响着人的精神状态。在新型冠状病毒大流行的时代，在一个大家都无法轻易安全触碰彼此的世界里，人们对社会和情感连接的感受变得更加清晰敏锐。感受到自己正与更强大的人或物相关联，可以提升你的正向动机，从而影响你的精神状态。[28] 在这个人们越来越依赖网络的世界中，孤独感也在逐渐增强。孤独感与抑郁、自杀倾向以及逐渐变差的身体状况等严重的健康问题密切相关。[29] 正困扰着 1/14 美国人的重度抑郁症[30]，有可能对患者的认知能力造成严重影响。与健康人群相比，重度抑郁症患者大脑额叶和边缘系统——大脑中负责情绪调节的功能区，出现了一些结构性和功能性的改变。[31] 抑郁症患者会感觉自己思考问题的速度变慢、工作记忆出现问题、整体智商有所下降。[32] 幸好，这些损害并不是永久性的。许多大规模研究表明，只要采取有效的治疗方案，抑郁症患者的认知能力可以恢复。[33]

尽管世界各地对精神疾病的评价标准各不相同，但美国有 20% 的人在其一生中都会被某些形式的精神疾病所困扰。[34] 这些所谓的精神疾病种类繁多，既有焦虑症和抑郁症之类的常见疾病，也有相对罕见的精神分裂症等。精神健康问题常常在患者年轻时出现，他们一般并没有接受长期治疗。后来被确诊患有某种精神疾病的人中，有 50% 的人在 14 岁时即已表现出症状，而在 24 岁时，表现出症状的比例接近 75%。[35] 平均看来，这些人需要花费 11 年时间才能真正得到有效的帮助。除了其他各种与精神疾病相关的令人不适的症候和不良反应，他们还要忍受大概 11 年的认知能力退化。

许多不同的精神健康问题都会影响精神状态，但在研究者、临床医师以及其他健康工作者年复一年的努力下，治疗手段正变得越来越有效和易用。与参加年度体检或是注射流感疫苗类似，我每年都要接受某些精神健康状况筛查。我建议你也这样做。如果你不确定自己的精神状态或心理健康状况是否处在最佳状态，或者你感觉自己有些不在状态，却找不到造成这种状况的原因，那你需要做一做相关检查：做一套通用精神健康测试，无论你得到了什么样的测试结果，或者你对结果感到疑惑，你都应当去预约一位精神科医生或是心理医生。有很多方法可以让你私下完成这一切，而无须担心在网上留下记录。例如，你可以使用网络浏览器的隐私模式，登录美国精神疾病联盟的网站，进行精神健康状况在线筛查。

由于每个人的成长轨迹不同，或是身边亲友对精神疾病的态度各有差异，“约见精神健康专家”这一想法或许会让你感到不适。如果你恰有这样的问题，可以通过其他方式获得帮助以更好地保护隐私。如果你预约的是通过视频、电话或应用软件进行咨询，[36] 那你在诊所大厅里被人认出来的风险是零。

如果希望在认知能力上得到显著提升，如果发现自己存在精神健康问题，那么借助谈话疗法、药物治疗或是两种方法联合使用，你将会获得足以改变生活、提升认知能力的效果。一旦你的健康状况得到更好的管控，你的病症逐渐痊愈，你或许会发现自己在认知测试中的表现也显著提高了。

现在，让我们来测试一下你的健康状况、生活方式和个人效率，看看其中是否存在导致你精神状态不佳的瓶颈。

## 健康状况与生活方式测评

SMARTER TOMORROW

SMARTER TOMORROW

在接下来的测评中，你将对自身健康状况与生活方式中可能需要改善的十几个方面进行测评。其中任何一个方面都有可能阻碍你将精神状态提升到最佳。你还需要回答一些问题，内容涵盖最近发生过的、会影响你精神状态的事件。这些问题包括一系列积极的和消极的事件。在测评结束后，我会给出一些简单的建议。我强烈建议你在进行能改善精神状态的自我实验之前和之后都做一下这个测评。

请记住，你并不是要跟任何人比赛。这些问题能够为你提供一种方法，让你了解自己在特定时间范围内的健康状况与生活方式。请如实回答。

### 对近期状况进行反思

回忆过去 30 天或是过去 3 个月中的某一天，回答下列全部问题。你希望未来 30 天的生活过成什么样子？是像过去 30 天那样，还是像过去 3 个月那样？在下面 2 项中选择一个打钩，选定时间范围。

**过去 30 天_____　　过去 3 个月_____**

请用 1 ～ 5 分或 n/a，为下列所有方面打分。用 1 ～ 5 分或 n/a 进行打分。分数说明：

1 分　几乎从来没有：0 ～ 10%的时间

2 分　偶尔：11%～ 35%的时间

3 分　一半时间：36%～ 65%的时间

4 分　大多数时间：66%～ 90%的时间

5 分　几乎总是如此：91%～ 100%的时间

n/a　我不知道，无所谓

**1. 睡眠**

- 我醒来时感觉神清气爽。
- 我有充足的睡眠。
- 我全天都感觉思维机敏。

**2. 饮水和排尿**

- 我不感觉口渴。
- 我每天排尿数次。
- 我的尿液颜色清澈或近乎清澈。

**3. 呼吸**

- 我呼吸顺畅，肺部、鼻子、口和喉咙没有紧压感。
- 我的呼吸让我感到精神抖擞，每次呼吸我都能获取足够的高质量空气。
- 空气清新，我没有闻到奇怪或是难闻的气味。

**4. 营养**

- 我不感觉撑得慌或是饿得慌。
- 我排便顺畅。
- 我的微量营养素摄入均衡（我摄取了足量的维生素 D、胆碱、Omega-3 脂肪酸等）。

- 我摄入了恰当比例的宏量营养素（碳水化合物、蛋白质、脂肪类）。

**5. 体力与精力**

- 我每天至少会锻炼30分钟。（这里指的是进行了心率加快、呼吸加重、出汗的活动，或对你而言具有挑战性的身体运动。）
- 我的体力或者精力充沛，我在完成日常活动（比如爬楼梯、赶公交车、遛狗、提购物袋）时并不感到疲惫。

**6. 安全感**

- 在接触他人或外界环境时，我在身体上感觉安全。
- 在接触他人或外界环境时，我在情绪上感觉安全。

**7. 社会关系**

- 我感觉自己与他人有联系。

**8. 精神状态 / 生活意义**

- 我感觉自己的生活是有意义、积极向上的；我的生活是有目标的；我感觉自己有着更广阔的人生视野。

**9. 健康状况**

- 我没有任何需要持续治疗的健康问题；我没有任何会对工作、学习或从事其他活动造成影响的健康问题。
- 我没有任何经由神经专家、精神科医生、心理医生或其他执业精神健康咨询师确诊的心理或精神健康问题。我不怀疑自己有未经诊断发现的、会对日常行为造成影响的心理或精神健康问题。

**10. 生活事件与压力源（应激源）**

- 下述问题的打分方式与上面的问题略有不同。回答下列问题时，请按1～5分打分，1分代表同意，5分代表不同意。

（1）生育与孩子

- 我正尝试备孕，或我最近刚刚怀孕，或我刚刚有了新的弟弟或妹妹。

（2）人际关系

- 我最近刚刚开始了新的恋情或建立了新的家庭关系。
- 我正准备结婚，或最近刚刚结婚。我（或者我亲近的人）最近正在经历离婚，或结束了一段重要的关系（恋爱或是其他关系）。

（3）创伤

- 我或其他亲近的人，最近遭遇了事故或生了大病需要治疗。听到“创伤”这个词，我就会想到最近发生过的其他事情。

（4）死亡

- 我身边亲近的人最近去世了。

（5）经济、职业或是社会情境层面的变故

- 我最近失业了；我最近找到了新工作；我开始在新学校学习了；我开始了新的学期。
- 我的经济状况最近发生了改变（好转了或是恶化了）。

阅读你对上述问题的答案。如果你在某个方面得到了高分，那你在这方面大概率没有遇到瓶颈。而得分较低则说明，你在这方面可能遇到了瓶颈，导致较差的精神状态。下面是我的一些建议。

## 利用健康状况与生活方式测评

为了更为严谨地确定基准线，或更精确地将上面的问题引入自我实验，你可以这样做：

> 不要使用上面的测评中 1 ～ 5 分的评分模式。每天晚上睡觉之前，以“是”或者“不是”来回答上面评价体系中的每一个问题。

你在睡眠、呼吸等每个类别的得分计算方法如下：

> （该类别中回答为“是”的问题数量 × 相应的天数）/（该类别中的所有问题数 × 实验天数）

比如，你收集了 7 天的数据。如果你每晚对睡眠类目中所有问题的回答都是“是”，那分母就是 21（问题数量 3 × 天数 7）。如果你只在其中 4 天对睡眠类别中的 2 个问题回答了“是”，那么你的分数就将是 8（2 个“是”乘天数 4）除以 21 所得出的数值，也就是大约 0.38。

## 突破健康状况与生活方式领域瓶颈的建议

上述测评中的每一个话题，都能单独写成一本书，所以我并不打算在短短的篇幅中囊括所有答案。我鼓励你自己去寻找专门讨论你遇到的瓶颈的相关书籍和其他资源。关于上面提到的那些问题，我曾经见识过许多解决方案，发现它们要么包含深刻的见解，要么很有用处。

## 睡眠方面

**可能存在的瓶颈：**将任何不良的睡眠习惯、睡眠环境、不够好的睡眠周期或睡眠障碍发生的时间都记录下来。

**可能的解决方案：**为了防止计算机显示器或是手机屏幕的蓝光影响你的睡眠状况，请使用软件设置将亮度降低，比如 Mac 上的 Night Shift，或 Android 上的蓝光过滤器。如果怀疑自己患有轻度的睡眠呼吸暂停，你可以采取一种全新的处理方法，该方法选自一项发表于《英国医学杂志》（*British Medical Journal*）第 37 期的随机对照试验[37]，具体方法是学习吹奏澳大利亚的木质乐器迪吉里杜管（didgeridoo）。另外，吹奏其他乐器或许也能帮到你。这种方法的原理在于改善喉部肌肉的力量和控制力，有助于消除睡眠呼吸暂停的潜在诱因。小憩也是一种值得去培养的好睡眠习惯。哪怕小憩 6 分钟，也能改善陈述性记忆——用来记住客观事实的记忆功能。[38] 美国军方发展完善了一种帮助人进入睡眠的方法，若是重复加以练习，可以让你在 120 秒内入睡。该方法涉及对身体各部位的渐进式放松方式，先是面部，然后是脖颈，之后是肩膀，接下来是手臂，以此类推。它类似于对身体进行了一次简易扫描。为了防止光线和噪声打扰你的睡眠，请佩戴眼罩和耳塞。为了尽快入睡，请养成良好的睡前习惯，比如睡前阅读 10 分钟。

## 饮水和排尿方面

**可能存在的瓶颈：**饮水与排尿。

**可能的解决方案：**任何时候都随身带着水瓶，设定闹铃提醒自己喝水，直至养成习惯。检查本地自来水的水质，使用可重复使用的玻璃、不含双酚 A 的塑料、不锈钢或是铝质水瓶。[39]

## 呼吸方面

**可能存在的瓶颈：**气温、污染、哮喘、环境中的过敏原等。世界卫生组织最近发表声明称，全球有90%的人生活在质量糟糕的空气中。每10个美国人中，就有1个呼吸着糟糕的空气。[40] 研究者发现，女性通常在较温暖的环境下工作得更好（25℃左右），而男性在较凉爽的环境下表现更佳（约22℃）。[41] 在一项针对炎热气候下儿童标准考试成绩的分析中，研究者在使用经济学模型考虑了数十种不同变量之后发现，考场温度每增加0.56℃，美国学生通常会在初级学业能力倾向测验（PSAT）中少得1分。那么过敏呢？持续打喷嚏或是鼻子红肿可不仅仅是让人烦恼的小毛病。研究者对过敏患者的认知表现进行了度量：在花粉季，他们的认知表现水平出现了直线下降。[42]

**可能的解决方案：**以温度计监测气温，以空气质量测试仪监测空气质量。调整中央温控器，或是使用加热器、风扇、空调来调节温度。用空气净化器改善空气质量。如果你感觉呼吸困难，可以考虑去医生那里检查自己是否患有过敏或是哮喘。如果你对环境物（比如豚草或尘螨）过敏，不妨试试舌下滴剂或是其他免疫疗法，这或许能改善你的生活品质。防尘螨枕头和被褥也能缓解尘螨过敏反应。

## 营养方面

**可能存在的瓶颈：**热量摄入总数、全天摄入热量的分配情况、血糖峰值、消化问题、过敏症状等。尽管这些问题因人而异，但有些食物类别导致的问题是普遍存在的，比如咖啡因（包括那些含咖啡因的食物，如巧克力等）、奶制品、包含大量谷蛋白的食物以及含糖量极高的食物等。

**可能的解决方案：**恰当的饮食习惯背后都有大量研究数据支撑，比如脑饮食MIND。你可以每天做饮食记录，避免食用那些有可能引发脑雾或是让你精神不振的食物。如果你正遭受脑雾困扰，考虑在短期内尝试“剔除饮食法”，看看某些常见的食物是否也是导致你出现症状的“元凶”。

### 体力与精力方面

**可能存在的瓶颈：**肌肉力量的孱弱、心脑血管运输能力下降导致的体能枯竭或令人难熬的疼痛。

**可能的解决方案：**如果找不到明确的病理原因，那么进行锻炼以增强你的体力和耐力，就可以降低日常生活的身体损耗，实现体能的全面提升。

### 安全感方面

**可能存在的瓶颈：**特定地点、情况或人对你造成干扰，令你产生不适的压力水平，使你难以集中注意力去学习和创造。

**可能的解决方案：**这是一个深奥而复杂的问题，基于不同诱因，你可以去寻求他人的帮助（比如你所在公司的人力部门、你所就读学校的学生服务部门、治疗师、咨询师或调解人、当地政界或宗教界的领袖等），也可以培养一些新的个人技能、养成新的习惯或建立新的思维模式（比如根据本地的治安情况重新规划回家路线，避开那些容易产生麻烦的地方，[43] 参加防身术培训，学习冥想，避免在新闻和社交媒体上暴露自己等）。还有一些解决方案，或许需要你的生活发生极其重大和困难的改变（比如结束一段让你遭受虐待的关系、离开让你不悦的工作单位、搬家等）。去发现那些可能对你有好处且在你现阶段经济能力范围之内的选项，并加以实施，这样做不仅能帮助你营造更安全的环境，对帮助你最大限度地发挥你的日常心智能力有着极其重要的助力作用。

### 社会关系方面

**可能存在的瓶颈：**孤独感是让人颇为困扰且痛苦的，并与严重的健康问题相关。[44]

**可能的解决方案：**社会健康是精神健康的一项关键内容。[45]研究表明，参加志愿者活动以帮助他人、[46]撰写感恩日记[47]以及接受认知行为治疗[48]都有助于缓解孤独感。

### 精神状态 / 生活意义方面

**可能存在的瓶颈：**感觉自己的生活没有意义，可能会让你很难集中注意力，失去创造能力，或者无法充分利用自己的头脑。

**可能的解决方案：**冥想、祈祷、参加志愿者活动，花时间去接触自然，或是参加其他能启发敬畏感、感恩心和利他心理的活动。[49]

对你来说，如果想要让自我实验发挥最大的效能，你需要设法减少瓶颈的阻碍。如果你学会应对它们，你将有可能感受到自己的精神状态有所改善，更不必说幸福感了。所有这些领域都有许多专门的书籍做过介绍，但本章列举了一些并不常见的解决方案，并提供了一些你可以入门的基本路径。

## 让大脑更聪明 SMARTER TOMORROW

1. 对你健康状况与生活方式的十几个关键方面——诸如睡眠、排尿、空气质量等进行测评，以发现那些阻碍你将精神状态提升到最佳状态的瓶颈。根据你最近生活中发生的事件进行测评，寻找其中潜在的压力源，因为它们也可能影响你的精神状态。
2. 定期重做健康状况与生活方式测评，尤其是在你进行任何意在改善精神状态的自我实验之前和之后。

在接下来 4 章中，我们将对你在以提升为目标时或许会关心的 4 个心智能力进行探讨。首先是执行能力，它在我们学习、工作和应对日常生活时发挥着关键作用。

# SMARTER TOMORROW

# 第二部分

# 升级 4 种至关重要的心智能力

# 07

# 执行能力

执行能力不仅影响你的工作，也会影响你的个人生活。

**时间投入：** 23 分钟

**目标：** 了解什么是执行能力，测试自己的执行能力。

高中时的某些对话，也许现在依旧令你印象深刻。我同宿舍的几个女生习惯坐在餐厅的某个固定位置的桌子前吃饭，而一个名叫马克的男生有时会跟我们一起用餐。有一天，我迟到了。我坐了下来，试着融入大家的对话。马克开启了一个话题，然后就不再说话了，他就坐在旁边看着，在我们其他人就这个话题展开激烈讨论的时候，他几乎什么都没说。他偶尔会问个问题，以一种方式引导着大家的对话，仿佛要让所有人知道他刚才一直在认真地聆听，总结着大家的所有观点，隐藏着他自己的看法以防影响我们的思路，而此刻他渴望着从一个全新的角度探究我们到底在想些什么。

他还从更宏大的视角来观察我们的讨论，就这次的对话而言，他提到的是互联网在社交方面的潜力，同时他还逐步回到具体细节，记住我们每个人在整个对话过程中所持的立场。对我来说，印象最深的有三点：他那似乎可以同时思考很多东西的头脑、他为了不误导别人而隐藏自身看法的能力，以及他从对话的一个部分转换到另一个部分的顺畅性。他似乎是在观察我们的表达过程，衡量我们的观点，从某种程度上说是在心里进行估算。他做这一切都是非常快速的，似乎没费多少力气。通过观察他的这三种能力，我的心中生出三个疑问：他真的像一位在硕大画布上创作的画家那样，头脑里有足够多的空间用来容纳与某一特定时刻相关的所有信息吗？他的自控能力比大多数同龄人更好吗？他的头脑“换挡速度”更快吗？

你大概猜不到，这个名叫马克的男孩就是马克·扎克伯格。多年之后，他创办了社交网络服务平台 Facebook。我说不准，高中时的那些讨论对他的创业之路有没有影响，我在这里提到他也并不是为了赞美或是批评 Facebook。我想说的其实是，那场很久之前的讨论，恰是“执行能力”这种心智能力三个关键方面的实证。马克的三种能力——有更多头脑空间容纳与当下话题相关的信息的能力、在必要时隐藏自己观点的强大能力，以及令人印象深刻的心理灵活性，都对应着执行能力的关键方面。

那么究竟什么才是执行能力呢，怎样才能提升你的执行能力呢？

## 执行能力背后的科学

想象以下场景：在其他人都像是睡不醒的时候，只有你可以让大脑无比快速地运转。在下棋的时候，你可以分析所有棋步细节，或是预见未来几步的各式走法，想明白全部可能的后果，在其他人甚至完全意识不到的情况下看透所有可能性。你可以在头脑中暂存海量信息，同时利用头脑实时解决问题，比如按要求将一切用笔写出来。如果你能做到这一切，那么你就是一位执行能力方面的超人。

所谓执行能力，正如其字面意思所表示的，是指那些负责管理大脑中其他能力的能力。大脑中的执行官每天都在干什么？它跟企业里的首席执行官一样，在制订计划、做出决策、修正错误、发现问题。它负责应对意料之外的情况，在面对困难、大脑中其他能力部分不知该如何处理之时，它负责监控和协调。它会关注外部世界的威胁和机遇，尝试组织和理解新的信息，将其与过往经验进行对比。

如果执行能力像是首席执行官，那支撑它工作的就是被我称作 WIF 的“团队”，即包括工作记忆（W—working memory）、抑制机能（I—inhibition）和心理灵活性（F—mental flexibility）在内的次级能力。

工作记忆让你不仅能在头脑中存储信息，还能对其加以操作处理。当你听到一串电话号码，凭着脑中对它的印象在电话机上将它拨出时；在没有纸和笔的情况下对大额数字做乘法时；在有人怀疑你没有听讲，要求你重复他们刚才说过的话，而你做到了时，就是你的工作记忆在起作用。

抑制机能可以使你不至于在讲笑话的时候提前说出笑点，让你在节食减肥期间不去拿蛋糕而是选择蔬果沙拉，让你专注于处理重要的邮件而不是去刷无聊的短视频。

心理灵活性给予你一种能力，让你可以将注意力从一个想法转向另一个想法，并在需要的时候将多个想法融会贯通。当你的视线从一封邮件转向另外一封时，或是当你在撰写报告的过程中分析来自不同渠道的观点时，心理灵活性就会发挥作用。

将这三者合并的执行能力，可以让你拥有持续的注意力、目标定向能力、依序完成任务的能力、保持统筹的能力以及挑战新任务的能力。

执行能力的重要作用之一，是监控你的觉醒水平，也就是你在做事情时的警醒程度和参与意愿，这能使你的行为保持在安全高效的范围之内。你的觉醒水平，对你完成困难任务的能力有预见作用。

觉醒水平与执行能力的关系如图 7-1 所示。

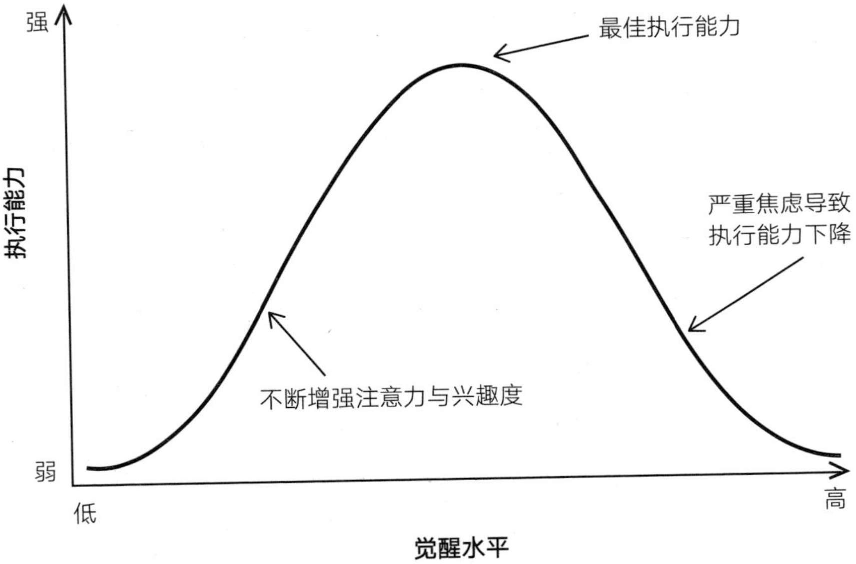


**图 7-1 觉醒水平与执行能力的关系**

如果你过于焦虑，那么你只能完成非常简单的任务[1]，如果你半睡半醒，那么即便面对非常简单的任务，你也无能为力。假如你想成功地完成困难任务，那你就需要保持中等程度的觉醒水平[2]。

正如我之前提到过的，智商[3]测试普遍存在文化偏差，因此其对精神状态的衡量是存疑的。此外，对于执行能力，我们的确掌握了一些充分的神经学数据。也就是说，从这个角度看，以执行能力来衡量精神状态，要更真实。

用手拍拍脑门，负责执行能力的脑区就在（隔着皮肤和颅骨）你手指以下两三厘米的地方，这片脑区被称作“前额叶皮质”。让被试接受脑部扫描，通过观察被试做决定、做计划、进行其他执行能力操作时哪片脑区的活跃度增强，研究者进一步了解了这些脑区的分工。[4]图 7-2 展示了负责执行能力的关键脑区。[5]

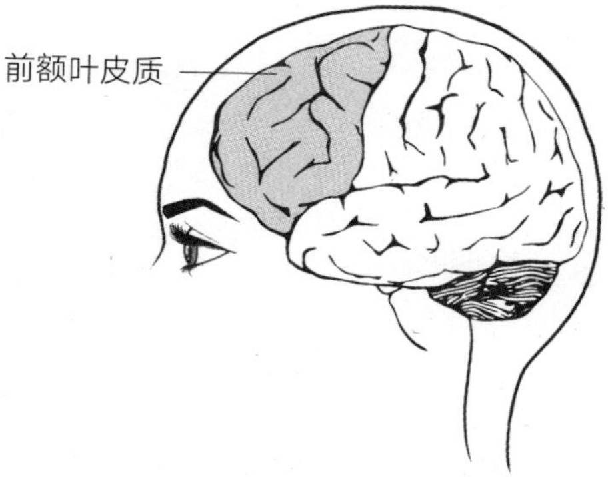


**图 7-2 负责执行能力的关键脑区**

为了利用信息做出决定和制订计划，前额叶皮质需要与大脑中负责存储记忆和处理新感觉的区域沟通。此外，它还需要将自身的决定通知大脑中负责行为和动作的其他区域，因为记忆、感觉和动作的触发功能非常依赖大脑的其他区域，而不仅限于前额叶。一项与执行能力相关的任务，通常也要依靠多个脑区。[6]

## 工作记忆为何如此重要

执行能力，似乎与人在生活诸多方面能否成功息息相关。有人对新西兰某城市超过 1 000 名被试进行了研究，对他们从出生到 32 周岁的生活进行了跟踪。[7] 在各种认知能力中间，研究者观察了这些被试的自控水平——这是一种通过依靠抑制机能而与执行能力相关联的能力。结果显示，人在生命最初 10 年间所表现出的自控能力水平，预示着其未来的健康状况、财富状况、药物依赖情况，以及是否会违法犯罪。即便根据其父母的财富水平和状况，以及儿童本身的智商测试表现[①]做出数据调整，评估自控能力依然对这些儿童的未来状态有着强烈的预见性。美国的多个研究项目发现，学生从小学到大学的学业表现，可以简单根据其幼年时的工作记忆评分加以预测。这一发现为新西兰的这些研究结果进一步提供了佐证，实际上，基于工作记忆的预测，要比基于智商测试的预测准确得多。[8]

执行能力障碍会引发一系列问题。有种现象或许并不令人感到惊讶，那些确诊患有注意缺陷多动障碍的人，其典型症状是难以控制自己的注意力，他们通常都有执行能力方面的障碍。然而鲜为人知的是，实际上患有精神分裂症的人，也都有执行能力障碍。

执行能力在精神分裂症中所起的作用，是一位名叫克里斯汀·胡克（Christine Hooker）的研究者通过一则故事告诉我的。当时她在哈佛大学，研究表现出精神分裂症早期症状的未成年人。她告诉我，在她的一个研究项目中，有这样一个男孩，一天早晨在他家中的卧室醒来，闻到了某种带着金属气味的奇怪味道。墙壁似乎正闪着血光。他走到墙边，用手指摸了摸墙面，并把手指放到鼻尖，闻到了血腥味，他感到彻骨的恐惧。胡克博士对我

① 我之前说过，智商测试并非理想的评估手段，但依然被诸多研究项目所采用。

说道："接着，他停了下来。"那男孩闭上双眼，问自己，墙壁上是否真的有血液流下来。尽管所有感官都告诉他，墙面上的确有血，但同时他尚能将这一切感官信息"压"在心中，他的逻辑推理能力起了作用。他认为当时的情境让他过于情绪化、无法正常思考。于是他离开了卧室。

胡克博士解释道，与她所研究的某些被确诊出精神分裂症的未成年人相比，这个男孩有一点儿不同寻常，即他的工作记忆容量——他的头脑能够储存比一般人更多的信息。她相信正是这一点帮助这个男孩理解了令他迷惑的感官信息，并且最终使他以其他确诊者所不及的能力否定自己的感官。从那之后的数年间，胡克博士一直在测试执行能力的效果，即将其用作一种训练手段，使那些因大脑不受控而持续思维涣散的年轻精神病患者的行为变得更加正常。[9] 如果某些受精神方面严重病症折磨的人都能使用更大容量的工作记忆，或者如果我们这些"正常人"也能开发更多的工作记忆，他们或我们将能有怎样的作为？

工作记忆似乎还能帮助学生在学校里取得好成绩。特雷西·阿洛韦（Tracy Alloway）与罗斯·阿洛韦（Ross Alloway），是一对曾分别在英国斯特林大学和爱丁堡大学做研究员的夫妻。他们发现，在预测学业表现方面，工作记忆远比智商测试更具参考价值。阿洛韦夫妇在测试幼儿园儿童的工作记忆水平时，就已经能够预测这些儿童在六年级时的学业表现了，并且准确度为95%。[10]

近年一项关于天才儿童的研究，描绘了工作记忆对执行能力的独特作用。被选入研究项目的孩子之所以被称作"天才儿童"，是因为他们在10岁之前就证明了自己在绘画、音乐、数学和其他领域近乎成人的能力。尽管有不少人坚信天才必定有"天才级"的智商测试得分，但研究项目中的许多天才儿童却做不到这一点。他们中大多数的智商范围是108（略高于平均水平）～147（远高于平均水平），甚至有些的得分还不及平均水平。这些天才儿童表现出色的领域种类繁多、范围广泛，经测试，8 个孩子中有 6 个在工作记忆方面得分高于 99%的普通人。[11] 类似的小规模观察研究项目并不足以证明，他们成为天才儿童是因为较大容量的工作记忆，但我们有理由相信，在较大容量工作记忆的帮助下，他们的学习速度比工作记忆容量较小的人更快。

执行能力不仅影响你的工作，也会影响你的个人生活。无论你在去度假之前计划得多么精妙，即便你努力想要把手上的工作完成，但能否如愿去度假取决于你当时的健康状况，以及你执行能力的实际“运作”——你的大脑在转瞬间能记住多少信息。比如，当一位同事向你同步他上周的工作进度，以及它们将对你本周要做的事产生怎样的影响时，这一切就要靠执行能力来完成。想想看，当你和朋友出去吃饭，其中一位朋友点了很多你实际吃不完的饭菜时，你抵抗美食诱惑的能力有多强；当你的老板把你从未见过的问题扔给你时，你有几次能立刻想出有新意、有创造能力的解决方案。在上面所有情境下，你都要依靠执行能力。

## 测试你的执行能力

对执行能力进行测试，并不是一件容易的事。你可以使用自我报告法，或基于表现的测试，也可以将两者结合起来，得到你想要的最具实用性的数据。要确定自我报告的基准线，你可以采用本章末尾的自我测评表；要想建立基准线，你可以使用本章末尾的测试，或在网上找到相应的电子版。等你尝试过本书剩余部分的干预手段之后，请再重新测试你的执行能力，看看它有什么改变。

你或许想知道：如果不去心理医生办公室，自己在家做这些测试可以吗？假定你并没有在心理诊所接受治疗，那么答案是“可以”。不过，在心理医生办公室做一对一的测试，效果会更好。因为心理医生会根据他们的观察以及与你的互动，对测试内容进行个性化调整，神经破解的真正价值在于重复地（甚至每天）进行测试，观察你在时间推移过程中的变化。此外，现在有证据证明某些基于计算机技术的测试也可以做到非常精确。早在2010年，麦可林医院——哈佛大学附属心理健康医院的劳拉·杰明（Laura Germine）及其团队便已证实，在家中通过基于计算机技术的测试可以得到有效的结果。[12] 近年来更多研究表明，在家中做在线测试也同样有效。[13]

## 执行能力测评

SMARTER TOMORROW

SMARTER TOMORROW

这份测评检查的是执行能力的核心要素，即工作记忆，抑制机能和心理灵活性，以及持续注意力、目标定向能力、依序完成任务的能力、保持统筹的能力以及挑战新任务的能力。[14] 请记住，你并不是要跟任何人比赛，这些问题能够为你提供一种方法，让你了解自己在特定时间范围内的执行能力。请如实回答。

做这份测评时，请选定时间范围。

- 如果你希望使用自己在这份测评中的答案，对你在日常自我实验中所采用的特定干预手段的效果进行评估，请选择“过去24小时”。如果你想要建立更为精确的基准线，请每24小时思考一次。
- 如果你想要利用这份测评来记录自己在一个较长时间段内的执行能力情况，请选择“过去30天”或“过去3个月”。

在下面3项中选择一个打钩，选定时间范围。

**过去24小时_____　过去30天_____　过去3个月_____**

通过后面一组问题，对自己在下列3个情境下的执行能力进行评估，并按1～5分进行打分（1分代表差，2分代表较差，3分代表中等，4分代表较好，5代表优秀）：

· **首要责任或优先考虑点：**选择那些成就对你而言最重要的活动，比如工作、学业或是其他领域。

· **个人计划：**评估此时此刻，究竟什么样的个人计划对你而言最有意义。比如学一样乐器、开辟一片花圃或是在社区做义工等。

· **维持生存的活动和责任：**评估你在记住吃饭、睡觉、锻炼等生存必须事项方面，以及在信守承诺、完成困难工作等方面的表现。

你在每个问题上的得分，是你在3个部分得分的总和。如果你在“首要责任或优先考虑点”部分填写了3分（中等），在“个人计划”部分填写了2分（较差），而在“维持生存的活动和责任”部分填写了4分（较好），那么你在这个问题上的得分就是9分。

**1. 注意力和目标定向能力：**当你参与下列活动时，保持注意力和目标定位能力的程度如何？

· **首要责任或优先考虑点**

· **个人计划**

· **维持生存的活动和责任**

**2. 依序做事**：在下列活动中，你在制订计划、按步骤做事方面表现如何？比如为了实现一个更大的目标，制订次级目标并执行。这包括按顺序处理任务，能够将目标分解成为任务，按照特定顺序规划任务，按照计划中的目标和任务安排去行动。

- **首要责任或优先考虑点**
- **个人计划**
- **维持生存的活动和责任**

**3. 注意力的引导**：在下列活动中，你控制和维持注意力（无视干扰，在面对毫无趣味但必须完成的任务，或是你已经疲惫时，仍能长时间保持专注，能够意识到情境发生了改变，并根据需要调整自己的行为）方面表现如何？

- **首要责任或优先考虑点**
- **个人计划**
- **维持生存的活动和责任**

**4. 解决不熟悉的问题**：在下列活动中，你解决从未遇到过的问题方面表现如何？

- **首要责任或优先考虑点**
- **个人计划**
- **维持生存的活动和责任**

**5. 条理性**：在下列活动中，你保持自身条理性方面的表现如何？

- **首要责任或优先考虑点**
- **个人计划**

· **维持生存的活动和责任**

**6. 灵活性：** 在下列活动中，你保持心理灵活性——能够基于情境改变而调整思维或行为方式方面的表现如何？

· **首要责任或优先考虑点**

· **个人计划**

· **维持生存的活动和责任**

## 得分

人们很容易将注意力集中在总体得分上，但在诸如此类测试中，你在每个问题上的得分更值得关注，例如，或许你生活的某个方面（如首要责任或优先考虑点、个人计划或是维持生存的活动和责任其中之一与其他方面相比，更像是一个瓶颈。或者你意识到，条理性是你最大的瓶颈，比如你在其他方面的得分是 12 分，而在条理性方面的得分是 10 分。我建议你在自我实验进行过程中，在存在瓶颈的地方投入更多精力。

**最终得分：** 18 ～ 90 分

**较低分数：** 18 ～ 41 分

**中等分数：** 42 ～ 66 分

**较高分数：** 67 ～ 90 分

如果你的得分较低，表明执行能力或许是你的瓶颈之一，不妨在自我实验中引入针对执行能力的干预手段。本书的第三部分将对此进行详细叙述。

## 基于精神状态的测试

以下是基于精神状态的测试，你可以在每天采取干预手段的前后进行此类测试。你的得分应该被记在神经破解记录本里。请注意，下面所有测试都存在练习效应，也就是说，你做这些测试的次数越多，你的得分就越高。因此，将你选定的测试进行多次（比如，在你的基准线期每天做一次），将其中第二高的得分作为你的基准分数。随后，你可以将自己在干预期的得分与基准分数进行对比，以便观察干预手段对你产生了多少影响。请注意，下面的测试为在书中使用经过了修改，你也可以在网上找到基于计算机技术的版本。

### 工作记忆测试：言语任务与空间任务测试

SMARTER TOMORROW

这是一项关于工作记忆的测试，自从20世纪50年代后期，它的各种版本就被广泛使用了。[15] 下面这个版本的测试与一个更为私人的故事相关。一天晚上，我正因为要撰写本书的这一部分而忧心忡忡。“假如读者正坐在公园里，或是飞机座舱里，没有网络可用，该怎么办呢？”我那身为计算机科学家的丈夫问道，“如果读者只依靠手中的书本，该怎么办呢？”我猛地睁大了眼睛。“你真聪明！”我大声喊道。我就是这么设计出这个版本的测试的。

SMARTER TOMORROW

#### 材料

- 计时器
- 书写工具
- 一本书（什么书都行，本书也可以）
- 用来记录会话信息和结果的神经破解记录本

### 方法

1. 翻开书的任意一页，在记录结果的表格中写下页码。
2. 用计时器开始 1 分钟计时。
3. 从 $N$=1 开始，先热热身。$N$=1 的意思是，你记得前一页的第一个字的拼音首字母。假设这个字母是 o；翻到下一页，当你在书页顶端看到第一个字（假设这个字母是 l）时，写下你所记住的前一页的第一个字母，此时，你应该写下了字母 o。
4. 翻开下一页，当你看到这一页的第一个字母（假设这个字母是 p）时，马上写下前一页的第一个字母。此时，你应该已经写下了字母 o 和 l。
5. 重复这些动作，直到 1 分钟结束。这一测试任务对大多数人而言颇有难度。所以，如果你在 1 分钟内只能写下为数不多的字母，请不要气馁。
6. 如果你觉得 $N$=1 测试太简单，可以试试 $N$=2（意思是你要分别记下两页之前和一页之前的第一个字母，以及当前页的第一个字母，以便记录）。接下来你还可以尝试 $N$=3（意思是你要分别记下三页之前、两页之前和一页之前的第一个字母，以及眼下这一页的第一个字母，以便记录），以此类推。

### 得分

分别针对准确度和速度打分。准确度是指你正确记忆的字母数在你翻过的书页总数中所占的百分比。速度是指你在 1 分钟内翻过的书页总数，你可能得到的最低分值是 0 分，而你可能得到的最高分值，则是你在 1 分钟内翻过的最多页数。

## 处理速度测试：落尺实验[16]

SMARTER TOMORROW

这是一项关于运动认知处理速度的测试。执行能力包括你处理信息和做出动作的速度，这里的速度，是研究者在评估执行能力时需要测量的数据之一。想要测量你信息处理与做出动作的速度，测试反应速度是一种方法。虽然这并不是一种纯粹的执行能力测试，但如果你的信息处理速度的得分足够高，那么你的执行能力大概率会好一些。[17] 打分范围是从只能抓住直尺的最顶端到轻松抓住直尺的最底端（直尺只落下几厘米就被抓住）。

SMARTER TOMORROW

### 材料

- 直尺（带刻度）
- 书写工具
- 用来记录会话信息和结果的神经破解记录本

### 方法

1. 让一位朋友在你惯用手的上方拿住直尺，让直尺标有 0 厘米刻度的一端接近你的手。
2. 让他将直尺从你的拇指和食指之间丢下去，你的任务是尽可能快速地抓住直尺。
3. 在你抓住直尺之前，它下落了几厘米？这一数值可以转化为你的反应速度得分。比如在你抓住直尺之前，它下落了 10 厘米，那么 10 厘米就可以作为你的反应速度得分。至少重复 5 次实验，算出平均分。

## 其他基于精神状态的测试

请注意，下面所列的类侧抑制测试和类斯特鲁普测试都是个例。一旦你进行了下列测试，就不能重复测试了，因为你将受到练习效应的影响。由于篇幅所限，我无法在此提供完整的测试表，但你可以在网上找到更完整的内容。你也可以采用基于计算机技术的测试方法，那将与研究者所采用的更为相似。

### 抑制机能测试：类侧抑制测试[18]

SMARTER TOMORROW

这是一项关于抑制机能的测试，但有创新。这是一种已经应用了几十年的经典神经心理学测试手段，至少自 20 世纪 70 年代起就有人使用了。

#### 材料

- 计时器
- 下面列举的测试内容
- 书写工具
- 用来记录会话信息和结果的神经破解记录本

#### 方法

1. 写下问题中目标箭头的正确方向（R 代表朝右，L 代表朝左）。请注意，中间箭头与最左箭头和最右箭头间的距离是相等的。
2. 举例说明：中间箭头朝右：<<>>>，答案是 R。
3. 用计时器开始 1 分钟计时，尽可能多地作答。
4. 评分：回答正确得 1 分，未作答和答错得 0 分。

| 问题 | 题目 | 答案 |
| --- | --- | --- |
| 中间箭头朝向哪个方向 | ><>>> | R |
| | <>>>> | R |
| 最左箭头朝向哪个方向 | <<>>> | L |
| | ><<>> | R |

## 抑制机能与心理灵活性测试：类斯特鲁普测试[19]

SMARTER TOMORROW



该测试可以评估你抑制自动反应和适应规则变化的能力。此类测试已有近百年的历史，至少自20世纪30年代起就已经为研究者所使用了。[20]它主要测试你抑制自动反应和快速转换视角的能力。实验时，要在不同颜色的背景上用另一种颜色的字写下与字的颜色不同的颜色名字。你的任务是，根据当时被问到的问题，回答颜色名词的含义或是字本身的颜色。例如，如果问题是“黑这个字是什么颜色的”，你应该回答“白色”。如果问题是“黑这种颜色的含义是什么”，你应该回答“黑色”。

### 材料

- 计时器
- 斯特鲁普提示物。受篇幅所限，我在下面只列举了10个提示物。但为了进行1分钟时长的测试，我建议你先了解测试的格式，为自己准备大约75个选项或者到网上寻找完整的测试题
- 书写工具
- 用来记录会话信息和结果的神经破解记录本

**方法**

1. 用计时器开始 1 分钟计时。

2. 说明字的颜色。

例 1：黑　答案：白色

3. 说明颜色名词的含义。

例 2：黑　答案：黑色

4. 评分（见下面的表）：0 分代表未作答或答错，1 或 2 分取决于该项问题的难度。

| 问题 | 题目 | 得分 | 答案 |
|---|---|---|---|
| 字是什么颜色 | 黑 | 1 | 黑色 |
| | 白 | 1 | 白色 |
| | 黑 | 2 | 白色 |
| | 白 | 2 | 黑色 |
| | 黑 | 1 | 黑色 |
| 颜色名词的含义是什么 | 白 | 1 | 白色 |
| | 黑 | 2 | 黑色 |
| | 黑 | 2 | 黑色 |
| | 白 | 1 | 白色 |
| | 黑 | 2 | 黑色 |

执行能力，是神经破解尝试改善精神状态的一个可能的目标。接下来，我们看看下一个选项：情绪调节能力。

## 让大脑更聪明 SMARTER TOMORROW

1. 执行能力由三种心智能力组成：工作记忆、抑制机能和心理灵活性。你需要运用到执行能力的活动包括提前计划、在头脑中同时保持多个想法、抵抗诱惑以及面对问题时想出创新的解决方案。大脑中管理这些能力的区域似乎是前额叶皮质。
2. 高执行能力预示能取得学业上、工作中和个人的成功。
3. 较差的执行能力可能导致学业上和工作中出现困难，包括更容易辍学或是只能从事低收入工作。较差的执行能力还有可能让精神健康状况变差，使精神分裂症、注意缺陷多动障碍和其他一些神经障碍疾病恶化。
4. 你可以利用基于计算机技术的测试（如果你喜欢玩益智类游戏，或许会觉得这些测试很眼熟）和传统的纸笔测试来评估自己的执行能力水平。

# 08

# 情绪调节能力

在刺激和反应之间，有一个空间。在那个空间中，我们有力量选择自己的反应。而我们的反应展现了我们的成长和自由。

**维克多 · 弗兰克尔（Victor Frankl）**

奥地利心理学家

**时间投入：**12 分钟

**目标：**了解什么是情绪调节，并测试你的情绪调节能力。

一直以来，维克多·弗兰克尔都是我的偶像。如果我能任意邀请几位或仍健在或已去世的人一起吃饭，他一定是第一个收到我的请柬的人。作为一位犹太裔精神病学家，弗兰克尔曾经在第二次世界大战期间被送进集中营。面对弥漫在身边的恐怖气氛，他并没有被沮丧和恐惧压倒，而是决定做些有意义的事。他暗自下定决心，专注观察眼前发生的一切事情，即观察在各种痛苦折磨下那些仍能保持人性或丧失人性的人。如果他足够幸运能活着离开集中营，就可以跟全世界分享，是怎样的心理学策略帮助囚徒从身体和情感上获得救赎。弗兰克尔活了下来，并在他那部极为畅销的著作《活出生命的意义》(*Man's Search for Meaning*）中将他观察到的事情写了下来。弗兰克尔通过他的著作展示了他作为心理治疗专家的身份所具备的视角和专业知识，帮助成千上万人找到了生命更深层次的意义和生活的目标。

我将弗兰克尔那句名言中的“空间”解释为运用“新情商”的地方，也就是进行情绪调节的地方。在那片刺激和反应之间的空间里，我们有做出决定的机会。我们在那片空间所做的，决定了我们的未来。学会如何在那片至关重要的空间掌控自己的情绪和想法，是本章节所要探讨的内容，其中蕴含着“我们的成长和自由”。

## 情绪调节能力背后的科学

研究者和临床医生将情绪调节能力定义为人们监控、评估和改变自身情绪的能力。你改变你自己情绪的能力，无论你对某些东西的感受强烈还是淡薄，你经历过的感受是复杂多样的还是简单枯燥的，你对某种特定情绪的感受是长久的还是短暂的，这些情绪一半是有意识的行为，而另一半取决于潜意识。[1] 自控力和意志力也是一对相关概念，如果你遇见了一位有着强大情绪调节能力的人，他或许会是一个充满矛盾的人。他或许感受到了多种多样的情绪，但在怎样和何时表现这些情绪方面，他展示出无与伦比的驾驭能力和灵活性。[2] 拥有情绪调节能力并不意味着要冷若冰霜。

善于进行情绪调节的人，有两种典型特质：

- **延迟表达情绪的能力：** 假如他们出于某些原因忽然想要在葬礼上笑，他们会控制住自己。然而在情境条件允许时，他们也会本能地笑、流泪或是表露出其他情绪。
- **对自身感觉、想法和生理机能施加影响的能力：** 你是否曾经注意到，在进行重要演讲之前自己心跳加速，而你的身体将这种现象解读为濒死反应，导致你的紧张程度增加，这是你的情绪调节能力存在缺陷的表现。有效的情绪调节流程应该是，意识到自己在进行重要演讲之前的不安状态，默默告诉自己：“这代表着此时此刻的我变得更加敏锐和警醒了，这很棒！”这样重新解读，会令你平复心情，冷静下来，从而改善你的表现。

较强的情绪调节能力，与工作[3]、学业[4]和人际关系[5]等方面的成功息息相关。假如你正在为与客户的会面做最后的准备，却发现自己由于压力太大而无法集中精神。你会产生一个矛盾的想法：与其继续苦干还不如去休息片刻，否则只会浪费更多时间。你大概会站起身来，到街上走一小圈，然后回来重新集中精力处理工作。有趣的是，在我们刚刚开始学习某些东西时，有点儿紧张焦虑感似乎对我们有所帮助；但要想有效记住所学的东西，紧张焦虑感还是越少越好。[6]在人际关系领域，有效的情绪调节能力可以为你带来很多好处。例如，你将不会因为你的伴侣在你感觉紧张时，问了与你的紧张无关的问题而呵斥他们，进而引发意外的争吵。

提升情绪调节能力似乎需要练习。[7]无数研究表明，在情绪调节方面，较年长者的表现比年轻人和小孩子更好。[8]与此相关联的是，较年长者的正面情绪相对较多，负面情绪相对较少。[9]那么，他们究竟练成了怎样的技能呢？

在有效管控情绪的情况下，一共包括4个主要步骤。要想成功地做到情绪调节，你需要能够在每一个步骤出现时识别出来，并在每个节点做出周全的选择。

- **步骤1，警醒：**意识到自己正处在情绪激动的情境下。这包含关注自己的生理机能，例如因双手出汗而意识到自己正处于紧张状态。
- **步骤2，选择：**选择自己在当前情境下需要关注的事物。
- **步骤3，解读：**选择自己该如何解读当前情境。
- **步骤4，反应：**选择自己对当前情境的反应。

相比于那些无法意识到或是无法认真掌控每个步骤的人，情绪调节能力强的人可以更成功地驾驭各种情境。

在“反应”步骤，情绪调节能力更强的人似乎能以多种不同方式做出“反应”。[10]下面是一些例子：

- 面对令人激动的情境，他们可以决定是去是留。
- 他们可以找到使情境变得轻松或是缓和的办法，例如，通过讲一个自嘲的笑话来赢得别人的支持。
- 他们可能重新引导当前情境的话题焦点，或者通过讲故事的方式改变当前情境内所有参与者的视角。
- 他们或许会尝试以不同的视角去观察事物，以便拓展自己的视野。
- 他们可能会尝试从不同的视角观察自己或是所处的情境。这包含从冲突对象的视角观察以建立共情，或是从好朋友的视角观察以建立自我同情。
- 如果压力是长期的，他们或许会尝试建立新的习惯：比如在即将召开的会议之前的 1 小时里安排冥想课，或是计划在演讲之后小睡片刻以重焕精神。

## 在情绪调节过程中，大脑和身体都在发生些什么

大脑扫描向我们展示了大脑在尝试进行情绪调节的时候发生了什么。当被试开始进行大脑扫描，被要求看喜剧或悲剧电影，引发强烈情绪共鸣等包含情绪调节的活动时，被要求调节自身的情绪，我们常常会发现有两组脑区高度活跃。[11]第一组是大脑前部（前额叶皮质内的区域，也就是在执行能力测试中同样表现活跃的区域）。毫不奇怪，第二组表现活跃的脑区，是那些涉及情绪产生的区域，包括杏仁核（与人们判断所处环境重要性或是“突出性”相关的区域，在恐惧或是面临威胁时倾向于表现活跃）。在被试被要求调节自身情绪时，其脑前区与杏仁核之间的关联强度也会增加。[12]

所有这些脑区“被点亮”的状态都表明，涉及执行能力和自我调节的脑区，在调节情绪中心脑区活动方面都发挥着作用。相比于更容易调节自身情绪的人，在情绪调节方面有困难的人的大脑活跃区域存在明显不同。有着较好自控能力的人，脑前区和杏仁核之间的关联通常更强。[13]

当然，情绪调节能力并不完全取决于大脑。如果你曾经感受过极度的愤怒，你或许也曾注意到你身体上的多个部位会发热。你的肾上腺皮质（肾脏上的一片区域）会向血液中释放能激发身体“战斗或逃跑”机能的化学物质，在全身引发指尖温度上升、瞳孔放大等一系列变化。[14]同理，你的心率变化（心跳的节奏和强弱）[15]和皮肤分泌化学物质的情况，都会在对情绪的反应过程中发生改变。或许这也可以在很大程度上说明，为何某些针对被情绪激活的身体部位的特定冥想活动，能够成功地帮助人们学会更好地控制情绪。

## 测试你的情绪调节能力

下面，我们将继续对你现阶段的情绪调节能力进行测评。在接下来的数年里，你或许会见到更多基于生物学研究成果的评估手段。通过它们，你很可能会发现一些不同层级的情绪调节行为，并提供建议或反馈，帮助每个人过上更善于进行情绪调节的人生，其中许多手段仍将从精神健康层面入手。由美国国家心理健康研究所前所长创建的 Mindstrong Health 公司，通过研究患者使用手机的方式，为解决他们的精神健康问题寻求线索。该公司的同名手机应用程序的实际运作机制并非观察用户在做些什么，而是追踪他们触屏、滑屏和滚屏的速度，找到那些能够表明心理机能改变的行为变化。与此类似的是，由两位网络安全管理专业人士创建、位于旧金山的创业公司 NeuraMetrix，将用户的打字节奏视作一种与神经机能和心理机能等方面改变相关联的生物学指标。诸多可穿戴设备都能监控的心率变化，被认为与情绪调节能力密切相关，[16] 所以我盼望不久以后能在智能手表上进行情绪调节能力测试。

此时此刻，你需要对你感觉到的自身情绪调节能力划定数字基准线。那样你就确立了一个起点，以便在开始自我实验之后，就自身的进展进行对照。在你进行自述评估时，可以用下列一系列问题进行测评。

## 情绪调节能力测评

SMARTER TOMORROW

该测评是测试情绪调节能力的某些核心环节：监控、评价以及改变情绪的能力。此外，该测评内容还包括自我安抚技巧、冲动控制技巧、自我意识和注意力控制。[17]

请记住，你并不是要跟任何人比赛。这些问题能够为你提供一种方法，让你了解自己在特定时间范围内的情绪调节能力。请如实回答。

SMARTER TOMORROW

做这份测评时，请选定时间范围。为了进行交叉对照，请为所有测评选择相同的时间范围（比如，如果你在执行能力测评中选择了“过去 30 天”，那么在这里也请选择“过去 30 天”）。

- 如果你希望使用自己在这份测评中的答案，对你在日常自我实验中所采用的特定干预手段的效果进行评估，请选择“过去 24 小时”。如果你想要建立更为精确的基准线，请每 24 小时思考一次。
- 如果你想要利用这份测评来记录自己在一个较长时间段内的情绪调节能力情况，请选择“过去 30 天”或“过去 3 个月”。

在下面3项中选择一个打钩，选定时间范围。

**过去24小时_____　　过去30天_____　　过去3个月_____**

在下面每种描述旁边填写的数值，就是该问题的得分。分数说明：

1分　几乎从来没有：0～10%的时间

2分　偶尔：11%～35%的时间

3分　大约一半时间：36%～65%的时间

4分　大多数时间：66%～90%的时间

5分　几乎总是如此：91%～100%的时间

1. 我能注意到自己感受如何，包括心烦意乱的时候。
2. 我知道自己具体感受到了什么。
3. 如果我想，我可以改变自己的感受。
4. 在我心烦意乱的时候，我可以安慰自己。
5. 当我心烦意乱的强烈感受自动引发开始或终止某些动作或言语时，我能克制住自己的冲动。
6. 在我心烦意乱的时候，我可以选择让自己转移注意力，去想点儿别的事情。

**得分**

人们很容易将注意力集中在总体得分上，但在诸如此类测试中，你在每个问题上的得分更值得关注。你在进行自我实验时会发现，观察自己在某些方面做出的改变，能够得到有用的测评结果。对某些描述进行单独跟踪，或许可以为你提供特别有价值的线索。

**最终得分：** 18～90分

你的最终得分是你在全部问题项上填写的数值的总和乘3。得分较高表明，你对自己的情绪调节能力较为自信；得分较低则表明情绪调节能力可能是你的一个瓶颈。如果情况如此，那你不妨去尝试那些包含针对此状况的干预手段的自我实验。

**较低分数：** 18 ～ 41 分

**中等分数：** 42 ～ 66 分

**较高分数：** 67 ～ 90 分

## 情绪评估

大多数针对情绪调节能力的评估都倾向于长期表现，即体现你在长时间内的平均水平，而非针对眼下状况的精确评估，所以你不妨在每天的自我实验中引入情绪评估。你可以按照下面的方式来进行情绪评估：首先，将自己置于某种情绪触发因素的影响下（也就是说，想象某些会导致你忧愁、愤怒或是恐惧的恼人事物），然后做下面的瞬时感受评估。接着，尝试本书中提到过的某种干预手段，以便帮助你掌控你的情绪。做过干预之后，再做一次瞬时感受评估。重新计算你的得分，看看你的情绪是否有所改变。

## 瞬时感受评估[18]

SMARTER TOMORROW

下列 18 种感受中，有一半令人愉悦，而另一半则令人不快。请用 1～5 分来表明各选项与你此时感受的契合度。1 分代表契合度很低或压根不相关，3 分代表契合度中等，5 分代表完全契合。

**我现在的感受是：**

1. 悲伤
2. 感动
3. 愤怒
4. 怜悯
5. 恐惧
6. 感恩
7. 厌恶
8. 好奇
9. 焦虑
10. 志在必得
11. 激动
12. 充满敬畏
13. 遗憾
14. 充满精力
15. 暴躁易怒
16. 警醒
17. 坐立不安
18. 满足

### 得分

将所有奇数编号对应的感受得分相加，这就是你的不悦情绪得分，最低 9 分，最高 45 分。将所有偶数编号对应的感受得分相加，这就是你的愉悦情绪得分，同样最低 9 分，最高 45 分。

单独跟踪不悦情绪和愉悦情绪的得分，是很有用的。你在进行自我实验时会发现，观察自己在某些方面做出的改变，能够做到有用的测评结果。对某些描述进行单独跟踪，或许可以为你提供特别有价值的线索。

愉悦情绪得分减去不悦情绪得分，就是你的最终得分。

SMARTER TOMORROW

**较低分数：**-36～-12分

**中等分数：**-13～11分

**较高分数：**12～36分

得分较低表明你的整体情绪水平较低，得分较高则表明你的整体情绪水平较高。

到现在为止，我们已经探讨了执行能力和情绪调节能力，接下来让我们把注意力转投到一个你或许期待已久的领域：学习与记忆。

## 让大脑更聪明 SMARTER TOMORROW

1. 情绪调节能力可以监控、评估并改变你的情绪。
2. 在情绪激动的情境下有效管控情绪，一共包括 4 个主要步骤：（1）意识到自己正处在激动的情境下；（2）选择自己在当前情境下需要关注的事物；（3）选择自己该如何解读当前情境；（4）选择自己对于当前情境的反应。
3. 在情绪调节过程中，我们常常会发现有两组脑区高度活跃。第一组是大脑前部（前额叶皮质内的区域，也就是在执行能力测试中同样表现活跃的区域）。毫不奇怪，第二组表现活跃的脑区，是那些涉及情绪产生的区域，包括杏仁核（与人们判断所处环境重要性或是“突出性”相关的区域，在恐惧或是面临威胁时倾向于表现活跃）。在被试被要求调节自身情绪时，其脑前区与杏仁核之间的关联强度也会增加。
4. 你可以通过做测评来评估自己的情绪调节能力，但未来或许会出现更多基于生理学研究的测量方法。

# 09

# 学习与记忆能力

记忆是复杂的，既接近真相，又不同于真相。

芭芭拉·金索沃（Barbara Kingsolver）

美国当代著名作家

**时间投入：** 15 分钟

**目标：** 了解记忆的运作方式，并测试自己的记忆能力。

“这个座位有人坐吗？”

我抬起头，看到一个卷发男孩正冲我微笑。这是我在麻省理工学院读书的第一年，当时我正坐在心理学导论教室前排的一个座位上。“想坐就坐吧。”我笑着回答这个名叫尼马·维塞（Nima Veiseh）的男孩，又问他为什么会对心理学导论这门课感兴趣。

他笑着答道：“我的记忆存在某种疯狂的状态，我希望他们能帮我找出原因。”

当我们的心理学教授将越来越多的物品投影到屏幕上，让我们在片刻之后尽可能多地回忆看到的物品时，距离我几个座位之外的一个学生回忆起了9样物品。尼马和我只回忆起6样。“这是一项针对工作记忆的测试。”教授解释道。

尼马自言自语："我的记忆症状肯定是其他类型的问题。"

尼马在许久之后申请参与了一项加州大学欧文分校的研究项目，那时他才发现，他是世界上仅有的几十个被发现患有"超忆症"（hyperthymesia）① 的人之一。简单地说，就是患者无法忘记的自身经历。[1] 在进行过某场对话或是看过某个电视节目之后，我或许只能在几分钟至 1 小时里记住精准的视觉和语言细节，而超忆症患者在面对任何有关其个人经历的可求证问题时，即便这些经历发生在很久之前，通常他们给出正确答案的概率为 97%。[2] 后来，尼马利用这一能力在脑海里详细记忆了超过 1 500 幅画作，而这些储存在他的大脑中的画作成为他自身独特艺术创作的灵感源泉。[3]

永不忘却，对我而言是惊人的。而尼马却坦承道，这能力的确惊世骇俗，但也没什么大不了的。我们都非常害怕遗忘，但它实际上也是一个很有用处的大脑清理过程。某年某月，你花费了两分钟来通勤，你可以删掉这段记忆；你在祖父去世前一天花两分钟陪他看了一场赛马，你可以保存这段记忆。然而，对超忆症患者而言，尽管这两段同样为两分钟的记忆片段对他们人生的重要程度完全不同，但也许都会被他们记住。有件事情令我们感到疑惑，人的大脑只需要很少的能量即可运转——大约 20 瓦特，它能完成的那些非常复杂的任务，可能是需要大约 2 万瓦特能量才能正常工作的超级计算机无法完成的。[4] 我们的大脑之所以有可能做到这一点，至少一部分原因是通过遗忘。

尽管尼马和其他超忆症患者的生活，就像是有一个放映团队时时刻刻播放着一部永不完结的电影，但他们或许也要付出一些代价。有些超忆症患者向研究者抱怨，说他们的"自传体记忆"会持续被激活，使他们难以集中精

① 超忆症又被称作"记忆过盛综合征""超级自传体记忆征"等。

力整理新的信息，也难以调取和利用已有的记忆。

研究发现，除了超乎寻常的自传体记忆，超忆症患者在记忆能力的其他方面与平均水准持平，甚至低于平均水准。[5]这使得“超忆大脑功能”显得似乎并非遥不可及。那么，超忆症患者那巨大的自传体记忆功能背后隐藏着怎样的秘密呢？

2015年一项关于超忆症的研究发现，患者的回忆持续性越强，其强迫症倾向就越重，也就是说，他们会更加认真地思考事情的细节，并将其在脑海中重放。研究者确信，像尼马这样的人也是以寻常的方式对信息进行编码的，但整合自传体记忆的方式与大部分人有所不同。[6]记忆整合是一件依赖时间的大脑活动，在这个过程中，近期经历会进入长期记忆。[7]或许，超忆症的秘密就在于患者的记忆整合能力比大部分人更强，他们的大脑会对记住的事物进行排演和重现。

## 学习与记忆能力背后的科学

一切类型的记忆均涉及3个步骤：编码、储存和调取。

- **编码：**从你的某一感官探测到某件事物起，编码就开始了。
- **储存：**信息经过滤筛选后，进入仅可持续数秒的感官记忆。接着，被分组的感官记忆经筛选后成为短期记忆。短期记忆的持续时间短则数秒，长则数分钟，甚至半小时。最终，经过分组的短期记忆被转化为可被保存终生的长期记忆。当然，信息经历所有这些阶段，得以被正确编码，其间会遭遇很多障碍。例如，大脑可能会同时被其他信息干扰，或者某些信息所承载的情感意义不够，不足以形成印象。很多此类信息处理过程都并不受你的掌控，这导致很多你并没有要去记住的信息被牢牢记住，而其他至关重要的信息却被遗忘了。

- **调取：** 最后一步便是通常与回忆动作相关联的阶段。每当这一步没能成功完成时，我们就会说：“我差一点儿就想起来了，话到嘴边了！”

通常，如果某个事件或是某个事实满足特定条件，比如具有强烈的感情色彩、出人意料，或是符合我们之前见到过的模式，又或者某些时候我们只不过是简单地尝试去回忆，此时我们就会将其记起。[8] 如果事件不满足任何特定条件，那我们就可能将其遗忘。还记得本书第一部分提到过的神经学家的话吗？“并肩作战的神经元会彼此连接”和“行动不一致的神经元会失去连接”。后面这句，实际上是在神经元层面描述了遗忘的过程。就像是两个曾经有很多共同语言的朋友，渐渐发现彼此话不投机，就会失去联系一样。如果神经元之间不再“并肩作战”，它们也会逐渐“失去连接”。这种“失去连接”就是大脑遗忘的方式。

## 学习与记忆活动都发生在大脑的哪些区域

记忆有 4 种类型。每种类型的记忆，都在不同方面对生命机能产生作用。我们刚刚讨论过的自传体记忆，涉及多个脑区，其中就包括杏仁核。在第 7 章中，我们探讨了工作记忆，那是一种大脑以足够长的时间（短则数秒，长则以分钟计）暂存更多信息，以便将其进行操作处理的能力。在大脑扫描中，与工作记忆相关的脑区大多位于大脑前部，而与自传体记忆相关的脑区则包括颞叶（位于太阳穴下方）和枕叶（靠近头后方）。[9]

学生时代，我们时常要依靠一种被称作“语义记忆”（semantic memory）的记忆类型。这种记忆是关于看法、概念和实例的记忆，包括国家首都、外语单词或是周期表上的元素等事实信息。甚至还有一种与未来相关的语义记忆，即所谓的前瞻记忆（proscriptive memory），或者说是“记得要去记住某事”。例如，当你对自己说“回家路上别忘了拿牛奶”时，就是在调用前瞻记忆。海马在情境记忆（自传体记忆就是其中一类）和语义记忆中都扮演着重要角色。情境记忆是关于生活和情境的记忆。在回忆过程中，大脑前部仍然发挥着作用，但颞叶部分的作用或许更为重大。

如果要做出需要技巧的动作，那我们就需要仰仗另一种记忆，即程序记忆（procedural memory）。程序记忆是关于如何做事情的记忆。你在骑自行车或是驾驶汽车时，就会用到这种记忆。在建立这种类型的记忆时，你一开始需要集中精神去记忆，但很快记忆就会变成自动的行为。大脑的纹状体似乎就是储存和处理个人习惯与程序记忆的区域，而大脑前部在将这种记忆传送到纹状体的过程中起着至关重要的作用。学习过程分为两个步骤：编码和存储。编码非常依赖工作记忆以及前额叶皮质。但只要你熟悉了某样事物，就不再需要前额叶皮质的参与了。正如我们在第一部分讨论过的那样，当研究者通过脑部扫描对比毫无射箭经验的大学生和奥运会射箭比赛奖牌获得者的大脑活动时，会发现二者大脑的活跃程度存在明显不同。前者的前额皮叶质活动非常明显，因为他们的大脑正拼尽全力将工作记忆和执行能力结合起来，以应对任务。而后者的大脑活动看上去要平静得多，他们只需要调出自动过程或是长期记忆即可，这可能涉及不同的脑区，包括纹状体和小脑。分管学习和记忆的关键脑区：杏仁核、纹状体和海马见图 9-1。[11]

这些原理不仅能解释人在应对任务时的表现，也能解释人的学习态度或是行为表现。正如来自加拿大不列颠哥伦比亚大学的执行能力研究先驱阿黛尔·戴蒙德（Adele Diamond）所指出的：“一个孩子或许在理智上——在前额叶皮质的约束下，明白自己不能打人，但在盛怒之下，如果这一理智没有形成自动行为……这个孩子会打人。某事成为自动行为——脱离前额叶皮质的‘刻意’约束的唯一方式，就是经过行动，重复行动。其他任何途径都不管用。”[10]

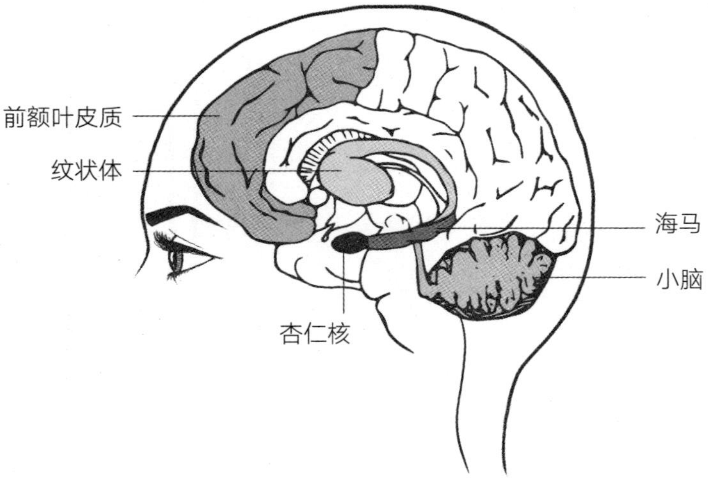


**图 9-1 分管学习和记忆的关键脑区：杏仁核、纹状体和海马**

## 学习与记忆能力为何如此重要

拥有高水平的学习与记忆能力，为何会对人们有很大帮助？它可以让你节省时间。你不需要专门对信息进行查验，只要记住它们就行了。这之间的差别就像是要把单词输入谷歌翻译才能看懂其意思与能够熟练使用外语。

高水平的学习与记忆能力还能增强人的自信心。想象一下，如果一个外科医生需要每隔几分钟看看网络视频才能提升手术技术；如果一个 TED 演讲者必须看着笔记提纲才说得出话；如果一个职业篮球运动员在场上必须停下来思考怎么运球……

如今，能够快速学习变得越来越重要了，越来越多的工作岗位都至少要求本科或是更高学历。[12] 人工智能正帮助许多低等和中等技术水平的工作岗位实现自动化。

截至 2030 年，预计会有 7 500 万～ 3.75 亿人需要换行。能够快速学会新的技能，将帮助人们适应这一变化并抓住机遇。[13] 即便对于那些工作岗位并未受到直接威胁的人而言，每天需要跟进掌握的新信息也远多于过去。[14] 成为一名拥有较好记忆能力的快速学习者，将助你在这一改变过程中保持冷静。

## 测试你的学习与记忆能力

如果你想确认自己是不是像尼马那样的人，不妨登录加州大学欧文分校网站的研究项目页面，做一下筛选实验。[15] 若想测试其他类型的学习与记忆能力，你需要确定一个自我报告的基准线（你认为自己处于每个领域的哪个层级），以及一个基于表现的基准线。那样你就确立了一个出发点，以便在你开始自我实验后，了解自己的进展情况。你也可以在网上找到基于表现的测试。在你进行自我测评的时候，可以用下列这些问题自问。

## 学习与记忆能力测评

SMARTER TOMORROW

该测试的目的，是为你现阶段对自身学习与记忆能力的评估确立一个基准线。我们将专注于两种类型的记忆：情境记忆（与地点、时间和情绪相关联的个人经历）和语义记忆（词语、概念、数字等）。[16]

请记住，你并不是要跟任何人比赛。这些问题能够为你提供一种方法，让你了解自己在特定时间范围内的学习与记忆能力。请如实回答。

做这份测评时，请选定时间范围。

- 如果你希望使用自己在这份测评中的答案，对你在日常自我实验中所采用的特定干预手段的效果进行评估，那么请选择“过去24小时”。
- 如果你想要利用这份测评来记录自己在一个较长时间段内的学习与记忆能力情况，请选择“过去30天”或是“过去3个月”。

在下面3项中选择一个打钩，选定时间范围。

**过去24小时_____　　过去30天_____　　过去3个月_____**

在下面每种陈述旁填写的数值，就是该问题的得分。

分数说明：

1分　几乎总是如此：91%～100%的时间

2分　大多数时间：66%～90%的时间

3分　大约一半时间：36%～65%的时间

4分　偶尔：11%～35%的时间

5分　几乎从来没有：0～10%的时间
n/a　从未发生过

1. 我很难记住新的数字。
2. 我很难回忆起我已经掌握的数字。
3. 我很难学习新的实例。
4. 我很难回忆起我已经掌握的实例。
5. 我很难记住新的词语。
6. 我很难回忆起我曾经知道的词语。
7. 我很难记住人的名字或长相。
8. 我很难回忆起我已经熟记的人名或长相。
9. 我很难记住我把东西放在哪里了。
10. 我很难回忆起自己本来想要做什么事。
11. 我偶尔会重复给自己预订东西，或是因为忘记自己做过的承诺而向两个人许诺同一件事。
12. 我忘记了做日常事项，如梳头发、吃药、偿还账单等。
13. 我很难从阅读中学到东西。
14. 我很难回忆起我读过的东西。
15. 我很难回忆起我听到过的东西。
16. 如果我被中途打断，我会很难回忆起自己刚刚正在说、正在做、正在想的事。
17. 我很难熟记或回忆起我刚刚掌握的办事指南和步骤说明。
18. 我很难熟记或回忆起我很久以前就掌握了的办事指南和步骤说明。

## 得分

人们很容易将注意力集中在总体得分上，但在诸如此类测试中，你在每个问题上的得分更值得关注。从学习与记忆能力的测评中选择 3～5 个最让你共鸣的问题，也就是那些最契合你的学习与记忆能力的问题。未来对这一部分问题的答案进行单独跟踪，或许可以为你提供特别有价值的线索。

**最终得分：**18～90 分

如果你的答案中包括 n/a，那么相应问题的得分为 0 分。你的最终得分是每个问题得分的总和。用这个总和除以一个基数（5 乘答案不是 n/a 的问题数）。然后，用计算结果乘 72，就是你最终的得分。

**较低分数：**18～41 分

**中等分数：**42～66 分

**较高分数：**67～90 分

得分较低表明学习与记忆能力可能是你的一项瓶颈。如果情况如此，你不妨去尝试那些包含针对此状况干预手段的自我实验。如果你的得分随着时间推移逐渐变高，那将是一个积极的信号，说明你的神经破解实验或许发挥作用了。

## 基于表现的学习与记忆能力测试

SMARTER TOMORROW

如果你想要快速测试自身的词语学习能力，可以尝试下面这个测试：

### 词语学习测试

**材料**

- 计时器
- 1 号词表与 2 号词表（见下文）
- 空白纸，用以记录你所回忆起的全部单词
- 书写工具

**步骤**

1. 用计时器开始 1 分钟计时。
2. 按下计时器开始按钮，阅读 1 号词表中的 20 个词，尽可能多记住几个词。随后，将词表盖住。
3. 休息 1 分钟，这期间不要去想刚才的词！
4. 接着，用 1 分钟时间，写下你所能记住的所有词。
5. 重新翻开 1 号词表。看看这 20 个词里，你能记住多少？

**1 号词表（用于在采取干预手段之前进行测试）**

| | | |
|---|---|---|
| 狗 | 民主 | 高明 |
| 桌子 | 郁金香 | 碟子 |
| 山 | 藜麦 | 壁炉 |
| 帽子 | 涟漪 | 惊讶 |
| 火车 | 回声 | 不赞成 |

| | | |
|---|---|---|
| 迷宫 | 膝盖 | 眼睛 |
| 森林 | 绘画 | |

**2 号词表（用于在采用过干预手段之后进行测试）**

| | | |
|---|---|---|
| 猫 | 姜黄 | 庆祝 |
| 长沙发 | 洞 | 游戏 |
| 天空 | 寂静 | 沙漠 |
| 外套 | 愚蠢 | 耳垂 |
| 飞机 | 矩形 | 雕塑 |
| 国家 | 微波 | 双手 |
| 小雏菊 | 灰心丧气 | |

在第 10 章中，我们会将注意力转向潜在心智能力中的最后一项——创造能力。

## 让大脑更聪明 SMARTER TOMORROW

1. 记忆分为短期记忆和长期记忆。情境记忆是关于生活和情境的记忆，语义记忆是关于看法、概念和实例的记忆，程序记忆是关于如何做事情的记忆。
2. 学习过程分为两个步骤——编码和存储，而回忆你所学的东西则涉及调取。
3. 能够快速学习变得越来越重要了。成为一名拥有较好记忆能力的学习者，将帮助你从容面对因自动化而导致的全球劳动力市场状态转变。

# 10

# 创造能力

创造能力取之不尽、用之不竭，越用越多。

**玛雅·安吉洛（Maya Angelou）**

美国作家、诗人

**时间投入：** 17 分钟

**目标：** 更好地理解什么是创造能力，并学习测试自己的创造能力。

2015 年冬天，我受邀在中国苏州举办的一场教育会议上做演讲。参会期间，会议组织者邀请我和其他来自世界各地的演讲者参观了上海地区的多所创新型八年一贯制学校。我接触了许多新的理念，比如，其中一所学校的中学教师会像美国大学教授一样定期发表研究成果。与我们探访过的大多数学校一样，这所学校以自己的学术水平为傲。当我们一行人进入美术教室时，看到了与以往完全不同的教育场景。大量油画、素描画、壁画和雕塑映入眼帘。其中，饱含情感、体现了创作者的创造能力的作品，数量多到惊人，即便是成年艺术家也不一定具备这样的情绪表现力和创造能力。

更让人感到匪夷所思的是，这些作品有的水平很高，堪称传世佳作，有些却比儿童简笔画好不了多少。看到我疑惑不解的表情，随行的美术老师笑了。他通过翻译对我说，这个学期学生的美术课分数一半取决于他们的创作品质，一半取决于他们的创作数量。在本学期的这个时间段，教室里几乎已经被这些富有创造力的作品塞满了。

在那间拥挤的美术教室里，有些东西触动了我的记忆。就在我离开教室时，我忽然想起了自己七年级时的语文老师。当年她给全班同学布置过写日记的作业。这份作业的完成情况会计入我们的期末分数，但这部分得分并非取决于日记的内容质量，而是取决于写作的页数和做这件事的责任心。当时我们所有人都感到惊讶且心生疑惑。“这样做是为什么呢？”一位同学问道。老师一边微笑，一边重复着她的话：“不为什么，你们想写什么就写什么，想怎么写就怎么写，可以写日记、诗歌、歌词、故事、散文随笔、购物单……只管写就是了。”

事实证明，无论是那位中国的美术老师，还是我七年级时的语文老师，都发现了某些东西——很快你就会明白我指的是什么。

## 创造能力背后的科学

什么是创造能力？你真的了解吗？创造能力很难定义，更难评估。实际上，为了对其加以分析并将其收录进本书，我苦恼了很久。作为神经破解者，我们是为了改善那些对日常生活有影响的心智能力。不过，我们将采用一种相对精确的、可量化的方式对其进行研究，我希望这样做能够更加贴近实际情况。我们知道，创造能力在某种程度上与“新”相关，重点在“创造”某些有价值的事物。于是，就有了下面这条许多研究者认同的定义：创造能力，指的是在规定时间内你所能产出的有用、新颖的事物数量。

实际上，这一定义也可以被解读为，与创造能力较低的人相比，创造能力较高的人可以在规定时间内产出更多有用、新颖的事物。

有些人认为，天才般的智力水平是创造能力必不可少的基础，但许多研究已经对这一观点提出了疑问。由于针对成年人设计的智商测试比针对儿童设计的智商测试更难，在针对成年人设计的智商测试中，智力水平一般的儿童得分会比智力水平一般的成年人更低。然而，当研究者要求成年组被试和儿童组被试只用一团绳子、一卷胶带、一把意大利面和一块棉花软糖去搭建一座“建筑”，且要求能搭多高就搭多高时，由幼儿园小朋友组成的儿童组被试却比成年组被试（由律师和商学院学生等组成）表现得更好。[1]

许多研究者发现了可以支撑被其称为“阈值假说”（threshold hypothesis）的数据。[2]通过观察个体被试的表现，研究者发现，拥有略高于平均水平的智商，比如 120 分（高出但并非远超平均水平），是优秀的创造能力所必需的。大多数人的智商测试得分为 80 ～ 120 分，而平均水平则是 100 分。得分在 130 分或以上——取决于不同的智商测试，足以跻身智商测试被试的前 2.2% 行列了。几十年之前，智商测试题的出题者曾经将获得 130 分及以上的人称作“天才”。[3]

然而，2013 年德国的一项研究项目以一个全新视角对阈值假说做了解读。[4]由于之前的项目通常以大学生为研究对象，研究者观察了一组近 300 人的样本，并引入了拥有更广的受教育背景、更宽泛的智力水平的人群。首先，他们对被试进行了经典的心理学创造能力测试。有一种创造能力测试是这样的：“给你一块砖，请在 1 分钟内想出尽可能多的用法。”还有一种创造能力测试：“一个 3 英尺①×2 英尺 ×2 英尺的空洞里有多少体积的土？”（这道题的答案是 0，因为这是一个“空洞”，即“空”的洞。）[5]研究者还询问了被试在现实生活中的创造成果。比如，你设计过或者缝补过衣服吗？有过几次？你卖出过自己设计的衣服吗？通过这些测试，研究者有了一些出人意料的发现。

① 1 英尺约为 0.3 米。——编者注

他们在经典创造能力测试中发现的智商阈值，比之前发现的要低得多。对某些被试而言，这个值远低于 120 分，实际上只有 85 分左右。研究者发现，在现实生活中的创造成果方面，个性和智力水平比它们在以往的研究中更重要。对那些高智力水平的个体而言，“虚心接受新的经验”（一项核心的人格特质）预示着拥有创造能力。此外，在创造成果方面，研究者并未发现过往研究提到的智力水平的收益递减现象。研究者发现，高智力水平的个体比低智力水平的个体做出了更多的创造成果。

研究表明，低智力水平的个体更有可能有创造成果但没有机会表达，而高智力水平的个体往往会善于探索，并因为创意点子而得到好评。在当今社会中，影响创造能力表达的或许是人们的“特权”而非潜能本身。

研究者发现，除了智力水平之外，特定种类的思维会催生新的理念、发明或是方法。线性思维（linear thinking）与逻辑和推理相关，而创造能力则与发散思维（divergent thinking）、横向思维（lateral thinking）、集合思维（convergent thinking）以及综合思维（synthetical thinking）关系更密切。其中，发散思维是指通过想到许多可能的解决方案产生创意点子。横向思维是指通过间接手段解决问题，通常需要从不同立场或是不同角度观察事物。此外，创造能力与思维的流畅性，即人们产生想法的速度和数量，也有一定关系。但我们无法确定哪种思维类型在激发创造能力方面起主导作用。

## 什么催生了创造能力

“任何一个有理智的人，都不会认同所谓的‘数量能确保品质’这种观点。但在我看来，那些说数量永远不会带来品质提升的人是势利的、无意义的和不真实的。”畅销小说作家斯蒂芬·金（Stephen King）曾这样写道。[6]

许多被我们视作最具创造能力的人，他们职业生涯中的成果都多到令人惊讶。达尔文发表了大概 120 篇学术论文，爱因斯坦发表了约 250 篇，而弗洛伊德发表了 330 篇，爱迪生拥有近 2 000 项发明专利，巴赫写出了超过 1 000 首乐曲，毕加索以超过 20 000 件油画、雕塑和素描作品而闻名。[7]

回想起七年级语文老师给我们布置的写日记作业，我的同学都表示那段经历帮助他们变得不那么难为情了。那些从前讨厌写作的同学也开始喜欢上写作了。对我来说，那段经历就像是一个“释放创造能力的阀门”。作为一个始终被完美主义困扰的人，我发现写日记这一全新挑战最终为我解开了束缚——因为不需要担心别人的评价，我写了各种诗歌、歌曲和短篇故事。正如前文所说，增加你的产出数量，有助于提升你的创造能力。正面、欢快且开放的情绪，似乎同样能激发更多创意。[8] 在此状态下，你将不再受自我批判心理的束缚。

不要认为仅仅有个好心情再静待奇迹发生就产生创造能力了。只靠情绪来激发创造能力，显然并不可靠。情绪强度甚至矛盾情绪也对创造能力的产生起着重要作用。[9] 研究者曾经坚信，积极情绪可以提升创造能力，但近年来的研究揭示了一个令人难以接受的事实。高强度的情绪，即便是消极情绪，也可以促使人们完成既定目标；而低强度的情绪，即便是消极情绪，也能让我们的思维变得更加开阔、更加发散，而转换视角即“看到更广阔的图景”，恰恰需要这种思维方式。[10] 此外，专业知识也很重要，创造的两个标准是新颖和实用。如果你对某一领域一无所知，你或许能因为运气想出一些创意点子，但即便你是某一领域的专家，也无法在没有新领域专业知识的情况下确定哪些创意是新颖的，哪些创意是实用的。所以，根据自己的技能水平选择合适的挑战才是关键。[11]

简而言之，创造能力的先决条件是大量练习以及把握正确的情绪状态，比如让情绪更加强烈，而不仅限于高兴或是沮丧。而且别忘了，你需要在所处领域拥有一定的专业水平。这些都会影响你的创造能力。

## 与创造能力有关的活动发生在大脑的哪些区域

你是否听说过一种说法，即大脑右半球负责创造，左半球负责逻辑思考。很抱歉，我要告诉你一个坏消息。近年来的大脑扫描图像已经证明，上述观点是错误的。这个陈旧观点的产生或许是因为，语言中心在大脑左半球，而空间方位能力则受大脑右半球掌控。近年来的发现表明，大脑功能是一幅更为复杂和有趣的图画。[12]

近期针对人们在执行创造性任务或进行创造性思考时的大脑扫描研究表明，这些活动通常不仅仅出现在单一脑区，比如不会局限在大脑的左半球或右半球，而是倾向于将贯穿额叶、颞叶和边缘系统[13]的大面积脑神经网络结合起来。这一现象不仅出现在随机选择的被试身上，而且在那些毫无争议的充满创造能力的人身上，比如自由风格说唱歌手和爵士乐即兴演奏者身上同样可见。[14]

## 创造能力为何如此重要

为什么要尝试那些专门为提高创造能力而设计的干预手段呢？这其中有不少值得我们探究的原因。

首先，创造能力可以带来一种属于专注的特殊快感——心流（flow）。

心流，又叫作抗拒中断或是沉浸思考，即完全沉浸在一种精神饱满而又专注的感受之中，是一种内在的快乐体验。人在创造的过程中，经常会有这种体验。[15] 许多艺术家、科学家和表演者都曾提到，当他们沉浸于自身“创造”时，会进入忘记时间流逝、感受不到一切自我感觉的状态。

其次，创造能力或许能帮你开启有趣的职业生涯。在 21 世纪，从气候变化到尝试与人工智能共存，人类需要许多创新的解决方案来应对这一切。如何缩小日益加大的贫富差距、使食物供应变得更加可持续，或是前往其他星球，也是人类面临的难题。如果你希望参与解决这些问题，尤其是其中某些问题或许隐藏着有利可图的职业前景，你或许会想要提升自己的创造能力。

创造能力可能会为人们带来荣耀和名声。如果你现在想要名声或是财富，做与其他人相同的事情，更快速、更可靠的工作方式将成为你走向成功的入场券。然而，如果你想永远被别人记住，那么创造能力则是达成这一目标的途径。当你解锁自身更多创造能力时，或许你就会成为下一个可可·香奈儿、爱迪生、居里夫人、贝多芬或是陀思妥耶夫斯基。你的画作将会被放在博物馆里展示，你的音乐将会在无数人的设备里播放，你的公司将会上市，你的药方将会拯救千百万人的生命，你的发明将会在世界各地的商店里出售。

## 测试你的创造能力

你需要确定一个自我报告的基准线（你认为自己处于每个领域的哪个层级），以及一个基于表现的基准线。在你进行自述评估时，可以使用下列问题。你也可以在网上找到相应的测试。

## 创造能力测评

SMARTER TOMORROW



该测评的目的是评估创造能力的核心要素：有用性、创新性、横向思维、发散思维、进入心流状态的能力、工作的数量和质量、横跨多个领域的创造能力、使用“硬技能”（已有技能、预备技能）以激发创造能力等。[16]

请记住，你并不是要跟任何人比赛。这些问题能够为你提供一种方法，让你了解自己在特定时间范围内的创造能力。请如实回答。

做这份测评时，请选定时间范围。

- 如果你希望使用自己在这份测评中的答案，对你在日常自我实验中所采用的特定干预手段的效果进行评估，请选择“过去 24 小时”。
- 如果你想要利用这份测评来记录自己在一个较长时间段内的创造能力情况，请选择“过去 30 天”或是“过去 3 个月”。

在下面 3 项中选择一个打钩，选定时间范围。

**过去 24 小时_____　　过去 30 天 _____　　过去 3 个月_____**

回答下列与你曾表现出创造能力的领域相关的问题。你既可以从下列类别中做出选择，也可以选择其他类别。

**艺术类：**油画、素描、雕塑、音乐、舞蹈、写作、烹饪、手工制作。

**设计类：**数字化设计、服装设计、建筑设计、室内设计、景观设计。

**娱乐与说服力类：**动画制作、喜剧、戏剧、市场营销与广告宣传。

**照顾他人类：**健康诊断、传授知识、人际冲突解决。

**组织领导能力与创业类：**政治政策或经济政策。

**科学、数学或工程学类：**发现或发明。

用 1～5 分或 n/a 为后面的每项陈述打分。分数说明：

1 分　我强烈不赞同

2 分　我不赞同

3 分　我态度中立

4 分　我赞同

5 分　我完全赞同

n/a　从未发生过

1. 我的创造成果数量很多，我是一位多产的创作者。
2. 我的创造成果是新颖的或有用的。
3. 我会定期进入心流状态（完全沉浸在某个活动中，精神饱满而又专注，享受活动的过程，而不仅仅追求结果）。
4. 我擅长横向思维（以间接手段解决问题，通常通过转换视角来实现）。
5. 我擅长发散思维（通过想出尽可能多的解决方案来产生创意想法）。
6. 我在创造活动中使用了“硬技能”（已有技能，以及通过练习强化的技能）。
7. 我在至少一个领域具备创造能力。
8. 我具备跨越多个领域的创造能力。

9. 我设计了一种新的程序或流程。
10. 我发起过一项（或是多项）倡议，获得了别人的关注，吸引了追随者。
11. 我成功地确立过一项新的规矩或是规章制度。
12. 我解决过一场事前认为可能很棘手的矛盾冲突。
13. 我解决过一个曾经被认为无法解决的问题，或者完成了从未有人完成过的事。
14. 我的创造成果得到过该领域技术人士或经验人士的称赞。
15. 我曾经在小范围内或更大范围内（例如学校、公司、本城市等）获奖，或赢得比赛，或入选竞技团体。
16. 我的作品在小范围内或更大范围内被人临摹、翻唱或模仿。
17. 我的作品曾被以某种形式出版、发行、批量制造、表演或分享给陌生人。
18. 有人花钱购买我的创造成果。

## 得分

人们很容易将注意力集中在总体得分上，但在诸如此类测试中，你在每个问题上的得分更值得关注。从创造能力的测评中选择 3 到 5 个最让你共鸣的问题，也就是那些最契合你创造能力的问题。未来对这一部分问题的答案进行单独跟踪，或许可以为你提供特别有价值的线索。

**最终得分：**18 ～ 90 分

如果你的答案中包括 n/a，那么相应问题的得分为 0 分。你的最终得分是每个问题得分的总和。用这个总和除以一个基数（5 乘答案不是 n/a 的问题数）。然后，用计算结果乘 72，就是你最终的得分。

**较低分数：**18 ～ 41 分

**中等分数**：42 ～ 66 分

**较高分数**：67 ～ 90 分

得分较低表明创造能力可能是你的一个瓶颈。如果情况如此，那你不妨去做做那些包含针对此状况的干预手段的自我实验。如果你的得分随着时间推移逐渐变高，那将是一个积极的信号，说明你的神经破解实验奏效了。

## 对创造能力产出的跟踪评估

SMARTER TOMORROW

下面的测评不像是一个测试，而更像是一种跟踪记录你在某一特定时间段内（或者说，在一场自我实验过程中）创造能力表现的方式。你可以用它来替代自我测评，或是作为自我测评的补充。

选定时间范围。

**过去 30 天_____　过去 3 个月_____**

1. 你准备评估创造能力的哪个领域（从前面选取一个领域）？
2. 你在创造性活动（诸如发明、绘画等）上花了多少时间？
3. 你产出了多少成果（绘画、诗歌等作品的数量）？
4. 你对自己的创造活动有什么感觉（你的专注程度如何，你进入心流状态的频率如何）？
5. 如果你的作品收到过来自别人的反馈，那么你收到的是怎样的反馈（来自导师的表扬、媒体的报道、同行的评价等）？

## 多种用途转换测试

SMARTER TOMORROW

SMARTER TOMORROW

### 材料

- 计时器
- 提示词
- 书写工具

### 说明

在1分钟内，尽你所能想起某一常见物品的各种用途，越多越好。

例如：石头——镇纸、武器、门挡、忘忧石、珠宝、车道铺路石、鱼缸铺底石、园林装饰、雕刻材料、足底按摩物（1分钟内想起10种用途）

### 提示词

- 篮子
- 地图
- 衬衫
- 碟子
- 柜子
- 相机
- 桌子
- 香烟
- 报纸

### 得分

数量和质量都是得分要素，请尽量做到公正打分。例如，如果提示词是“篮子”，而你的回答是“装莓果”，那就不如“当帽子戴”或是“拿来烧火”显得更有创造力。想出不同寻常的用途，可以得到更多创意分数。想要得到更多的分数，你需要想得又快又有创造能力。

## 语言流畅度测试

SMARTER TOMORROW

SMARTER TOMORROW

### 材料

- 随便写出多个字母或单词，并从中随机抽取
- 计时器
- 多个字母或单词
- 纸
- 书写工具

### 说明

在1分钟内，尽你所能想出以你抽取的字母或单词首字母开头的词，越多越好。

例如：我抽到了字母r，在1分钟内想起了19个以r开头的词。

| | | |
|---|---|---|
| ribald | rips | rotted |
| ribbing | rip | rock |
| ribs | ripest | rocks |
| ribbed | rotten | rocking |
| ribber | rot | rocker |
| ripped | rots | |
| ripping | rottenest | |

现在，你已经对这 4 种心智能力（即执行能力、情绪调节能力、学习与记忆能力以及创造能力）有所了解，你或许知道自己应该先专注于提升哪个能力了。如果你尚未能做出决定，请别担心，第 11 章的内容会帮助你。

## 让大脑更聪明 SMARTER TOMORROW

1. 创造能力是你想出新的、有用的点子和创意的能力。
2. 为了获得高品质的创造能力，将精力放在产出数量上是有帮助的，也就是说，要产出更多的成果。同样，掌握某个领域或某些领域的专业技能，并以此作为切入点，也是有帮助的，这样你就能在它们之间找到不寻常的关联。
3. 保持积极情绪或许有助于创造能力的产生，但无论是积极情绪还是消极情绪，其情绪强度都发挥着非常重要的作用。
4. 在智商测试中得分较低的个体得到的施展自身创造能力的机会往往更少，但得分较低并不意味着创造能力低下。在得分较高的人群中，那些对新的体验保持更开放态度的人似乎更有创造能力。
5. 你可以通过许多方式测试自己的创造能力，包括使用心理学测试，诸如“对创造能力产出的跟踪评估”或“多种用途转换测试”，以记录你在一段特定的时间内完成的创造能力行为动作（每个月写的诗歌、每年写的文章等）。你还可以利用各种相关的功能进行测试。

# 11

# 找到瓶颈，选择升级的目标

想要了解自己的大脑，你需要从整体上观察它的不平衡之处，观察它最强的点和最弱的点。

**时间投入：** 9 分钟

**目标：** 通过你的第一项神经破解实验，选择你想要提升的心智能力。

在逐一了解了 4 种心智能力之后，如果你依然不确定自己想要提升哪项心智能力，可以基于“锯齿状差异”（jaggedness）和“横摆差异”（wobble），做出决定。

想象一下，你正站在远处观察一座温馨的小城。城中许多房屋的高度相仿，或许法院大楼或是宗教场所比其他建筑高一些，但也就高几层而已。现在，想象一下你正站在哈德孙河对岸眺望纽约城的天际线。从高耸入云的摩天大楼到大概一层楼高的加油站，纽约城的天际线真是宽阔壮丽啊（见图 11-1）。[1]

图 11-1　完整的纽约城天际线

如果我们将天际线里的摩天大楼全部剔除，则它看着就不怎么像纽约城了（见图 11-2）；如果我们将天际线里的低矮建筑全部剔除，则它看着也不怎么像纽约城（见图 11-3）。

图 11-2　没有摩天大楼的纽约城天际线

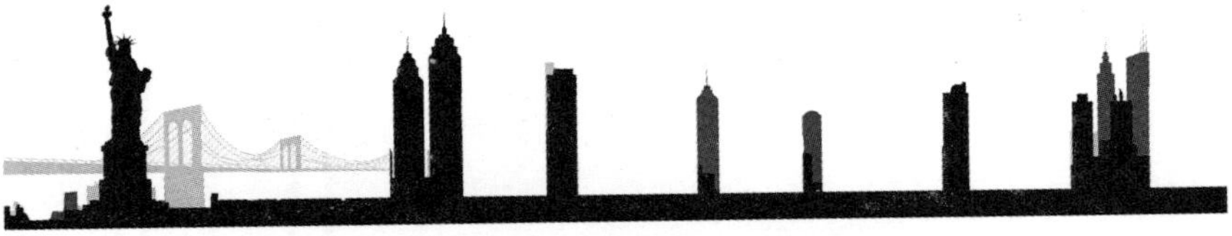

图 11-3　没有低矮建筑的纽约城天际线

想要了解自己的大脑，你需要整体观察它的不平衡，观察它最强的点和最弱的点。

## 锯齿状差异：各项心智能力之间的强弱差异

每个人的大脑都包含大量不同的技能和能力，混杂着智力功能和情感功能不同强弱的领域。锯齿状差异被用于描绘某些人的心智能力。与平均水平相比，某个人的一些大脑功能明显更强，同时还有一些大脑功能明显较弱。[2]从数学概念上看，锯齿状差异指平均水平与某人的注意力、记忆能力和创造能力等不同心智能力极限表现之间的差异。因此，即便两个智力水平同属

“平均水平”的个体，在能力的较强领域和较弱领域也可能存在极大差异。了解自身的锯齿状差异水平可以帮助你找到可能的瓶颈，或者发现某一心智能力领域需要克服的弱点。因为缺少完成某项任务时必需的某一能力领域，所以你在该能力领域永远无法表现出你在其他领域中的较强能力。假设你是一位优秀的歌者却不识乐谱。识谱是进入合唱团的必要条件之一，那么不识谱就是你的瓶颈。作为神经破解者，我们要寻找的是能力中的瓶颈，而不是技巧中的瓶颈。从理论上来说，如果你找到了一个这样的瓶颈，并成功解决了它，那你将解锁那些之前没有机会施展的能力。

在学校和职场，若某些人在能力上存在明显的瓶颈，别人给他打标签并归类的时候通常不是依据他们的能力，而是依据他们的弱点。瓶颈使他们无法展现实力。一位伤心的母亲就曾向我诉说出现在她女儿身上的难题：那个女孩的口语能力展现出了早熟的抽象思维能力，且99%的智力相关方面她都没问题，然而信息处理能力缓慢是她的一大瓶颈。于是，她在阅读测试方面只能得到满分10%的分数。在某些学校场合，有着此种类型锯齿状差异的孩子常常被称作“学障资优生”（twice exceptional）或“双重特殊生”，因为这样的孩子会被贴上“天资聪颖”和“心智有特殊需求”的双重标签。[3]很遗憾，在这个女孩就读的学校，因为她无法跟上主流课堂的阅读节奏，她的老师就按弱点而非优势给她贴了标签。对她而言，学校成了地狱。我向她的母亲建议，除了找学习专家来帮助孩子，他们还应该共同进行一些专注于为孩子消除瓶颈的神经破解实验，解决她信息处理速度慢的问题。

那么，该怎么测量锯齿状差异和瓶颈呢？可以参考测试过的能力，关注哪些领域得了最低分，哪些领域得了最高分，以及哪些领域得了平均分。对多个精神领域进行评估，再对评估结果加以思考。如果你的得分高低相差不大，那么你的心智能力整体状态就不是明显呈“锯齿状”，你被能力瓶颈所困的可能性就不大。如果你的最高分领域和最低分领域之间的分数相差非常多，那么你的心智能力整体状态就是呈锯齿状的。在这种情况下，如果能在得分最低的领域取得提升，那你将很可能取得重大进步。如果你的全部心智能力得分都颇高，那你就别担心自己会被瓶颈所困了。与此相反，你也可以专注于提升你表现优秀的领域，让你的优秀表现保持下去。

注意力是影响其他心智能力的常见瓶颈，对儿童[4]、抑郁症患者[5]、焦虑症[6]患者、睡眠不足者[7]、被脑雾困扰者[8]，以及注意缺陷多动障碍患者[9]而言尤其如此。若无法掌控自身的注意力，你或许就很难稳定地学习、记忆、进行创造性活动、控制自己的脾气。可能你在其他精神状态领域——学习与记忆能力、创造能力、情绪调节能力等领域有着较大的潜力，但在学会掌控注意力之前，一切精神潜力都会被压制在“潜能”状态，得不到发挥。因此，如果你在执行能力方面的得分明显比其他 3 个领域更低，我强烈建议你从专注改善执行能力开始神经破解之旅。你或许会发现，提升执行能力会自动改善你在其他领域的表现，因为你消除了潜在的瓶颈。

## 横摆差异：同一心智能力不同时间内的强弱变化

锯齿状差异描述的是不同心智能力之间的强弱差异，而横摆差异描述的则是同一心智能力在不同时间的强弱变化。任何有着“横摆差异”的心智能力，都可能是一处瓶颈区，值得被当作神经破解自我实验的潜在对象。

从数学概念上看，横摆差异指的是随着时间推移，在某领域（如执行能力）表现的平均水平与极致水平之间的差异。根据当日时间、年龄、有无经验（新手的横摆差异值通常较高，而专家的横摆差异值较低，使他们能够更稳定地表现出色）以及包含整体健康状况[10]在内的其他一系列因素，同一个体在同一能力领域的表现也可能呈现宽泛的优劣差异。对横摆差异值高的能力领域加以提升，可能带来非常大的回报，因为这种提升会解锁你的潜能。通过观察自己随着时间推移的得分变化情况，你可以对横摆差异进行评估。如果你发现，随着时间流逝，自己在某一心智能力上的得分变化比其他心智能力的得分变化更明显，那么该心智能力就是你提升整体精神状态的潜在瓶颈之一。

在所有关于横摆差异的定义中，我喜欢使用其中的两种。第一种关注的是你的表现峰值，即你日常精神状态与最佳精神状态之间的差异。第二种则关注你的日常精神状态与最差精神状态之间的差异。前者向你展示的是你可以进行神经破解的潜能；而后者则揭示了你此时此刻在神经表现方面最需要补的短板。

## 与生物钟相关的横摆差异

尽管特定的心智能力领域总会出现横摆差异，但当我观察到生物钟类型——比如说“早起者”和“夜猫子”能在整个精神状态过程中催生多少横摆差异时，我依然感到惊讶。回头想想，其实我不该这么惊讶。在成长过程中，我在餐桌前早就见证过生物钟的两个极端。每当母亲成功说服所有家人按时起床、跟她一起吃饭后，我家的早餐就变成了一项对比研究。父亲、姐姐和我东倒西歪地坐在桌角，喝着咖啡，偷偷打着哈欠，在母亲发表她那充满热情、令人头晕目眩的“演说”时，我们都尽量尝试微笑、点头，仿佛听懂了其中的妙处。当母亲在厨房里欢快地踱步时，我们其余三个人都会带着恐惧和敬畏的神情看向彼此，仿佛某种神奇的“朝气蓬勃”的妙药只流淌在她的血管里似的。“她现在怎么就这么精神呢？”我通常会低声问姐姐。而姐姐则会低声回我一句：“你确定她是我们的亲妈吗？”

无论你的生物钟是何种类型，你的精神状态在一天中的不同时刻都会呈现巨大的变化。[11] 就算是同一个人，在一整天中的不同时刻，高分和最低分之间的差异也有可能是惊人的。我记得在我高考之前参加模拟考试时，每次成绩都有 50 ～ 100 分的浮动，这取决于我当天是在什么时段参加考试的。对大多数人而言，在青少年时代，我们的生物钟都倾向于“夜猫子”类型。大多数学校都是一大早就开始上课，这使得学生处于很不利的境地。我们现在知道了，不按与生物节律一致的步调上课，会导致学生表现较差。[12]

在 2018 年发表的一项研究中，研究者在英国对 56 个被试进行了观察，在一天当中的多个时间，针对两项不同的注意力任务对“晚起型”和“早起型”人群进行了测试。区分被试的生物节律类型的依据既包括他们的自述，也包括运动记录仪测试和唾液样本化验——检查皮质醇和褪黑素水平等客观检测。同一个被试在同一天中的最佳与最差表现差异之大令人咋舌：清晨伊始，“早起型”被试在执行能力方面的得分接近 100 分，而随着时间推移，“早起型”被试的表现逐渐变差。在他们当天表现最低谷的时候（下午两点左右），得分接近 90 分。也就是说，从度量的角度看，他们的精神状态与仅仅数小时之前的自己相比，几乎下降了 10%。他们在早晨还能轻松应对的任务，到了午后就要费些力气了。[13]

显然，横摆差异会影响精神状态，但我们又能做些什么呢？在一个完美的世界里，我们都能按照完全契合自己的生物节律来生活。[14] 举个例子，“夜猫子”们或许永远不会在上午 11 点之前安排会议。然而，对很多人来说，我们每天的日程都是由别人安排的。我真心希望学校和工作单位在日程安排上都能变得更加灵活，但在这一天到来之前，我们能做的只能是在明确了自身弱点的时候去加以改善。如果你是个“夜猫子”，那么每天早晨要做的第一件事就是进行一番神经破解，这或许能帮助你克服“自然趋势”。比如，你可以进行一次自我实验，对比两种干预手段，看看哪种能立竿见影地提振你早餐后的精神状态。而那些被迫要在晚上应对考试的“早起型”个体，可以在傍晚进行自我实验。回到刚才的话题，当你在契合自身生物节律做事时，你的表现往往最好，但如果你不得不在截然相反的条件下做事，不妨尝试两种彼此相悖的干预手段，选择使用其中能在你陷入谷底时立竿见影地给你提供助力的手段。

## 年龄、经验以及其他导致横摆差异的原因

其他原因也会导致横摆差异。有些研究者发现，与中年人相比，小孩和老年人受横摆差异的影响通常会更多。[15] 此外，健康状况不佳者，通常在精神状态方面也会受到横摆差异的强烈困扰。[16]

横摆差异的成因可能还包括经验不足。例如，如果工程项目管理者将时间纳入考量，那么他就会注意到一个屡见不鲜的现象：经验不足的工人完成各自工作所花费的时间不同，并且彼此差异巨大。[17] 这种类型的横摆差异，通常会随着经验的累积而减少。某人完成某项任务多次后，他就会明白自己花多久能完成任务。例如，作为一名项目管理者，那些经验不足的工程师对自己完成某项任务所花费的时长，会做出完全不同的预估，而那些经验更丰富的工程师的预估则差别不大。经验更丰富的工程师在预估某件事情所费时间方面并不总是更精确，但他们的预估更为可靠。例如，他们预估的任务完成时间是实际完成时间的 1.5 倍。然而对经验不足的工程师而言，他们的时间预估很可能就是天马行空的，因为他们正受到横摆差异的强烈困扰。

## 让大脑更聪明 SMARTER TOMORROW

1. 当你需要决定哪方面是自我实验的关注重点时，不妨先找出那些受到锯齿状差异和横摆差异困扰的心智能力。这两个指标都能指示深藏在你精神状态中的瓶颈。找到这些瓶颈，可以让你的大脑成功升级。
2. 你可以将你的结果与第 7 章到第 10 章的测评相比较，对自身锯齿状差异情况进行评估。
3. 如果你重复进行第 7 章到第 10 章里基于表现的测试并以第 4 章的说明为指导，你将有可能检测出自身的横摆差异。

# 12

# 为自己的生活打分

如果你不知道自己要去哪里，那你就只能随波逐流，无所适从。

尤吉·贝拉（Yogi Berra）

美国知名棒球捕手

**时间投入：** 12 分钟

**目标：** 学习跟踪记录计划兑现度和生活满意度。这是针对精神状态的检查，目的是确保你的神经破解行为有意义。

如果升级后的心智能力无法用来改善你生活的整体状态，那么升级心智能力就失去了意义。在本章中，我们将探索两个衡量标准：计划兑现度和生活满意度。这两个衡量标准会为你提供一种方法，评估神经破解行为与决定你生活质量的不太科学却意义重大的生活方式之间的关系。

## 跟踪计划兑现度

为了研究年度计划的实际执行情况，我从 2011 年开始记录自己的计划兑现度。每一年，我都会制订具体的年度计划，我认为它不能做成“接下来这一年要做更好的自己”之类的模糊概念。我会为个人生活和工作制订目标。这些目标必须遵循 5 个原则——具体、可量化、可执行、有意义、以时间为基础。[1] 随后，我就开始跟踪自己的计划兑现度分数，也就是我实际完成的事占我要做的事的百分比。

我将年度目标分解成每个季度要达成的里程碑。每个季度，我都会与责任伙伴通过电话交流，就自己在一段特定时间内的计划完成程度进行沟通。我们通常每周都要交流，汇报上一周的情况，并为下一周做好计划。我们还会在每年年初和每个季度开始时进行特别会议，相互确认年度和季度目标。我认为，规律性的交流比频繁但不规律的交流作用更大。我听说，其他一些结对的责任伙伴彼此交流也并不频繁，但同样获得了成功。

来看一些计划兑现度的实际案例。我的年度最高职业目标是：12 月 31 日之前，将本书的第一版草稿通过电子邮件发给编辑。到第一季度末（3 月 31 日），完成一份非常潦草的第一稿（只有我自己能看懂），此稿要确定全书最终的字数目标。到第二季度末（6 月 30 日），将两章内容通过电子邮件发送给编辑，等待她的反馈，从而确保我的行文风格和内容结构符合要求。同年，我的最高个人目标是筹备婚礼，也就是说第一季度末我要完成的目标是确定婚礼日期、选好婚礼地点、发出请柬。

对我而言，电子表格最适合跟踪记录计划执行情况。我喜欢自动生成的图表。而对有些人来说，纸质的记录本或许用起来更舒服。无论使用何种方式，通过跟踪记录，我能够对照计划要做的事与实际完成的事。我还能看到自己的成功与失败，年复一年地学习精进。尽管我跟踪记录的体系会随着时间推移发生变化、迭代更新，但其中很多内容依然是相同的，让我能够用 2011 年以来的计划兑现度分数与最新的分数做对比，或者根据 2018 年的量化报告绘制出图表。[2]

除了跟踪了自己的计划兑现度得分，我还跟踪了自己的生活满意度得分。如果我在计划兑现度上做得很棒，但并不感到愉悦，那将会引发我的焦虑，让我怀疑自己在追寻实际上并不应该追寻的目标或是设置了太容易实现的目标。同理，如果我几乎没做成什么，却感到非常满足，这也意味着我的目标不明确（制订了太多目标）。对计划兑现度和生活满意度得分进行管理，学会不过分承诺是重要的一步。

## 对生活满意度的观察

跟踪自己的生活满意度得分时，我的切入点是当年在麻省理工学院“设计你的生活”课程上学到的东西。授课老师是劳伦·赞德（Lauren Handel Zander）。她是纽约企业高管培训公司亨德尔集团的创始人。她曾经在斯坦福大学商学院教授生活设计课程，为财富500强企业的高管做培训，从不畏惧当面揭开任何人不诚实的外壳，帮助人们面对真正的自己。奥斯卡奖得主弗里斯特·惠特克（Forest Whitaker）说：“劳伦·赞德说话从不矫揉造作，装腔作势。”[3]赞德所推崇的是个人责任与诚实正直，我喜欢的就是这一点。在她的课堂上，我最喜欢的练习是一项被称作“18领域测试”的测评，甚至在后来数年我也一直在适配和使用这项测评。赞德在评估中明确列举了生活中的18个与自我提升密切相关的关键领域，包括工作、人际关系、健康、家庭、财务、精神状况等。[4]

赞德让每个人为自己生活的方方面面按1～10分打分。在这项测评中，你需要根据计划中自己应当达到的水平，评估自己在某个时刻实际达到的水平。按照赞德的评分标准，1分代表“很糟糕”，5分代表“偶尔能达到6分的水准”，6分代表“较弱但不至于到痛苦的程度”，10分则代表“了不起但无法持续”，也就是所谓的巅峰时刻。所以，9分才是实践过程中我们要追求的。这项测评的目的，是将你梦想中的生活状态代入上述领域，并与你的生活现状做对比，然后找出尚未实现梦想的原因。那堂课的大部分内容，就是介绍如何克服那些让你的梦想与现实脱节的困难。

那堂课结束之后，我意识到我想按自己的节奏掌控生活的各个方面。我开始阅读积极心理学相关的内容。积极心理学是心理学的一个较新领域，使用科学手段对人们朝气蓬勃状态的原因进行研究。这个迷人的领域创制了专属的仪器和工具，能够对快乐和幸福程度进行评估。我在积极心理学中发现了与“18 领域测试”类似的理念，即所谓的“生命之环”（Wheel of Life）。[5]

其中也有一份关于幸福感的测评，我每个月至少会尝试去做一次。这份测评的创制，是基于积极心理学之父马丁·塞利格曼（Martin Seligman）① 的发现：心理学中的幸福和快乐由积极情绪（positive emotion）、投入（engagement）、人际关系（relationships）、意义（meaning）、成就（accomplishment）5 种感受组成（积极心理学五要素，简称 PERMA）。[6] 我对自己在这 5 个方面的状态进行了评估，并且问自己，我体会到这些感受的频率有多高（从“几乎没有”到“大多数时候都是”）。

我决定创立自己的生活跟进记录体系。它借鉴了一些来自生命之环和 18 领域测试的内容但并未全盘照抄，同时参考了积极心理学另一位先驱、传奇心理学家埃德·迪纳（Ed Diener）[7] 创制的广受欢迎的生活满意度量表。

随着时间推移，通过重复做这些测评，我开始将自己眼下的生活满意度得分看作一个具有更少的抽象意味、更可控的事物。我逐渐明白，就像体重和静息心率取决于基因及生活方式的共同影响一样，虽然生活满意度有一部分源自遗传因素，但我依然可以通过自己的决定对其产生重大影响。对许多人来说，大学毕业之后的几年，是一段既有压力又感到兴奋，同时充满焦虑的日子。我也不例外。我当时正经历一些人生巨变：我从一家创业公司离

---

① 积极心理学之父马丁·塞利格曼的“幸福经典系列”——《真实的幸福》《认识自己，接纳自己》《活出最乐观的自己》《教出乐观的孩子》中文简体字版均由湛庐引进，由浙江教育出版社或北京联合出版社公司出版。——编者注

职，结束了一段长期关系，积极主动地想要搞清楚“长大成人”的自己是什么样子。在做出人生抉择的同时，通过对我自己的生活满意度和计划兑现度进行跟踪，我了解到自己的抉择是否真的将自己引向了更幸福成功的方向。你将会在本章节结尾看到我在用的改进版生活满意度测评和计划兑现度测评。

随着我在此后数年间做了一些不同的抉择，例如找到一份新的工作，搬家去新的城市，开始一段新的关系，这让我渐渐看清抉择如何在特定领域和整体上影响我的生活满意度。

我仿佛忽然掌握了一种更客观的判断主观决策的方式。在处理一段关系中的某个危机节点时，我能够回望过往，看看这样的危机节点是否只是偶发事件。而在工作方面，我能够将之前两份工作的满意度进行对比，并能注意到自己曾更频繁地对责任伙伴表达过，其中一份工作让我更开心。

这是一种早期预警，帮助我更具批判性地判断自己在新的工作岗位上将要面临的困难。从 2014 年起，我的跟踪记录开始有所回报：我学会了制订更加明智的目标，每当目标实现，我生活的满意度就提高了。从 2014 年到 2017 年，我的生活满意度和计划兑现度得分开始相互关联，其中一个升高，则另一个也会升高。当然，其中一个降低，另一个同样会降低。

你可以在图 12-1 中看到，2011 年至 2017 年我的计划兑现度与生活满意度得分情况。

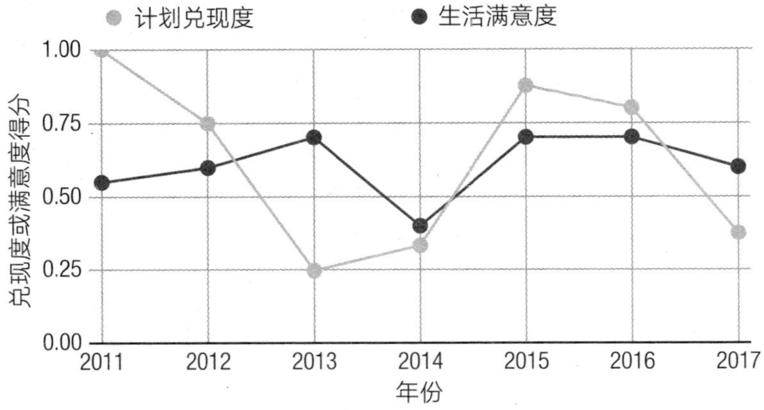


图 12-1　计划兑现度与生活满意度对比

## 解读你的发现

当然，对自己的个人数据的解读，并不是这些数据所能得出的唯一结论。任何人对工作、人际关系的满意度，甚至特定时间对家中客厅家具陈设的满意度，都会涉及很多因素。这种实践的意义在于提醒自己，我可以也应该去做出改善生活满意度的抉择。我意识到，如果不这样做，我的生活抉择或许都会变得随意而缺乏思考，或许会被无知所驱动，或许仅仅为了取悦别人，也可能会被不切实际的教条驱动，去模仿某些过于理想化的人。实际上，跟踪记录自己的生活满意度和计划兑现度，帮助我明确了一点，即我应该做些什么。我可以通过观察图表，看到哪些成功给我带来了快乐，哪些失败让我陷入了悲伤，让我基于个人知识水平做出抉择。

在责任伙伴的帮助下，我在一定程度上摆脱了“根据自己的生活数据主观解读”的自我循环。我的责任伙伴让我注意到了我曾经忽略的自身行为模式。最令我高兴的事情是，我也为我的责任伙伴提供了同样的帮助。想要了解更多有关责任伙伴的内容，请阅读第 5 章。

## 为自己的生活打分

SMARTER TOMORROW

下面是我自己在使用的、调整过的生活满意度和计划兑现度问卷。

请记住，你并不是要跟任何人比赛。这些问题能够为你提供一种方法，让你了解自己在特定时间范围内的生活满意度和计划兑现度情况。请如实回答。

### 第一部分：生活满意度问卷[8]

**做这份测评时，请选定时间范围。**

- 如果你希望使用自己在这份测评中的答案，对你在日常个人实验中所采用的特定干预手段的效果进行评估，那么请选择“过去 24 小时”。
- 如果你想要利用这份测评来记录自己在一个较长时间段内的生活满意度情况，请选择“过去 30 天”或是“过去 3 个月”。

在下面 3 项中选择一个打钩，选定时间范围。

**过去 24 小时_____　过去 30 天_____　过去 3 个月_____**

**针对个人生活的分数说明：**

按照 1 ～ 10 分打分。分数说明：

1 分　从来都感觉不理想或感觉糟透了

5 分　偶尔感觉理想

10 分　经常或持续感觉理想

**针对工作的分数说明：**

按照 1 ～ 10 分打分。分数说明：

1 分　从来都感觉不理想或感觉糟透了

5 分　偶尔感觉理想

10 分　经常或持续感觉理想

分别从“个人生活”和“工作”两个角度对下列 11 个方面进行打分。

### 1. 好的感觉

a. 你经常会笑。

b. 你学到了新东西，并且感觉认知水平得到了提升。

c. 你腾出时间来休息或是积累经验，使生活焕然一新。

d. 你对冒险和潜在成长经验持开放态度。

### 2. 心流状态

a. 你的技能足以应对你面临的挑战，你感觉自己能够应对挑战，应对挑战让你感到有趣。

b. 你达到了心流状态，即你感觉自己能够专注于正在做的事情，以至于忘记了时间流逝。

### 3. 人际关系：核心与网络

a. 你对人际关系感到满意（个人生活中与家人和朋友的关系，以及工作中与同事和专业人脉的关系）。

b. 人际关系上有所发展，在思考未来发展时，你的感觉是积极的。

**专门针对你个人生活的内容：**

a. 你的私人关系让你感觉很棒（比方说爱人、挚友、伴侣等）。

b. 你的私人关系正朝着积极的方向发展，未来让你感觉很有希望。

c. 如果你正想要开启一段人际关系，你感觉自己正朝着有积极结果的方向发展。

**专门针对你的工作的内容：**

a. 任何对你而言重要的工作关系（老板、老师、导师、商业伙伴、大客户等）都让你感觉很棒。

b. 这些人际关系正朝着积极的方向发展，让你感到兴奋。

c. 如果你没有私人的工作关系，但你希望开启一段这样的关系（你想要寻找一位导师，或是找一份新的工作，或是申请入学，等等），你达到了或是超越了自己的目标。

## 4. 健康与外在形象

a. 你感觉自己是健康的。

b. 你对自己身体的外在形象感觉很棒。

c. 你对自己身体的实际功能感觉很棒。

## 5. 实体空间

a. 居所或是工作场所的实际环境让你感觉很棒。

b. 居所或是工作场所的情绪氛围让你感觉很棒。

## 6. 财务状况

a. 你对自己的收入感到满意，或是对未来收入抱有希望。

b. 你对自己的储蓄数额感到满意。

c. 你对自己的花钱方式感到满意。

### 7. 成果

a. 日常的成就让你感觉很棒。

b. 你达到或是超越了目标。

### 8. 时间管理

a. 你对自己利用时间的方式感到满意。

b. 无论你采用何种时间管理体系，都运作良好。

### 9. 与“更广阔的图景”之间的关联

a. 你感觉自己在精神或是其他层面上，与比你更宏大的事物相关联。

b. 你感到敬畏、感激或是怜悯。

### 10. 人生愿望清单

a. 你在实现希望、梦想和聆听自己“心底声音”等方面取得了进展。

b. 如果你有“人生愿望清单”（即你想在死之前做的事），在这一阶段，你完成了其中的某些事。

### 11. 人生整体状态

a. 你对人生整体状态感到满意。

b. 你对自己的成就感到满意。

c. 你对自己在追寻目标道路上取得的成就感到满意。

d. 你认为自己的生活方式没有什么要改变的。

## 第二部分：（个人与职业）计划兑现度工作表

### 1. 年度工作表

在年度开始时，请分别从“个人生活”和“工作”两方面回答这些问题。

**目标记录**

之前一年的目标，你达成了多少？（如果这是你跟进计划兑现度的第一年，请不要填写。）

**反思**

实践成功的目标或是干预手段有哪些，不成功的又有哪些？你将要坚持下去的有哪些？（如果这是你跟进计划兑现度的第一年，请不要填写。）

**新的目标**

将你今年年底准备达成的目标写下来。

- **提示**：用生活满意度测评中的答案来启发自己，以决定选择哪些目标。
- **示例**：我在截止日期前向出版商提交了一份近乎完美的书稿（我编辑过，我的同行们编辑过，整份书稿的内容都经过了核查）。

  选择 3～5 个目标，每个目标都应该符合 SMART 原则（具体、可度量、可执行、相关且以时间为基础）。
- **指导方针**：以达成目标的 70%～80% 为目的。

  任何比这个分数段低的分数，都代表你定的目标也许太高；任何比这个分数段高的分数，都代表你也许未能发挥全部潜能。

### 2. 季度工作表

在每个季度开始时，请分别从“个人生活”和“工作”两方面回答这些问题。

**目标记录**

之前一个季度的目标，你达成了多少？（如果这是你跟进计划兑现度的第一个季度，请不要填写。）

**反思**

实践成功的目标或是干预手段有哪些，不成功的又有哪些？你将要坚持下去的有哪些？（如果这是你跟进计划兑现度的第一个季度，请不要填写。）

**新的目标**

将你这个季度准备达成的目标写下来。在理想状态下，这些目标就是你年度目标的分解。达成这些季度目标，将成为你达成年度目标路上的里程碑。

- **示例：**我将在本季度末提交我书稿的第一版草稿。
  总共选择3～5个目标。每个目标都应该符合SMART原则（具体、可度量、可执行、相关且以时间为基础）。
- **指导方针：**以达成目标的70%～80%为目的。
  任何比这个分数段低的分数，都代表你定的目标也许太高；任何比这个分数段高的分数，都代表你也许未能发挥全部潜能。

### 3. 周工作表

在每周开始时，请分别从“个人生活”和“工作”两方面回答这些问题。

**目标记录**

之前一周的目标，你达成了多少？（如果这是你跟进计划兑现度的第一周，请不要填写。）

**反思**

实践成功的目标或是干预手段有哪些，不成功的又有哪些？你将要坚持下去的有哪些？（如果这是你跟进计划兑现度的第一周，请不要填写。）

**新的目标**

将你这周要达成的目标写下来。在理想状态下，这些目标就是你季度目标的分解。达成这些周目标，将成为你达成季度目标路上的里程碑。

- **示例**：我将在本周末完成我书稿第一章的草稿。

  总共选择 3 ～ 5 个目标。每个目标都应该符合 SMART 原则（具体、可度量、可执行、相关且以时间为基础）。
- **指导方针**：以达成目标的 70%～ 80% 为目的。

  任何比这个分数段低的分数，都代表你定的目标也许太高；任何比这个分数段高的分数，都代表你也许未能发挥全部潜能。

### 4. 日工作表

在每日开始时，请分别从“个人生活”和“工作”两方面回答这些问题。

**目标记录**

之前一天的目标，我达成了多少？（如果这是你跟进计划兑现度的第一天，请不要填写。）

**反思**

实践成功的目标或是干预手段有哪些？不成功的又有哪些？你将要坚持下去的有哪些？（如果这是你跟进计划兑现度的第一天，请不要填写。）

**新的目标**

将你今天睡觉前准备达成的目标写下来。在理想状态下，这些目标就是你周目标的分解。达成这些每日目标，将成为你达成周目标路上的里程碑。

- **示例**：我要在今天下午 4 点之前写 200 字的内容。

  总共选择 3～5 个目标。每个目标都应该符合 SMART 原则（具体、可度量、可执行、相关且以时间为基础）。

- **指导方针**：以达成目标的 70%～80% 为目的。

  任何比这个分数段低的分数，都代表你定的目标也许太高；任何比这个分数段高的分数，都代表你也许未能发挥全部潜能。

## 让大脑更聪明 SMARTER TOMORROW

1. 通过对现实生活中“行为结果”的分析，对自己的神经破解进行记录，看看你是否在更广阔的人生意义上获得了提升，而不仅局限于某一特定心智能力的升级。
2. 利用生活满意度测评得分来评估你的神经破解实验是否提升了幸福感。
3. 跟踪记录生活满意度，可以给你新的见解。你可以对简单版的生活满意度进行分析，也可以对更复杂、记录各种不同生活领域的生活满意度进行分析。
4. 提升自己的计划兑现度得分，不仅能提高你的生产力，还能改善你的人际关系，强化你对自己和他人信守承诺的品格。

# SMARTER TOMORROW

第三部分

# 升级大脑的 5 种基本干预方法

# 13

# 方法 1：利用安慰剂

知之为知之，不知为不知，是知也。

**孔子**

春秋末期思想家、教育家

**时间投入：** 19 分钟

**目标：** 了解安慰剂的作用，并根据你的意图在神经破解实验中利用安慰剂，而不是被它所愚弄。

第二次世界大战期间，年轻的亨利・比彻（Henry Beecher）是一位美国军医，曾在北非和意大利服役。[1] 大多数军队医务人员都将全部精力用在尽可能保住治疗对象的性命，同时在工作中保住自己的性命上。然而，因为药品补给日益减少，许多医务人员只给治疗对象开出推荐剂量一半的镇痛药。在某些情况下，他们甚至根本不开镇痛药。年轻的比彻注意到，一位同样受到药物紧缺困扰的护士，给治疗对象注射的是完全不含任何镇痛药的生理盐水。当比彻问她为何要这么做时，护士解释道，这样的“假药”加上她体贴且富有爱心的照顾，似乎对那些身体虚弱但自己却毫不知情的士兵有所帮助。通过观察，比彻发现那位护士说的是对的：这种非正统的方式似乎有效果。治疗对象纷纷表示他们感觉有好转，甚至在以惊人的概率痊愈。[2]

回到美国之后，比彻在十几项不同研究中对此类替代疗法——安慰剂疗法的效果进行了分析。1955 年圣诞前夜，《美国医学会杂志》（*Journal of the American Medical Association*）发表了比彻的开创性论文《强有力的安慰剂》（*The Powerful Placebo*）。[3]

如今，比彻的研究依然影响深远：随机试验、双盲试验和安慰剂对照实验，是药物测试的黄金标准。如果安慰剂的力量如此强大，那么任何药物都应该在双盲试验中证实自己的价值能够超越安慰剂。双盲试验是指，在实验过程中，患者不知道他们服用的是真实药物还是安慰剂，而研究者也不知道哪些患者服用了真实药物，哪些患者服用了安慰剂。

在几十年来的研究中，各种形式的安慰剂在缓解各类躯体疼痛方面表现出了令人印象深刻的效果。[4] 近年来，研究者对安慰剂对其他病症的效果进行了研究，发现安慰剂可以帮助改善抑郁症[5]、焦虑症[6]、帕金森综合征[7]、严重的关节炎[8]等。在一项研究中，研究者随机告知一些被试，他们的睡眠质量高于或低于平均水平。告知被试的“睡眠质量”，可以作为预测他在语言流畅度和信息处理速度等认知测试中表现的重要指标[9]，而这与被试自述的“睡眠质量”形成了对照。也就是说，如果被试被告知自己夜里睡得不好，那么无论他们实际睡眠质量如何，其认知能力的模式都会表现出仿佛夜里真的没睡好的状态。在诸多研究之中，该研究凸显了我们要在这本认知提升的书中专门研究安慰剂的原因。

## 安慰剂效应背后的科学

英语国家的小孩或许听过这样的儿歌：“棍棒石头可能打断我的骨头，但语言决不会伤害我。”然而事实证明，许多大脑图像扫描，展示了截然不同的场景。感觉遭受社会排斥或是感受到心碎等情绪上的痛苦之后，呈现活跃状态的脑部图像看上去与经历了躯体痛苦后的脑部图像非常相似。[10] 无论痛苦源于身体损伤还是情感伤害，大脑的反应似乎都出奇地一致。假如大脑靠主观意愿能够平衡情感和身体，甚至真实和想象之间的感受差异，那么这能帮助你将神经破解的效果推到极致吗？

似乎有一些不同的机制可以解释安慰剂起效的方式。我们来看看其中的三种机制。在缓解疼痛方面，安慰剂会触发人体大脑中的阿片系统分泌内啡肽，[11] 而内啡肽是人体自有的止疼剂之一。当你被严重割伤，过了一段时间之后，你会发现疼痛逐渐减轻了，而不是继续让你痛不欲生。这要感谢你身体自带的疼痛防御机制。安慰剂似乎能触发大脑中的化学信号——神经递质，诸如负责调节奖励机制的多巴胺，或是在调节情绪、睡眠和食欲等方面发挥着重要作用的血清素等。[12] 分泌多巴胺或许有助于解释为何安慰剂对帕金森综合征的治疗产生效果。帕金森综合征的病因之一，是大脑中负责多巴胺分泌的黑质内神经元退化。[13] 因此，与安慰剂相关的多巴胺分泌，在抵御因多巴胺不足而导致的肌肉僵直、静止性震颤和运动协调不良等帕金森综合征临床症状方面，发挥了作用。安慰剂似乎对抑郁症也有效果，而这大概也与血清素相关。有些效果显著的抗抑郁药物，是通过提升大脑中的血清素水平而起效的（以选择性血清再吸收抑制剂的形式阻断大脑中的血清素吸收）。站在安慰剂研究前沿的泰德·卡普查克（Ted Kaptchuk）及其哈佛医学院的同事曾经写到，通过与血清素介导非常类似的方式使用安慰剂，或许有可能帮助治疗抑郁症。[14]

关于安慰剂效应为何在人类身上表现出如此强大的力量，有一条更概念化的理论，即安慰剂可以破解我们大脑中自然存在的预测机制。[15] 你是否有过这样的经历，当别人刚刚开口说话时，还没等他说完，你就已经知道他要说的完整内容了。当你被问及为何能知道他要说什么时，你或许会做出“因为我了解”或是“他以前说过类似的话”这类回答。这种在别人说话时“自动补全”的事，通常发生在我们常听某人说话或是我们了解其关注的话题和语气语调的前提下。无论是否意识到，我们都在建立一个与此人说话有关的概括性预测模型。

有些科学家确信，这种不断地从说话者那里搜索固定模式，并将其归纳概括的模型和预测机制，也是让我们容易受到安慰剂影响的机制。人们会在一系列关联序列活动之后，寻找固定模式并预见其所带来的奖励，直到他们不需要再体验任何外部奖励的程度，仅仅靠自己的想象预测机制即可产生相同的效果为止。

## 安慰剂样式对效果的影响

2016 年，我有幸在哈佛大学听到了泰德·卡普查克的演讲。他着重强调了安慰剂治疗的细节对其效果有重大影响，不过这种治疗方式也具有文化特异性。比如在美国等国家，药片比医疗器械的安慰剂效应大得多。而在某些文化背景下，药物注射的安慰剂效应对应的效果最好。在患者看来，看到白大褂和医生办公室墙上的文凭证书，会比医生上门出诊更有帮助。聪明的定价方式也会影响患者的感受。丹·艾瑞里（Dan Ariely）在杜克大学进行的一项研究发现，相较于低价位的药物，被试似乎更容易在高价位的药物上感受到安慰剂效应。[16]

阅读了更多卡普查克研究的内容之后，我了解到甚至连安慰剂的颜色都会影响其效果。红色安慰剂的兴奋效果最棒，白色安慰剂的抗胃酸效果最好，绿色安慰剂的镇静和抗焦虑效果绝佳，而黄色安慰剂则最能给人带来积极向上的好情绪。[17]

## 安慰剂可以提升注意力

服装配饰也能产生安慰剂效应。在一些研究中，研究者发现服装能影响人的精神状态。用来研究的实物对象中，效果最好的分别是制服、护身符（幸运项链坠或是手镯等）和幸运袜子。说来也怪，只要人们相信，这些“迷信物”似乎就真的有效。例如，研究者随机安排一些被试完成一项选择性注意力任务。有些被试完成任务的时候穿着实验室白大褂，他们的表现比没有穿实验室白大褂的被试更好。而在随后的研究中，被试被随机分为两组，其中一组被告知白大褂曾经属于一位医生，而另一组被告知白大褂曾经属于一位画家。被告知自己所穿的白大褂属于医生的被试，在注意力任务中表现得比那些被告知自己所穿的白大褂属于画家的被试更好。[18]

为什么会这样呢？研究者发现，相信自己穿着科学家或是医生典型服装的被试，大都会变得认真而专注。在穿上实验室或医生服装后，被试会发现，自己的思维方式会更加贴近他们想象中科学家或是医生的思维方式，变得认真而专注。假如研究者要求被试完成创新任务，那么表现更好的应该就是被告知穿的是画家白大褂的那一组了。

## 反安慰剂效应

安慰剂效应的邪恶双胞胎，即所谓的“反安慰剂效应”，它非常强大。医生发现过数不清的例子，即如果人们坚信自己有病，随后就会真的出现与这些病症相关联的症状。脊椎按摩专家乔·迪斯派尼兹（Joe Dispenza）在其畅销书《你就是安慰剂》（*You Are the Placebo*）中提到，一位被确诊为癌症晚期的患者被告知只剩几个月生命，在数月之后果然如预期般去世。这个经历了吞咽困难的患者去看医生，医生诊断他患有当时无法治愈的转移性食道癌。按照医生的建议，患者去做了手术，将他食道和胃部的肿瘤组织切除。而在他死后，事情发生了惊人反转：医生为该患者验尸时发现，患者的癌症症状很轻。在检视将其诊断为癌症晚期的扫描结果时，其他医生懊恼地发现，当初那位主治医生犯了错误：主治医生诊断的癌症实际上是图像上的一个错误。看来，那位患者的身体之所以垮掉，是因为他和身边所有人都认为自己会垮掉："他死了，仅仅是因为他和身边的每个人都认为他要死了。"[19] 而在另外一项研究中，某一群体的属相被认为不利于呼吸系统健康，该群体因为肺部相关疾病死亡的概率要远高于其他人，而这一切的前提仅仅是他们对一些迷信理论深信不疑。[20]

## 每个人都会对安慰剂有反应吗

早在《强有力的安慰剂》发表的 1955 年，亨利·比彻就认识到并不是所有人都会对安慰剂有反应。从那时起，研究者发现对安慰剂有反应的人和没有反应的人之间的区别，无论在心理层面还是生物学层面都是可预知的。二者在心理学方面的区别或许还不那么令人吃惊，对安慰剂有反应的人，更有可能是对新体验持开放态度的人，并拥有一种与身体内在状态相关联的自我认知[21]，也就是所谓的"内感受性知觉"（interoceptive awareness）。而两类人在生理方面的区别就非常明显了。[22] 神经解剖学和神经生理学的特定因素，也可以用来预测个体对安慰剂治疗的反应。此外，那些遗传了较高多巴胺分泌水平的人，在缓解疼痛方面，也更容易因安慰剂而受益。[23]

你或许想知道自己是不是更容易对安慰剂有反应的人。其实，对安慰剂的反应是诸多因素共同作用的结果。如果你使用市面上 23andMe 等消费级基因检测产品对自己进行基因测序，就能发现自己的基因中是否带有可能给你带来困扰的某种突变。如果你所寻找的是一个与儿茶酚-O-甲基转移酶（会影响多巴胺分泌水平）相关的遗传标记 rs4680，你就能同时检查自己是否有 a/a 变异（与 a/g 或 g/g 变异相反）。[24] 当然，安慰剂效应很复杂，几乎可以确定它并非完全受基因控制。所以，即便你在自身的 rs4680 遗传标记上没有找到 a/a 变异，也不要沮丧，你依然可能是一个对安慰剂有强烈反应的人。验证这一点的最佳途径，就是尝试给自己使用安慰剂。而这又引出了下一个重要的问题。

## 你能用安慰剂“安慰”自己吗

对我们这些自我实验者来说，有一个重大问题摆在我们面前：是不是只有我们在不知情的前提下使用安慰剂，它才会有效？

许多研究发现，只要被试被告知身体会对安慰剂产生反应，那么即便他们知晓自己服用的是糖丸或某种惰性药物（即所谓的“开放标签”安慰剂）的情况下，依然会报告自身状态有所改善。2010 年，卡普查克进行了一项针对肠易激综合征患者的研究。患者被告知服用的是糖丸等用惰性物质制成的安慰剂，但临床研究发现，在身心自愈的过程中，或是在并未接受任何治疗但依然得到治疗者悉心照料的情况下，他们的肠易激综合征症状得到了明显改善。令人称奇的是，知道自身服用了安慰剂的这组被试，报告说他们的症状反应明显减轻，病痛得到缓解，生活品质也趋于改善。[25]2017 年，由哈佛大学研究者和瑞士的研究者组成的联合团队进行了一项规模更大的研究。这一次的研究目标是，开放标签安慰剂在缓解热疼痛方面的作用。研究者对比了被告知使用了安慰剂但未告知其基本原理的被试，以及知晓自身使用了安慰剂且被告知“前一组被试因安慰剂而得到了身心自愈”的被试。他们发现，后一组被试的恢复速度要快于前一组被试。此外，研究者发现，那些服用了安慰剂并被告知了安慰剂起效原理的人，与那些服用了安慰剂却相信自己服用了真正的止痛药（即“欺骗”安慰剂疗法）的人一样，报告了相似的镇痛效果。[26]

还有一个问题：是否必须由医生之类的其他人为你提供安慰剂才会有

效？我没能找到将自行服用安慰剂和别人——尤其是权威人物提供安慰剂之后的效果加以严谨对比的实验。

如果你想要尝试由别人给你提供安慰剂，请找那些你尊敬且信任的人。这听起来可能有些奇怪，但你应该尝试让他们管理你所选择的药剂，并委托他们说出下面这句话："临床研究表明，通过身心自我升级过程，人们可以获得明显提升。"而在你自主进行安慰剂实验时，其他一些安慰剂效应也会起效，形象化思考（视觉化思考）就是其中之一。

## 形象化思考的作用

身心联系让人们提升表现的能力给了我最强烈震撼的是在运动中。我第一次参与青少年奥林匹克运动会比赛之前（我参与的是壁球比赛），在距离比赛场地较远的地方找到一个僻静的场所。我闭上双眼，在脑子里把球场开门后我将要做的事情认真过了一遍。我想象自己双腿的感觉、观众呼喊的声音、自己嘴里干渴的感觉、双手握住球拍的感觉。随后，我仿佛看到了自己完美的表现，完胜了对手，成功地从暂时的挫败中走了出来。比赛真正开始时，我看到对手身材强壮。她击球精准有力，动作健美。很快她就取得了领先。然而在回合之间，我仿佛又回到了刚才的设想里。我闭上双眼，在脑海中重映刚才发生的事情，辨别自己的错误，随后尝试用正确的方式击球。随着比赛继续进行，我发现了对手的弱点，击球越来越像刚才设想里的样子。我头脑中的比赛场景改善了我的实际表现，而对手的注意力开始涣散。她开始在打出坏球时咒骂，在裁判做出对我的判罚时翻白眼。此刻，我要做的就是等待她自身的精神状态压垮她。她开始主动犯错失误。在最后一局，她的竞技状态滑落到了谷底，而我已经达到最佳状态。最终，我赢得了比赛。

许多运动员会利用形象化思考。实际上，所有类型的自我表现者都广泛利用着这一手段。一位年轻人在闯荡好莱坞的最初几年，给自己写了一张1 000万美元的空头支票，决定在3年后的感恩节兑现。他每天从早到晚都在尝试出演角色，而每个夜晚，他都在进行形象化思考。他把车停在著名的穆赫兰道，在脑海中重复练习着他所坚信的让他梦想成真的每一个步骤，并在真实环境里进行形象化思考。3年后的感恩节前的几天，他收到了出演《阿呆与阿瓜》（*Dumb and Dumber*）的片酬支票。这个年轻人的名字叫金·凯瑞（Jim Carrey），后来在《变相怪杰》（*The Mask*）、《神探飞机头》（*Ace Ventura: Pet Detective*）以及其他电影中都有着不俗的表现。[27]

形象化思考还在哪些领域有效？我听说过一些案例，监狱里的囚犯会在脑中想象下棋以消磨时间。由于不被允许阅读、写作或是与任何人交谈，俄国人权活动家纳坦·沙兰斯基（Natan Sharansky）将象棋视作生存工具，他曾经说过："克格勃希望我的精神状态越来越差。实际上，我感觉自己的精神越来越强了。"[28] 10年之后，他的"头脑象棋"练习得到了回报，他居然战胜了国际象棋世界冠军加里·卡斯帕罗夫（Garry Kasparov）。[29]

1995年，哈佛医学院的阿尔瓦罗·帕斯夸尔-莱昂内（Alvaro Pascual-Leone）决定研究形象化思考对行为表现和大脑功能的影响。他对比了两组学生练习钢琴的效率，一组学生使用真正的钢琴进行练习，另一组与前者能力相当的学生则被要求在没有钢琴的情况下练习，只是简单地想象手指在虚拟的钢琴上跳跃。数周之后，他对比了两组学生的平均演奏水平。他惊讶地发现，只进行了形象化思考练习的那组学生，在手指技巧方面呈现显著的提升（虽然赶不上实际在钢琴上练习的那一组）。然而在大脑变化方面，形象化思考组与实际练琴组的情况看上去很相似，说明在这种类型的学习过程中，仅凭形象化思考就足以改变神经元回路。[30]

无论是金·凯瑞、纳坦·沙兰斯基或是没有在钢琴上进行练习的学生，这些仅靠想象就取得了进展的实例，都向我们展示了形象化思考和心智练习的力量。[31]

## 以成长型思维作为干预手段

在过去几十年间，凭借对“成长型思维”好处的研究和推广，斯坦福大学教授卡罗尔·德韦克（Carol Dweck）在心理学界和教育学界声名鹊起。成长型思维并不是一种传统意义上的安慰剂。然而，它却能利用心智能力中某些最具力量的方面对自身施加影响。从这个意义上说，它的本质与安慰剂相似。并且，由于本章的目标是让你学会如何使用安慰剂效应，所以我将其视作一种利用安慰剂的非传统手段。

拥有成长型思维的人相信，艰苦努力是成功的先决条件，或者至少是追求成功道路上的关键要素之一。成长型思维并不是一种说明某人“没有相应能力”的标签，拥有成长型思维的人一般认为艰苦努力才会激发天赋。[32] 凭着这一信念，拥有成长型思维的人在面对逆境时通常更执着、更有韧性。他们通常更喜欢学习新的东西，并将错误和失败视作学习过程中自然且必要的组成部分。他们不怕失败，而是会从中汲取教训、积极地寻找新的挑战。

而拥有固定思维的人相信潜能是先天注定的，你所拥有的一切天赋在出生时就确定了。固定思维者坚信世上的人分为聪明人和不聪明人，而不聪明的人无法改变自身处境，因为智力水平是已经确定的。学校的作用是发现你和其他学生的智力潜能水平，而不是要对其进行改善。所以当拥有固定思维的人发现某件事很难做时，他们更有可能放弃或是尝试去做其他事情，这样的行为一点儿也不让人感到意外。在他们看来，任何成功都应该是不花气力就能得来的，否则那就不是“真正”的成功。

在很多领域，成长型思维的干预手段，其目的是改变人的态度，而其中尤为引人瞩目的一种干预手段，是专注于改变被试对性格的看法，鼓励其接受“性格可塑”这一观点。一个由 12 ～ 15 岁青少年构成的实验组 A，参与了一次单场 30 分钟的计算机辅助成长型思维训练。在 9 个月后的一次随机访问中，与被随机分配接受 30 分钟计算机辅助治疗的对照组 B 相比，实验组 A 所报告的焦虑概率（平均改善率高于 12%）和抑郁概率（平均改善率高于 26%，得到了他们父母的认可）都明显更低。[33]

在本书的第五部分，你将看到能够在你尝试安慰剂时平衡其影响力的自我实验。其中一项实验是基于一项研究：在该项目中，研究者告知被试，肉桂可以提高创造能力，结果也的确如此。[34] 另外一项实验所基于的研究项目，是研究者告知被试某种喷鼻剂（或药片）可帮助控制情绪，结果也的确如此。[35] 不过，不要急着进行自我实验，让我们多考察一些干预手段。接下来要介绍的是汗水。

## 让大脑更聪明 SMARTER TOMORROW

1. 在医学上，所谓“安慰剂”是一种手术或治疗，它看上去像是真实的物理治疗，但实际上是通过心理途径发挥效用。安慰剂既有积极的效果也有消极的效果。被试报告的实际副作用，基本上就是他们被告知会发生的副作用，即使他们除了安慰剂之外什么也没使用，情况依然如此。
2. 安慰剂以两种方式发挥作用。一种是对大脑的模式匹配机制进行“劫持”，另一种则是通过“劫持”身体的生物化学状态。
3. 即便你知道自己接受的是安慰剂，它依然可能有效果。多项研究表明，被试即便在知晓自身接受的是假的治疗时，只要他们之前被告知了安慰剂的力量，其症状依然会得到改善。
4. 安慰剂的颜色、研究者所穿着的服装以及治疗的费用等，这些涉及安慰形式的因素都会影响安慰剂的实际效果。

# 14

# 方法 2：进行运动

有健康的身体才有健康的精神。

尤维纳利斯（Juvenal）

古罗马诗人

**时间投入：** 17 分钟

**目标：** 理解运动对精神状态的提升，学会将运动融入神经破解实验。

与许多高中生运动员一样，我在高三时也面临一项抉择：运动和学业，我应该优先考虑哪个呢？为了引起大学体育教练的关注，我需要在校外参加更多比赛，以期提高全国排名。而为了有机会进入有竞争力的科学项目，我必须在数学和科学课程上取得好成绩。无论走哪条路，我都要从落后开始奋起直追。

高中前两年，我的运动和学业表现都不稳定。前一刻我可能做到了百分之百的专注，然而到下一刻我也许就陷入了迷茫。我不仅会忘记家庭作业，还会在重要的壁球比赛中走神。还好，在我高三之前的那个暑假，科学和壁球两方面的机遇同时出现在我面前。一家颇有威望的研究实验室邀请我去实习，而一家英国的精英壁球训练营也愿意接受我做训练生。我告诉我的教练马克·刘易斯（Mark Lewis），听说英国的壁球竞技水平比美国高得多，我承认我有些胆怯。刘易斯教练点点头："你感觉胆怯是正常的。至于要怎么做准备，你争取达到自己人生的最佳状态就好。"

他建议我采用一种新方案，也就是将骑单车和冲刺交替进行的高密度间歇训练法。这是一种严酷的训练方式，我将这一方案与日常的壁球和举重训练相结合。那年春末，我变得更加强壮和迅捷，甚至连我自己都感到惊讶。我还意识到我的头脑也变得更清晰了。

在壁球训练营训练时，我发现刘易斯教练是正确的。参训第一周的周末，我的肌肉酸痛难忍。但我的训练是有回报的，我没有受伤。我在暑期研究中也有类似经历。在实验室实习的第一周，每天午饭时我都感觉头脑被捣成了糨糊。当导师让我在周末学习一本研究生水平的微生物课本时，我微笑着说："听起来好极了！"尽管我每天晚上都累到筋疲力尽，但第二天早晨醒来我总是精力充沛。不知为何，我身体层面的强健已经转化成了耐力。

那年秋天，我面临着有生以来最沉重的学业负担。除此之外，壁球巡回赛季也让我每个周末都在不停奔波。尽管我正学着更难的课程，也不像从前那样有很多时间来学习，但曾经不稳定的学业表现，例如考试刚得了 A，接下来就忘了交作业，这些不稳定已经不再是困扰我的问题了。

当然，这远称不上是一次完美的自我实验。但我依然开始思考：锻炼对大脑功能究竟有多大影响？

## 运动背后的科学

运动或许是最有魔力的认知干预手段。迄今为止的研究（研究对象涉及很多人）都表明，运动对全部 4 个心智能力——执行能力、情绪调节能力、学习与记忆能力、创造能力的提升都非常有效。不仅如此，它的效果可以说是立竿见影的。即便是一次运动也能带来精神上的效益，甚至在某些时候，运动尚未结束，效果已经显现出来！

2016 年，加拿大皇家学会会员、神经系统科学家阿黛尔·戴蒙德和她的同事达夫妮·凌（Daphne S. Ling）专门针对执行能力的干预手段发表了一篇评论。[1] 她们发现运动可以带来广泛的好处，瑜伽之类的运动注重规划能力和专注度，跆拳道等运动注重问题解决能力或是自我控制能力等。戴蒙德和达夫妮·凌还提出假说，认为许多竞技性运动和团体运动也能提升执行能力，但她们并未找到能够直接支撑评估的高质量研究项目。2014 年的一项随机对照试验，对名为“健康儿童”（FITKids）的课后运动计划进行了调查评估，研究这项计划是否帮助超过 200 名青春期前阶段儿童提升了执行能力。研究者发现，这些儿童在抑制机能和心理灵活性方面的提升明显，并在他们的脑电活动中观察到了令人鼓舞的改变。[2] 我可以想象，如壁球这样高水平的竞技体育活动，也能对人们的认知能力带来相似的改善，但我个人的感受毕竟有失偏颇，我们还需要更多研究。

## 运动能让你变得更聪明吗

2012 年，北卡罗来纳大学格林斯伯勒分校的张育恺（Yu-Kai Chang，音译）及其同事对 79 个研究项目进行了综合分析，意在理解单次运动对认知的精确影响。[3] 这些研究项目涉及来自世界各地的超过 2 000 名被试，涵盖不同性别、多个年龄段和不同健康状况的群体。研究涵盖从“非常轻量”到“耗尽体力”的各种强度水平的运动，类型包括有氧运动、无氧运动、力量训练和混合运动。他的团队对不同形式的认知能力进行观察，比如对执行能力和记忆能力都进行了测量。

张育恺及其同事发现，单纯一次运动，对认知能力会产生微小但积极正向的影响。在运动期间、运动刚结束时以及运动结束一段时间后采集的测量数据可以支撑这些发现。注意力是受运动影响最大的认知能力之一：在运动的帮助下，被试在注意力任务中表现的提升幅度，要超过团队测量的几乎全部其他认知能力的提升幅度。

在测试被试做出决策的能力、语言的流畅度、对刺激物的记忆水平以及抑制错误反馈并选择正确反馈的能力，也就是测试执行能力和记忆能力时，该团队发现单次运动能带来 15%～20%的提升。[4] 不出所料，不同被试的大脑做出的反馈有所不同。我们来探究一下人与人之间产生区别的根本原因吧。我们尤其要去探索张育恺及其同事以及其他研究团队曾深入研究过的 8 个领域。在你阅读下列问题时，可以试着预测研究者发现了什么。

## 运动和咖啡因，哪个更能让你瞬间精神满满

2017 年，一个美国研究团队想要了解哪些手段能帮助一组来自高校的失眠女性（参与试验的女性每晚平均睡眠时间不足 6.5 小时）保持清醒。研究人员让每名女性被试运动 10 分钟（爬楼梯）、服用相当于半杯咖啡的咖啡因或服用安慰剂。**短期内提升精力效果最佳的手段是爬楼梯。**[5]

## 同样的运动之后，不同体质水平的人谁的认知表现更好

基于美国国家运动医学院的低、中、高体质水平分类，在进行运动之后，健壮人群在认知表现方面平均可提升超过 12%，而中等体质人群也有超过 8%的提升。体质较差人群的情况良莠不齐，有些人的认知表现甚至比运动前更差，还有一些人的认知表现相较运动之前提高了近 23%。部分体

质较差的人未从运动中获益，可能是因为这些个体在运动之后太累，无法立刻感受到运动的好处。从整体上看，运动对各体质水平的人群都是有好处的，对身体健壮的人而言，这种好处立竿见影。运动后，健壮人群可能会在认知表现方面得到更多明显的好处，这与张育恺在综合分析中的发现相吻合。

## 高强度和低强度，哪种运动能帮助你更好地思考

无论运动强度如何，人们在运动之后的认知测试表现往往比运动前更好。根据美国国家运动医学院的指南，运动的强度水平与被试心率达到最高值的比率相关。在轻度和中度运动（达到最高心率的 50%～76%）之后，人们的认知表现平均可提升 8%；在高强度和超高强度运动（达到最高心率的 77%～93%）之后，人们的认知表现平均可提升约 12%；在极端高强度运动（达到最高心率的 93%以上）之后，人们的认知表现平均可提升约 16%。只有非常轻度的锻炼强度（不到最高心率的 50%）不能带来提升，在这种情况下，认知表现反而平均会下降约 4%。

## 同一运动，不同强度，哪种更适合你

在由哈佛大学医学院教授、精神病学家约翰·瑞迪（John Ratey）和科普作家埃里克·哈格曼（Eric Hagerman）撰写的《运动改造大脑》（*Spark*）① 一书中，我最喜欢关于走路、慢跑或冲刺跑背后的科学部分。[6] 这部分内容

---

① 为什么有些人成绩好，人缘也好？为什么有些人会玩，也会念书？因为他们的大脑结构不一样！运动如何改造大脑？打开《运动改造大脑》寻找答案。该书中文简体字版已由湛庐引进、浙江科学技术出版社于 2023 年出版。——编者注

深入探究了同一运动在不同强度下带来的影响。

**走路：心满意足地走。**瑞迪和哈格曼描述了在最大心率55%～65%的情况下步行，为何会让你获得更好的情绪。在这一低强度运动中，你处在燃烧脂肪的状态下，血液中的游离色氨酸含量会增加。游离色氨酸不仅是血清素（与满意感和知足感的产生高度相关）的代谢前体物，也影响着去甲肾上腺素和多巴胺的调配。血清素浓度上升，加上去甲肾上腺素对注意力的影响，以及多巴胺对积极性的影响，你就知道人类祖先的大脑为何会朝"喜欢步行"的方向演化了。

**慢跑：眼下承受压力，之后少些烦恼。**慢跑，或者说进行中等强度的运动，让心率达到最高值的65%～75%，这会带来其独有的好处。从根本上说，中等强度的运动属于压力训练。身体的恢复力可以在中等强度的运动中得到加强，因为肾上腺素和皮质醇会加速分泌，进入血液。你的身体会立刻将这些激素当作自身对压力的反馈从而加以调节管控，下丘脑是负责这一过程的系统调节中枢。脑源性神经营养因子，即瑞迪所说的大脑"神奇因子"，是构建新神经元的基本要素之一，也会第一时间参与强化神经元链接的过程。心房肽是一种由心肌产生、有助于缓解压力的肽激素。内啡肽和内源性大麻素可以缓解疼痛、提升平静感。

**快跑或冲刺跑：眼下感受痛苦，之后变得聪明。**高强度的运动，也就是将心率保持在最高值的75%～90%，会让你的身体假定你正处在一种紧急的状态中。当你进行无氧运动，即使用肌肉中储存的能量，而非仅仅使用血液中的能量时，你的脑垂体会激活人类生长激素的分泌。人类生长激素的分泌通常会随着年龄增长而减少，但它在增加脑容量方面发挥着关键作用，掌控着上面提到的许多生长因子，均衡着神经递质水平，促进着神经元的成长。锻炼之后，人类生长激素可以在血液中持续存在并发挥作用。在《运动改造大脑》中，瑞迪和哈格曼描述了英国巴斯大学的一个研究项目。研究者发现，仅仅花 30 分钟进行高强度自行车骑行，就可以将被试的人类生长激素分泌水平提升 600%，且在运动后两小时内持续分泌。

## 有氧运动、抗阻训练还是混合运动

张育恺及其同事发现，将有氧运动和抗阻训练相结合，可以达成最大效果，能将认知表现平均提升约 12%。而单靠有氧运动只能将认知表现平均提升约 4%，单纯进行抗阻训练实际上会导致认知表现平均下降约 12%。

所以，这些发现中蕴含着怎样的启示呢？假如你需要借助运动提升认知能力，诸多研究项目对认知提升的测量表明，将高强度运动与有氧运动相结合会给你带来最大限度的提升，比如你在本节末尾读到的 15 分钟方案。然而，这些发现是涉及不同人群、不同研究项目的一般性结果。与我们将要讨论的所有干预手段一样，你的大脑的反馈或许与这些研究项目中被试的情况不同。所以请尽量多尝试一些手段，试试看哪种对你最有效。此外，即便你发现某种运动方式并不能在认知表现上带来你所期待的效果，请记住，不同种类的运动可以给你带来认知表现之外的许多健康方面的好处。例如，力量训练在健康方面的好处包括防止骨质疏松和强化心血管健康等。[7] 美国佐治亚州立大学的凯特・兰伯恩（Kate Lambourne）和菲利普・托姆波罗斯基（Phillip Tomporowski）在于 2010 年撰写的一份述评中指出，自行车骑行的作用胜过跑步。他们回顾了超过 40 个关于运动和认知表现的研究项目，发现"自行车骑行与运动过程中和运动之后的认知表现提升相关，而跑步机运动会导致认知表现在运动过程中降低、在运动之后略有提升。"具体来说，在跑步之后，被试的认知表现有 4%左右的提升，有些被试能达到至多 8%的提升；而在自行车骑行之后，被试的认知表现有 8%左右的提升，有些被试最多能达到12%的提升。

### 单次运动，不同年龄的人谁的认知表现更好

单次运动对认知表现最为明显的积极影响主要出现在三个年龄段的人群中：高中学龄青少年、大于30岁的成年人和大于65岁的老年人。对这三个年龄段的人而言，运动大概能使其认知表现平均提升4%～8%。小学生和年轻的成年人（20～30岁）也能在运动中获得认知表现改善，但平均提升大约只有2.5%。但请记住，此类估值在许多不同的研究中也各有不同，因此在某些案例中某些个体的提升程度极其有限，而某些个体的提升程度远超他人。

### 在一天中的哪个时刻运动，才能最大限度提升认知表现

张育恺及其同事发现，在晨间进行运动可以让认知表现平均提升近16%。而下午和晚间的运动则无法带来统计学上的明显提升，这或许是因为实验结果存在太大的可变性。研究表明，在下午进行运动，可以让认知表现平均提升约4%，在晚间进行运动会使认知表现平均降低约8%。尽管我鼓励你尝试在早晨运动，但我承认我自己并未做到这一点。考虑到我在撰写本书时通常的入睡时间是凌晨3:15，让我早起运动简直是对我的折磨。

## 运动如何提升学习与记忆能力

上高中时，除了尽可能挤出时间做额外的运动，我还开始在学习间隙练习健身操。做完两次听得见心跳的运动之后，我注意到自己的学习变得更轻

松容易了。我把这一发现告诉了一位朋友，她决定和我进行一次非正式的实验：我们打算对比一下，利用课间时间做开合跳和俯卧撑，与仅仅在课间站起身来伸伸懒腰，分别会对我们随后的学习效果产生怎样的影响。随着答案揭晓，这个消息传开了。没过多久，一大群女生就开始在女洗手间镜子前伴着音乐跳舞、做开合跳，等到课间结束再冲回课桌前，利用刚被“锻炼过”的头脑努力学习。

张育恺及其同事发现，当测试涉及加减法之类人们已熟练掌握的认知技巧时，运动能令被试的平均表现提升约8%；而在测试涉及新掌握的信息时，比如给一定的时间，记住15个新单词，运动使被试的自由记忆表现提升接近19%。有些被试的自由记忆提升程度甚至能达到23%左右。

在德国明斯特大学的一项研究中，一群健康年轻男性被随机安排了下列活动：坐下放松15分钟、做两次3分钟加速跑（在两次之间慢跑）、以缓慢稳定的步速跑45分钟。[8] 做加速跑的被试刚刚结束奔跑时，他们的单词学习速度提升了20%。他们体内脑源性神经营养因子的含量也更高。加速跑似乎还促进了多巴胺的分泌，而多巴胺与更好的中间记忆能力（即一周之后还能记得单词的能力）相关。加速跑还能促进与较长期单词记忆（8～10个月之后）相关的肾上腺素分泌。学习差异甚至会持续数月，这让我感到非常惊讶。假如在学习某些新东西之后立刻进行高强度运动毫无用处，那么在学习之后几个小时再进行高强度运动能否更有效地巩固记忆呢？在一项研究中，72个被试学习了图像与特定位置的关系，然后被立即随机安排进行35分钟的运动（高强度运动，心率可达他们的心率最高值的80%），或是等待4小时再做35分钟的高强度运动，或是在控制条件下观看自然视频。48小时后，对所有被试进行测试，以观察他们记忆图像与特定位置关系的情况。学习后，等待4小时再进行运动的被试表现最好。[9]

## 运动如何提升情绪调节能力

情绪调节，是指控制你自己的情绪和行为。从长远来看，运动似乎能提升人的情绪调节能力。澳大利亚麦考瑞大学的研究者让被试在4个月内进行行为跟踪记录。[10] 实验开始两个月后，被试开始进行日常运动。与前两个月的对照阶段相比，被试的情绪调节能力在诸多方面得到了明显提升。他们的紧张和压力得到了缓解，对烟草、酒精和咖啡因的使用量也下降了，饮食更加健康，情绪控制能力得到增强，做更多家务，更信守承诺，学习习惯更好，花钱也更节制了。

## 运动如何提升创造能力

运动似乎也能增强人的精力，[11] 减少消极感受、增加积极感受。来自澳大利亚和加拿大的诸多研究者发现，只需要进行10分钟的运动，就能减少人的消极情绪。[12]

我们知道，情绪会通过运动来改善，而积极的情绪是创造能力的先决条件之一，[13] 那么创造能力也会随运动而提升，也就不奇怪了。既然运动能改善情绪，而情绪又能提升创造能力，那么运动是否只是通过改善情绪来帮助人们提升创造能力的呢？

来自英国密德萨斯大学的研究者，对比了被试观看无倾向性的视频后和进行有氧运动后在发散思维任务上的表现。研究者发现，运动提高了创造能力，这种提高与人们做出各种不同反馈的能力紧密相关，而与情绪本身无关。[14] 至于哪种运动有可能提升人的创造能力，斯坦福大学的研究者发现，步行能精准影响集合思维和发散思维。他们通过对比被试坐着、在跑步机上行走，以及在户外行走的状态，对这一点进行了测试。研究者发现，在户外行走可以激发最新颖、质量最高的类比思考。[15]

奥地利格拉茨大学的一支研究团队发现，定期进行运动的人可能更自发地产生创造性想法，而长期静坐不动的人则主要靠共同努力才能产生创造性想法。[16] 按照这项研究的结论，无论经常运动的人还是不爱动的人，其创造能力都能达到较高水平。此外，这项研究还表明，在我们无意中（比如说"灵光乍现"时刻）和积极尝试想要创造的时候，都能催生出较高水平的创造能力。

## 让大脑更聪明 SMARTER TOMORROW

1. 运动能够提升认知表现。在轻度和中度运动之后，人们的认知表现平均可提升 8%。而在高强度和超高强度运动之后，人们的认知表现平均可提升约 12%。在极端高强度运动之后，人们的认知表现能提升约 16%。
2. 在单纯进行抗阻训练后，人们的认知表现会下降。而将抗阻训练与有氧运动相结合，可以达成最大效果，能将认知表现平均提升约 12%。骑自行车的作用胜过跑步。
3. 运动对不同年龄段人群的认知表现有着不同的影响。
4. 在一天中进行运动的时间段也会对结果造成影响。在晨间进行运动，可以让认知表现平均提升近 16%；在下午进行运动，可以让认知表现平均提升约 4%；在晚间进行运动，会使认知表现平均降低约 8%。
5. 运动对我们全部 4 个心智能力——执行能力、情绪调节能力、学习与记忆能力以及创造能力都有影响。它还可以改善情绪、对抗失眠。

# 15

## 方法 3：使用蓝光

人类的祖先是朝着适应光照的方向进化的。

**时间投入：**12 分钟

**目标：**理解蓝光在升级精神状态方面的力量，学习如何将蓝光应用于神经破解实验。

## 光的神奇作用

尽管我在生命中的大多数时候都居住在时常下雪的波士顿，但对我而言，阳光灿烂的加利福尼亚州似乎才是我患上季节性情绪失调的原因。2019年1月，一项新的长期工作计划让我能够将所有的工作放到下午和傍晚完成。我可以随心所欲地熬夜，然后从黎明睡到午后时分。作为一名骄傲的夜猫子，我将此视作天赐的礼物。

尽管一开始我并没有将所有事情联系在一起思考，但开始“吸血鬼式作息”（我母亲喜欢这么说）数周之后，我开始感觉有些……异样。朋友讲的笑话开始不能引我发笑。我的待办事项清单开始变得奇怪：每天睡觉之前，与清晨伊始相比，清单上都会遗留更多未完成的事。我意识到自己总在盯着墙壁，然后发觉自己已经这样呆坐了好几分钟。接着，我意识到我花在睡眠上的时间已经超过正常时长。当我猛然间发现自己在某个下午因为莫名的悲伤而哭泣时，我不得不承认，某些东西出错了。

一项名叫“流行病学研究中心抑郁症量表”（CES-D）的测试表明，我的症状差不多达到了“重度抑郁”级别。我打电话给远在波士顿的父亲，与他探讨了我的症状，而他提出了一个让我意想不到的疑问：我晒了多少太阳？

我父亲提供了一个解决方案：使用光照理疗灯。我们交流之后，我做了一些研究，最后花 40 美元买了一盏 5 000 勒克斯照度①的理疗灯。即便我的灯只有 5 000 勒克斯照度，但我还是没有用它照向我的眼睛，而是把它放在 0.6 米外照射我的侧脸。[1] 光照疗法起效很快，接下来的数周，我每个工作日开始时都会先拿出半小时（有时候是整整一小时）来，用理疗灯那小小的方形光斑照射我的侧脸。很快，我开始觉得笑话有趣了，莫名哭泣的症状慢慢消失，我逐渐能够完成每日的待办事项清单了。光照疗法开始一周之后，我再次进行了测试：测试结果退回到了“非抑郁”范围。太棒了！

作为治疗抑郁症的手段，尽管光照疗法并不一定适用于所有人，但这引发了我的好奇心。光，是如何对我的大脑发挥神奇作用的呢？除了拯救悲伤的情绪，它还能做些什么呢？它提升了我的注意力和工作效率，那么光能在广泛意义上提升认知水平吗？

## 光照疗法背后的科学

借助磁共振成像技术，研究者已经可以检测光照是如何调节人的警觉性和情绪的。只要大脑检测到光照信号，包括负责调节警觉性的脑区（如丘脑

① 1 勒克斯（Lux）照度相当于 0.9 米外一盏蜡烛的光照，太阳直射相当于 10 万勒克斯。——译者注

和下丘脑）以及负责调节记忆和情绪的脑区（如杏仁核和海马）在内的大量脑区会被激活。[2] 光照疗法中的关键因素包括眼睛里的光感受器（即在光照刺激下被激活的神经元），以及两种化学物质：激发警觉性的去甲肾上腺素和激发睡意的褪黑素。

它们的合作方式是当光线进入眼睛，光感受器向后方的大脑发送电信号，附近的脑区（视交叉上核）接收到信号，随后减少褪黑素的分泌。原理大致如此：光照越多，褪黑素越少；褪黑素越少，睡意越淡。反过来说，光照越少，褪黑素分泌越多，而褪黑素越多，人的睡意就越浓。图 15–1 展示了光照、视交叉上核、松果体和褪黑素回路。[3]

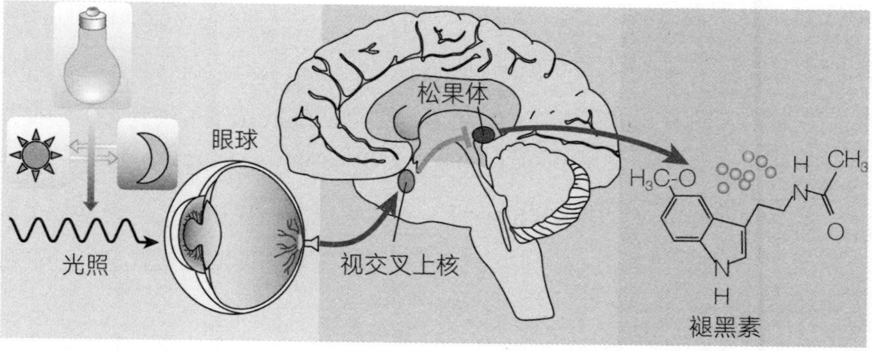


**图 15–1　光照、视交叉上核、松果体和褪黑素回路**

然而在白天，去甲肾上腺素发挥的作用更大。眼睛里的光感受器会触发附近另一个不同的脑区（蓝斑核），通过大脑皮质，促进去甲肾上腺素分泌。如果你熟悉所谓的“战斗或逃跑”反应，在你全身警觉、做好动作准备的过程中，发挥重要作用的化学成分之一就是去甲肾上腺素。所以，更多光照同样意味着更多的去甲肾上腺素分泌，也意味着更高的警觉性。[4] 从根本上说，睡意（由褪黑素调节）和警觉性（由去甲肾上腺素调节）相当于天平的两端，其平衡由光照调节。

## 光的颜色影响大脑对光照的反馈方式

光的颜色会影响大脑对光照的反馈方式。我们都知道，不要在夜里盯着计算机屏幕，其原理与倒时差时要多晒太阳相同，即蓝光的作用。太阳是大自然中的蓝光源，而人类演化使我们能在白天适应日光中的蓝光照射剂量。想想看，落日那温暖的橙色余晖，与正午时分几乎让人致盲的刺眼阳光，几乎截然相反。我们的生物节律就是以这种基于颜色变化的光照而改变的。夜半时分盯着计算机屏幕（主要发散出蓝光），是失眠的主要诱因之一；大脑“认为”此刻处在正午时分，便无法入睡。出于这一原因，我在睡觉前的一小时里都会戴上橙色镜片的眼镜以阻隔蓝光。除此之外，我还会使用软件设置，随着白天的时间推移，使计算机显示渐渐从短波光照（偏蓝光）转换到长波光照（偏黄光和红光）。到了睡觉前，我的计算机屏幕颜色会变成琥珀色。有不少软件可以达成这样的效果。我在笔记本电脑和手机上使用此类免费软件已经有很多年了。有些时候你甚至可以在系统设定中设置这样的颜色渐变计时器。

有些人对蓝光特别敏感，若要采用本章中提到的干预手段，需要特别小心。例如，有报告提到，光照疗法可能会触发躁狂症患者的躁狂或轻度躁狂症状（夏季是躁狂或轻度躁狂症的高发期）。即便是对那些并未被确诊躁狂症的人而言，有研究报告称其一次接受数小时蓝光照射后也会使他们变得更加易怒。[5]

还有一个人群要注意蓝光，就是那些被诊断为眼部疾病或是有眼部疾病风险的人（如糖尿病患者），这部分人过度暴露在蓝光下有可能引发眼疲劳。[6]人们在盯着计算机屏幕的时候时常会忘记眨眼。所以，无论如何，提醒自己多眨眼都是个好主意。为了避免眼疲劳，可以遵循这一方法：在同时打开其他灯光的情况下进行蓝光照射。

现在，让我们来探究一下光照对于认知表现的提升。它是否只对罹患季节性情绪失调的人有效呢？此外，光照能否在一般意义上提升所有的认知表现，就像咖啡因那样？如果是这样的，那哪一个的效果更强呢？一部分随机对照试验研究解答了我的疑问。

## 蓝光如何提升认知表现

一组来自法国波尔多大学的研究者，让被试在深夜进行了一次令人疲惫的越野道路之旅。[7]他们想要弄清楚，汽车仪表台上的蓝色灯光能否提升驾驶的精准性。48位勇敢的被试都是身心健康（也就是说，没有抑郁倾向）、年龄为20～50岁的男性。他们要在午夜时驾车在3个不同的环境行驶250英里①。被试被随机分配到3个小组，第一组得到了咖啡因（每人服用两剂咖啡因药片，每剂200毫克，相当于4杯咖啡），第二组要接受持续的蓝光照射，第三组得到了安慰剂（假的咖啡因药片）。结果如何呢？安慰剂组努力想要保持清醒，但平均每个人偏离路线约26次。与其形成对照的是，咖啡因组和蓝光组的表现都比安慰剂组好一大截。咖啡因组平均偏离路线约12次。蓝光组的表现几乎和咖啡因组一样好，平均偏离路线约14次。

① 1英里约为1.64千米。——编者注

## 蓝光如何提升精神状态

在前面的研究项目中，研究者选用了蓝光（波长较短，在 480 纳米左右），但我们的祖先是朝着适应阳光的方向进行演化的，而阳光是将全部各种颜色的光线汇聚成为一道耀眼的白光（波长为 400 ～ 700 纳米）。在我阅读各种研究报告时，又有另外一件事让我心生疑惑：为什么在我的季节性情绪失调光照疗法方案中，我要充分暴露在 10 000 勒克斯的光照之下，而在针对蓝光的研究中提到的都是暴露在 200 勒克斯的光照下呢？广受欢迎的蓝光灯制造商飞利浦公司曾经解释过，蓝光灯“是能源转换效率最高的灯，只需要 200 勒克斯的照度，就能达到与 10 000 勒克斯照度白光类似的效果。”[8] 这或许是因为研究者发现，眼睛里的光感受器对蓝光的敏感度超过对白光的敏感度。所以，只关注光谱中与结果最相关的部分，与关注整个光谱所达到的效果差不多。

总之，在提升精神状态方面，蓝光的效率是最高的。在一项涉及超过 100 名英国办公室工作人员的观察型项目中，研究者通过自述测评的形式对在白光下工作的人和在蓝白光下工作的人进行了对比。根据自述，与在蓝白光下工作的人相比，在蓝光下工作的人在白天的警觉性有所增强，工作表现也要更好。[9]

## 蓝光如何提升执行能力和注意力

2013 年，一项瑞典的随机对照试验发现，蓝光能够提升人在执行能力相关任务中的表现。研究者组织了一个包含 21 位健康被试的实验组，安排他们在不同的日子完成一系列认知任务时分别接受蓝光照射、接受白光照射、服用含咖啡因的药片或是服用不含咖啡因的安慰剂药片。结果显示，被试在接受蓝光照射和服用含咖啡因的药片时的表现，要比接受白光照射或服用安慰剂药片时更好。而尽管咖啡因和蓝光都提升了被试在一项视觉反应测试中的表现，但在参与一项执行能力测试时，被试在接受蓝光照射后的表现要好于服用含咖啡因的药片后的表现。[10] 说来奇怪，在接受蓝光照射之后，蓝色眼睛的被试收益尤为明显。这或许是因为，与深色眼睛相比，蓝色眼睛上起保护作用的色素层更少，所以有着蓝色眼睛的人对光的敏感度通常要高于有着深色眼睛的人。[11]

蓝光对于认知表现的提升，能持续多久？大多数研究都是在被试暴露在光照下时进行测试，或是光照之后稍等片刻马上对其进行测试。如果你接受光照之后，延迟一段时间再进行测试，又会有怎样的结果呢？2016 年，亚利桑那大学和哈佛大学医学院的研究者在工作记忆领域（执行能力的一个方面）对此进行了探索。他们让被试接受 30 分钟蓝色或琥珀色光照，之后等待 40 分钟再进行测试。接着，研究者观察了被试在工作记忆测试中的表现，以及测试过程中他们有哪些脑区处于活跃状态。[12] 通过功能性磁共振成像（fMRI），研究者发现蓝光组被试大脑中与工作记忆相关的区域，诸如左侧和右侧的背外侧前额叶皮质，活跃度有所上升，被试在难度最高的工作记忆测试中表现得也更敏捷。尽管还需要更多研究支撑这些结论，比如我尚未找到等待 40 分钟以上再进行测试的蓝光照射研究项目，但这些研究足以说明，蓝光对提升认知表现的作用在光照之后不会立刻消失。

## 蓝光如何提升记忆能力

当人们应对记忆能力相关任务时，蓝光能有帮助吗？2017 年实施的一项研究，就蓝光与黄光或琥珀色光（波长在 580 纳米左右）对 30 名 18 ～ 32 岁被试的影响进行了对比。[13] 亚利桑那大学的研究者安排被试随机接受蓝光或琥珀色光的照射，时长为30分钟，并对比了他们的记忆表现。被试被要求学习一份单词表，并立刻尽可能多地回忆表上的单词。接着，经过一段包含所谓“光照冲刷”（意在消除室内照明的影响）的90分钟休息之后，被试又暴露在蓝光或是琥珀色光照下，随后被试需要回忆表上的单词。结果从整体上看，蓝光组忘记了不到2%的单词，而琥珀色光组忘掉了近15%的单词。蓝光组再次胜出。

## 让大脑更聪明 SMARTER TOMORROW

1. 光照会对大脑的警觉性造成影响。当被试尝试在困倦状态下驾驶汽车时，蓝光与咖啡因有着类似的提神效果。
2. 与其他颜色的光相比，蓝光更能强化大脑功能。在白天消解睡意、提升执行能力方面，蓝光照射比白光照射效果更好。在提升记忆表现方面，蓝光比琥珀色光效果更好。
3. 对没有躁狂症或是眼疾的人来说，蓝光照射的副作用最小。然而，与咖啡因类似，蓝光照射也可能引发过度警觉。在睡觉前，或是被确诊情感障碍的情况下，应避免接受蓝光照射。在使用蓝光照射疗法之前，任何有眼部问题的人都应该先咨询医生。
4. 至少有一项研究表明，接受过光照射之后，人们认知能力的提升效果能持续 40 分钟。

# 16

## 方法 4：神经反馈

在我看来，思维控制的计算机像画笔一样简单而有力……我期待将来有一天，我坐在你的身边，一旁摆着画架，看着这个我们可以用全新工具创造的世界，看着我们在自己身上的全新发现。

**阿里尔·加腾（Ariel Garten）**

InteraXon 联合创始人

**时间投入：** 20 分钟

**目标：** 理解神经反馈在提升精神状态方面的力量，学会如何将其应用于神经破解实验。

儿童时代的阿比纳夫·宾德拉（Abhinav Bindra）看起来完全不像是将来能在奥运会大放异彩的孩子。他在自传中将自己描述为“讨厌身体活动，讨厌参与运动的小胖墩儿”。然而，他每个月都会看父亲擦一次枪。这个每月的例行公事引发了他的兴趣。10 岁那年，父亲允许他动手射击。在那一刻，宾德拉对射击运动的热情被点燃了。[1]1998 年，他成为英联邦运动会上最年轻的参赛选手，但在 2004 年雅典奥运会上他只获得了第七名。当时他 22 岁，或许意识到自己在奥运夺金的机会越发渺茫了。在接下来 4 年里，他尝试了许多自我提升的实验，包括攀岩和喝牦牛奶。然而在我看来，最有意思的是他关于生物反馈（biofeedback）的实验。

在运动心理学家的帮助下，宾德拉专心学习了如何控制自己的呼吸和心率，控制自己是否进入“战斗或逃跑”状态（在两种状态下射击都能取得成功，但从一种状态转化到另一种状态，则会导致射击者出错），消除过多的肌肉紧张，减少自己的“内心低语”，从整体上提升反应速度和注意力。[2]在 2008 年北京奥运会上，宾德拉在 10 米气步枪比赛中摘金。印度用了 112 年，才终于从单项体育比赛中获得了第一枚金牌。

## 什么是生物反馈

在宾德拉拿到金牌近10年后，我驾车到旧金山的海特-艾希伯利区（Haight-Ashbury），拜访一位生物反馈领域的先驱，原加州大学旧金山分校教授乔治·富勒·冯·波扎伊（George Fuller von Bozzay）。他同意与我讨论本书涉及的主题的相关研究。但当我与这位博士握手时，我察觉到他脸上的肌肉抽动了一下，便立刻向他表达了歉意。“我的手总是这么凉。”我赶忙解释道。

“或许是因为你太焦虑了吧？”他说道。我感到自己的脸在发烫。在你竭尽全力想要以专业人士面目示人的时候，却被人说你实际很紧张，没有什么比这更让人尴尬了。我再次向他解释道，我的双手总是冰凉。他点点头：“那就是说，也许你总是很焦虑。”好吧，我们的交流还算顺利。

“咱们试着做个练习吧。”我克制着怀疑和一点点的尴尬，听他讲出他的想法。他想让我做一次渐进放松冥想。“你来这里是想了解生物反馈，对吧？”我点点头。他递给我一只指尖温度监控装置。“了解它的最好办法，就是亲身体验它。现在，测量一下你的指尖温度。”我照做了。“在冥想期间，观察指尖温度监控装置，看看数值是否有变化。”我的脸上大概浮现出了某种程度的失望神情。“只是观察就是了，谁知道会发生什么呢？等我们结束冥想的时候，你可以再看看你的指尖温度。”

10分钟的冥想后，我不得不承认，自己感觉更放松了。接着，我低头看向指尖温度监控装置。我的脸上大概写满了不可思议，指尖温度竟然上升了 5.6 ℃。我环视整个房间，难道是教授在我冥想期间升高了房间温度？或许是因为室外温度太低，而我在他办公室坐了这么久，手指自然升温了？难道我仅凭“思考”的力量就调整了自己身体的状态？

对冯·波扎伊博士抽时间与我交流表示感谢之后，我驱车回家，并立刻下单购买了一个指尖温度监控装置。冥想之后手指升温这件事，肯定没那么简单。我曾经听说，通过强化专注和深度冥想之间的联系，坐在冰冷房间里的佛教僧侣可以烘干盖在他们身上的湿床单。但我认为，将能力提升到这个地步，需要数年修炼。[3]

一周之后，我订购的指尖温度监控装置到货了。我又重复了一次相同的 10 分钟冥想。同样的情况又出现了：冥想刚开始时，我的指尖非常冷，而冥想结束时，其温度已经上升到了大多数正常人的水平。

我检查了，室内温度并未增加，实验要素只有我、冥想过程、指尖温度监控装置，以及我的身体通过冥想发生的某些神奇的变化。抱着怀疑的心态，我一次又一次地重复着这个实验。我在一天中的不同时刻、在不同的环境下重复了多次。

实验并不总是完美的。有些时候，我完全无法集中精力去冥想，这时，指尖温度也没怎么发生变化；还有些时候，我在冥想开始之前已经足够放松了，所以指尖温度上升的幅度也没那么大。但是，由于我成功的次数足够多了，我的怀疑也逐渐消解了。这种身心关联显然是真实存在的。

那么，如果我只是去冥想，而完全不观察指尖温度监控装置，会有怎样的结果呢？我发现，我的初始指尖温度升高了，但升温效率却不像我间歇去观察温度监控装置时那么高。使用指尖温度监控装置，似乎是巩固我当下的内在状态。这使得我可以更有效地进行冥想。

“这就是生物反馈起效的方式。”第二次见面时，冯·波扎伊博士说道。他解释说，生物反馈有很多种形式，除了温度之外，还可以观察自己的心率变化，并学会改变它。你可以数一数自己每分钟的呼吸次数，学会将其与某种情绪状态相关联。在兴奋状态下，我们的呼吸倾向于浅而快，而在放松状态下，我们的呼吸会变得深而慢。

冯·波扎伊解释道，我还可以去观察或是聆听自己的脑电波，学着去控制它们，就像刚学会的控制指尖温度那样。“当然，这些会更加困难，也会耗费更多时间，”他提醒道，“当你使用监控装置探测脑电波时，这种类型的生物反馈被称作脑电图生物反馈，或者说，按照某些人的说法，叫作神经反馈。”

## 神经反馈背后的科学

使用脑电图是最古老、最常见的神经反馈形式，更新的神经反馈是靠探测血流变化来进行的，因此需要借助功能性磁共振成像或其他代谢成像设备，比如成本低得多且更为便携的脑血流图设备。但是，因为基于脑电图的神经反馈目前仍是最主流的形式，我还是会以它为重点进行阐述。

尽管人类大脑在任何时候都会发出不同的脑电波，但每当一种特定的脑电波出现时，通常都与某种特定的精神状态相关。每秒钟循环 8 ～ 12 次 α 波，与“放松”和“平静专注”这两种感受相关。这一脑电波的增加，通常意味着人正感受到压力和焦虑。图 16-1 展示了脑电图中的脑电波活动。[4]

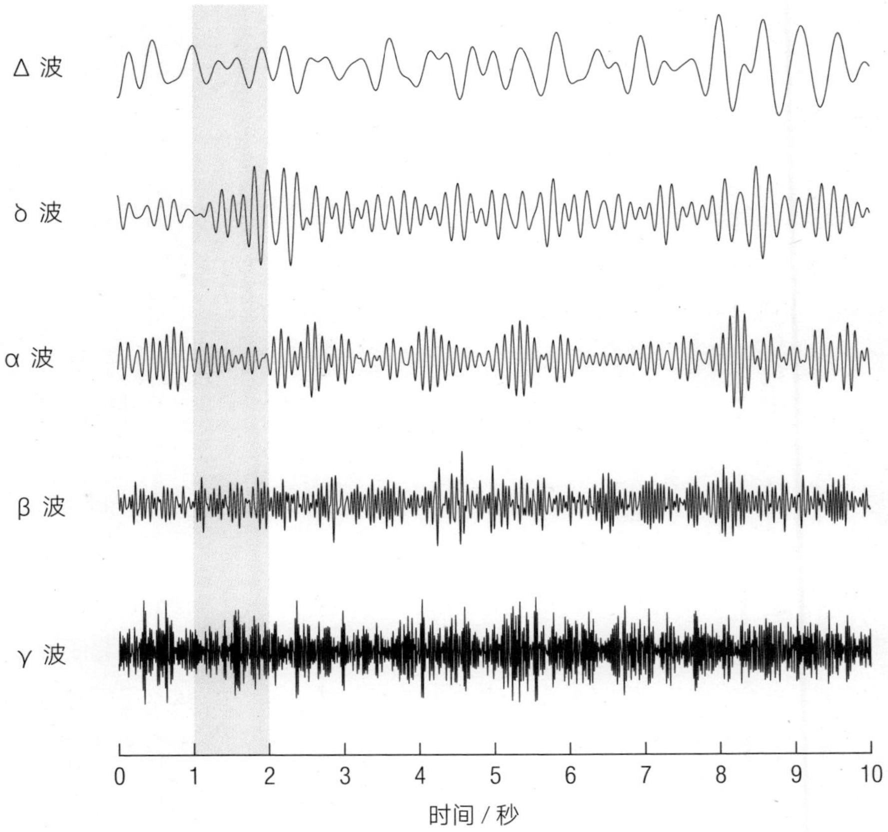


**图 16-1　脑电图中的脑电波活动**

β 波不成比例地增加，与处在警觉和解决问题状态相关。例如，儿童在做数学作业时会比在看电视节目时产生更多 β 波。而更多 γ 波则代表深度学习能力和创造能力更强。

## 神经反馈的安全性

神经反馈的副作用并不多见。但采用神经反馈的人偶尔会报告疲倦、头痛、恶心、痉挛等现象，有时还会做噩梦。同样，对逆转方案有所了解也是值得的。当研究者或是临床医师最终编制了一套能够使被试脑电波中的非典型特征增加（而非减少）的反馈方案时，这种情况就值得关注。例如，注意缺陷多动障碍常常以 δ 波过多为特征，因此，有效应对该病症的神经反馈方案通常以减少 δ 波为重点。然而所谓的逆转方案的效果却完全相反，它会增加 δ 波。其结果就是，注意缺陷多动障碍症状可能会加剧。2007 年，一篇逆转方案相关论文的作者提醒道，神经反馈从业者应当对治疗方案进行个性化处理，而不是将其普适化，特别是在客户同时有不止一种症状发作的情况下。例如，尽管许多酗酒者的脑电图中包含过多的 β 波，但并非所有酗酒者都有此类特征。实际上，该论文中提到，酗酒者中有 25% 还患有注意缺陷多动障碍。对这类群体而言，减少 β 波会加重其注意缺陷多动障碍症状。所以说，想要将神经反馈朝正确方向精准引导，在制订方案时必须十分谨慎。

## 神经反馈的历史

20 世纪 60 年代末，芝加哥大学的乔·卡米亚（Joe Kamiya）和加州大学洛杉矶分校的巴里·斯特曼（Barry Sterman）在个人控制脑电波的能力方面取得了重大发现。卡米亚专注于教会人类被试自发产生 α 波，而斯特曼的训练对象则是猫。斯特曼对猫能否为了得到奖励而自主增加某种特定脑电波这件事很好奇。他的目标脑电波是由感觉运动皮质（SMR）产生的，那是一片位于颅顶附近的新皮质区域。在所有脑电波之中，这种脑电波最接近 β 波，循环频率为每秒 12 ～ 15 次。只要猫自发产生 SMR 脑电波，它们就会得到奖励。很快，它们就学会了在恰当的时候产生这种脑电波。

差不多同时，美国国家航空航天局（NASA）要求斯特曼研究一种特定的火箭燃料能否引发猫痉挛。斯特曼发现那种火箭燃料的确会引发猫痉挛。然而，他忘记了对两项研究中的猫加以区分，有些参加过 SMR 对照研究的猫，后来也被用于他的火箭燃料痉挛研究。当他意识到自己犯了错误之时，准备放弃这一系列数据，因为他发现了些奇怪的事情：能够自发产生 SMR 脑电波的猫，并不像其他猫那样轻易表现出痉挛症状。实际上，前者承受痉挛发作诱因的阈值要高得多。

脑电图训练在某种程度上保护了参与实验的猫，让它们免于出现痉挛症状。这一发现催生了一系列激动人心的研究：脑电图训练能否被普遍用于治疗癫痫？在 20 世纪 70 年代，乔尔·卢巴（Joel Lubar）开始进行对照试验，研究 SMR 脑电波训练能否被用于治疗注意缺陷多动障碍。至此，神经反馈开始成为一种非药物的治疗手段。

## 神经反馈的多种应用

神经反馈已经被应用于治疗各类疾病，比如孤独症、学习障碍、情绪障碍、焦虑症、药物滥用、外伤性脑损伤以及失眠症等。[5] 2012 年，美国儿科学会将神经反馈列为应对注意缺陷多动障碍的“1 级”或“最佳”治疗方案，相当于药物治疗方案中最具效力的程度。与患者停止服用后效果马上会消失的中枢神经兴奋剂不同，神经反馈疗法治疗注意缺陷多动障碍的目的，是对大脑中较弱的注意力神经网络进行训练，以使其自身功能得到改善。最终，接受治疗个体的注意力网络会被强化到能够保持专注的程度。在许多案例中，接受治疗的个体甚至不再需要使用中枢神经兴奋剂。

在少数小规模研究中，研究者发现，训练人们产生更多的 β 波和 γ 波的神经反馈治疗方案能够导致智商提升。Δ 波和 δ 波是高振幅、低频率的脑电波，通常与睡眠相关联。当一个人处于清醒状态，但 Δ 波和 δ 波大量呈现时，则通常与白日梦或是创造能力的自由发挥相关联。减少 δ 波，被证实可以减少白日梦或分心现象。[6]

接触了本地从事神经反馈的医生之后，我了解到无数的案例研究。有个小男孩曾经是个问题儿童，在接受神经反馈治疗后成了一个优秀学生。而一个一直饱受疲惫感和脑雾折磨的成年人，在接受神经反馈治疗后最终精神饱满。

## 神经反馈如何提升学习与记忆能力

神经反馈在提升学习和竞技表现方面已经展现出颇有前景的效果。有研究表明，在接受了神经反馈治疗后，医学生学习显微外科术的进度更快，[7]而专业音乐工作者掌握技能的速度也会更快。[8]许多奥运选手和专业运动员将神经反馈用作帮助自己取得优势的法宝，包括排球运动员凯丽·沃尔什-詹宁斯（Kerri Walsh-Jennings）、[9]前文提到的印度首位奥运夺金选手阿比纳夫·宾德拉，以及顶尖高尔夫球职业选手布赖森·德尚博（Bryson DeChambeau）。[10]

## 神经反馈如何提升注意力

为了给人们提供一种低成本的团队正念训练方案，一个来自加拿大的研究团队组织了 26 名年龄在 32 岁左右的年轻男女，随机将每个人安排进实验组或是对照组。[11] 实验组只需借助一种相对廉价的消费级设备，每天在家中做 10 分钟基于神经反馈的冥想训练。而对照组则需每天在网上做 10 分钟数学练习。两组被试每天各进行一次干预行为，连续进行 6 周。一开始，神经反馈组的积极性更高，但到实验临近结束时，两组被试在一项注意力任务中表现出了相同的精准度。然而，神经反馈组完成注意力任务的速度更快，还在幸福感方面表现出了更大提升，身体症状减少，身体的警觉性提高，心态也更加平和了。

## 神经反馈如何提升智力水平

在研究过程中，我不断听说各种智力得以提升的案例。尽管我从来都不是一个热衷于将智力水平作为测量标准的人，但临床医生在干预前后对精神状态加以测量的尝试依然引起了我的兴趣。此外，智力水平一直被当成一项稳定的度量标准，所谓简单干预就可能对智力水平做出实质改变的理念一度被视作“异端邪说”。[12] 2014 年，在奥克兰召开的一场生物反馈学术会议上，我见到了西格弗雷德·奥斯莫（Siegfried Othmer）。他是一位毕业于美国康奈尔大学的物理学博士，在神经反馈改变了他体弱多病的儿子的生活后，他便从导弹系统控制专业转行研究神经反馈了。[13] 我就之前听说过的智商提升的案例向他做了询问。原来奥斯莫发表过一篇案例研究论文，其中提到一对发育迟缓的双胞胎女孩，在接受了神经反馈疗法后，智力水平分别提升了 22 点和 23 点，并在随后 4 年的 3 次再测试中保持住了提升的智商。[14] 该论文摘录了女孩们的母亲在治疗后所写的一封信的内容。“我可以诚实地说，这种治疗让我的两个女儿发生了如此重大的改变。我真不知道该从哪里讲起……最让我感到欣喜的是她们在学校里取得的进步……她们在说话时会进行充分的推理和思考。她们摆脱了那种极端依赖我的状态……我现在要去骑我的自行车了，过会儿我再向你汇报进度吧。”该论文还提到，另外6篇论文也展示了神经反馈对智商的影响，样本量少至18个孩子，多至98个孩子。这些论文中提到的实验对象智力水平的提升最低有4点，最高超过23点。大部分研究针对的是儿童，所以很难判断是否在成年人身上也会有这样的提升。但仅仅是在儿童身上的提升，就足以引起我的注意了。

我认为，使我对这些研究产生兴趣的原因有几个。神经反馈已经被广为证实可以改善注意力，而注意力是人们在智商测试中表现优劣的关键因素（毕竟，如果你无法做到专注，就没办法发挥潜能），许多成年人现在都因注意力不足而备受煎熬（至少有一部分原因归结于智能手机的普及）。因此我认为，神经反馈在改善成年人智力水平方面也有潜在作用。我们需要参考更多研究，以便观察其效果的普适性。但如果你对神经反馈应用于自身感兴趣，就应该在开始神经反馈训练之前进行一次智商测试，在第一次测试之后6个月再安排第二次智商测试。按照临床医生的说法，这一间隔期有助于降低练习效应的影响，[15]将神经反馈训练安排在两次测试之间。这样做，你就能观察到神经反馈对你的智商提升是否有效了。

## 神经反馈的长期影响

尽管和我交流过的临床医生向我保证，他们的客户在接受过神经反馈治疗后，疗效能持续数年之久，只需偶尔找他们“改善”或是“维护”一下，然而，与研究相关的文章并未过多提及神经反馈疗法的长期影响。公平地说，许多干预手段缺乏长期效果的相关研究数据，神经反馈疗法并不是唯一的。但我依然发现，在一些研究项目中，研究者对被试的情况进行了长期跟踪记录。

2013 年，一群来自德国和荷兰的研究者对 25 名健康的成年人进行跟踪记录[16]。研究者将被试分为两组，一组随机接收其自身大脑的反馈（真的神经反馈），另一组随机接收提前录制好的来自其他人大脑的反馈（假的神经反馈），然后对两组的提升改善程度加以对比。研究者在接下来的 3 年里，对真实神经反馈组维持变化后脑电波的情况进行了深入研究。值得注意的是，这些被试大脑的生物学变化都保留了下来。然而，研究者做出了一个古怪的决定。他们利用通常被用于注意缺陷多动障碍治疗的神经反馈方案，强化了被试的 β 波，同时削弱了他们的 δ 波。显然，这样的方案并不适合，因为这一组被试在认知表现方面并没有取得可测量的改善。

## 提升注意力和执行能力的神经反馈实验

我在家中和诊所都尝试过神经反馈治疗。在家中做实验时，我从一位朋友那里借来了一台头戴式脑电图设备。我在手机上安装的一个冥想程序通过蓝牙与这个设备相连。手机上的程序通过播放鸟叫声，向头戴式设备传达“大脑，干得不错”的信息，而“狂风吹过沙子”的声音传达的则是“大脑需要努力”。

这种类似游戏的神经反馈机制，非常适合住在我身体里的那个运动健将。每当头戴式设备在实验过程中检测到“平静时刻”，我都能在手机程序中获得相应的分数，也就是说，每一节实验结束时，我的目标都是超越上一节的得分。由于头戴式设备与手机程序之间的信号大概 0.5 秒刷新一次，在 10 分钟的实验小节里，我应当有 1 200 次学习并升级大脑的机会。我的精神状态与手机程序“结果声响”之间的关系，成了一场紧张激烈的个人竞赛。我发现，我正在以一种全新的方式探索、玩弄、拨动着自己的头脑。我很好奇：假如我在心中默默地从100开始倒数，手机程序会不会给我记上一次平静时刻？如果我在幻想一片火焰越烧越大呢，或者如果我将注意力集中在脑后的某个点上呢？这时手机程序又该怎样计分呢？

经过几节实验之后，我逐渐能够更多地“触发”鸟叫声，减少“触发”风吹沙子的声音。我感觉思维变得更加清晰、敏锐。是神经反馈实验让我的认知水平有了提升吗？是时候去做另一项实验了。

之前的研究项目对比了神经反馈疗法与无辅助的冥想。[17] 我决定对比两种冥想产生的即时效果，使用消费级头戴式脑电图设备、手机程序辅助的基于神经反馈的冥想，以及只使用手机程序辅助的引导冥想。在做完基于神经反馈的冥想之后，我立刻感觉头脑清醒了许多，这可比喝茶或喝咖啡的效果强多了，就像是享受了整晚深度睡眠，甚至比一觉睡到天亮更让人舒服。而在做完引导冥想之后，我只感觉头脑在某种程度上清醒了一些。这两种冥想之间最大的差异，在于它们对我能量水平的影响。在进行神经反馈之后，我感觉比做过普通引导冥想之后更累。从那时起，我决定持续进行神经反馈，将其当作一种“精神举重锻炼”来做。虽然它会让我在做完之后筋疲力尽，长期坚持却会使我更加强大。而引导冥想则被我拿来当成在承受了一整天压力后迅速让头脑清醒起来的方式。

在咨询了生物反馈认证国际联盟之后，我找到了一些提供神经反馈治疗协助的专业医生。我最终选择了托马斯·布朗（Thomas Browne），他是曾经获得过金牌和银牌的爱尔兰田径选手，后来接受了神经反馈领域先驱乔·卡米亚的训练和指导。[18] 几个月内，我跟随他进行了8次神经反馈治疗。每次治疗持续约30分钟。

布朗医生询问了我的主要症状。我回答道：脑雾、较低的精神能量、执行能力方面的问题（包括注意力分散和工作记忆问题）以及某种程度的焦虑。他专注于增加我的 β 波和 α 波，减少 δ 波，减少高频 β 波（以减轻焦虑）。当电极片贴上我的头皮，我的脑电波被传输到一部台式机上之后，布朗医生用头戴式耳机罩住我的双耳。我闭上眼睛，靠在办公椅上坐好，聆听着根据我的脑电波图形生成的反馈声。与我在家自己实验时的状况类似，当我达成了目标脑电波图形，也就是我的大脑产生的高频波和低频波的比例接近正常水平时，即产生了更多 β 波和 α 波，以及更少的 δ 波和高频 β 波时，耳机中就会传来“应该得到奖励”的声音；一旦我的脑电波图形超出正常范围，耳机中就会传来一些让人不太愉悦的，类似“责备”的声音。

第一次治疗之后，至少有一小时，我能持续感受到改善，我感受到了超乎寻常的美好体验。我感觉自己沐浴在温暖的金色光芒下，仿佛整个身体和大脑都在闪光。我甚至感觉神清气爽。我的大脑也感觉不一样了，变得更清晰了。

在治疗之前，我一直在熬夜，我的思维就像是被撕碎后飘在风中的旧塑料袋。而此刻，我的思维变得明晰，一切都按照轻重次序排列。几次治疗之后，我的头脑仿佛是刚从加勒比海度假归来。说话的时候，我再也没有词穷的感觉，我感觉自己的言语变得非常流畅。

从可测量的结果上看，我的脑电波呈现出了明显变化。第一次治疗时，计算机屏幕上显示了我的大脑产生的 β 波与 δ 波的对比图。布朗医生指出，它们看上去不正常，就像那些确诊患有注意缺陷多动障碍的孩童一样。即便在我清醒时，主导睡眠的低频脑电波也依然普遍存在。然而做了几次治疗之后，我的脑电波图形就恢复到了正常范围。当然，这些改变也被保留了下来，在接下来每次治疗的开始阶段，脑电波波形看上去都跟上次治疗结尾时一样。

我的认知测试得分显示，我个人的大部分认知弱项，比如视觉感知能力，以及包括工作记忆和特定类型短期记忆在内的执行能力在治疗之后都得到了提升。我的视觉感知能力提升了约30%。我在接受神经反馈治疗之前的第二弱项，也是我最关心的执行能力，也提升了超过20%。令我吃惊的是，我认知能力中最强大的领域也得到了提升：我的语言短期学习能力提升了16%。

将我在家中进行神经反馈实验和在诊所接受神经反馈治疗的情况加以对比，是一件不太容易的事。在家进行神经反馈实验要舒服得多，你可以随心所欲地选择实验时长，也不需要花时间通勤。但是，就像我们通过第13章针对安慰剂的讨论所了解到的那样，治疗的仪式感，正是在医生办公室里接受干预的好处之一。这种被人照料的感觉必然来自一位可以为你控制干预手段的权威。还有其他的不同之处。由于在诊所内接受治疗这件事发生在我已经体会过在家进行实验的好处之后，也许居家实验早就让我提前感受了那些容易达成的提升，只把更难解决的问题留给了诊所治疗。

居家实验和诊所治疗至少让我的执行能力提升了20%。我的居家实验，采用的是一种神经反馈和药物干预的联合治疗方案，而诊所治疗则是纯粹的神经反馈治疗。或许联合治疗效果更好。我预测，通过网络进行远程治疗将会变得更流行。实际上，已经有一些公司在提供这种服务了——这其中包括一家名叫Myndlift的以色列创业公司。该公司意在让人们借助低价格、高品质的头戴式神经反馈设备（类似于Muse的头带）得到本地或是网上资深专家的治疗。我希望，舒适的居家神经反馈实验能变得更普遍。

## 让大脑更聪明 SMARTER TOMORROW

1. 神经反馈是指使用监控装置探测脑电波。
2. 有些特定的神经反馈治疗方案已经能帮助人们提升执行能力，有些方案能够提升学习与记忆能力，有些方案能够帮助外科医生和音乐家提升专业能力，还有些方案能够帮助运动员提升竞技表现。
3. 神经反馈的副作用很小，其真正存在的副作用包括疲倦、头痛和恶心。
4. 神经反馈对于精神状态的提升作用是持久的，至少在提升执行能力方面如此。有不少报告称，神经反馈也能够持续提升智力水平。

# 17

# 方法 5：玩游戏

国际象棋游戏不仅仅是一种休闲娱乐。人头脑中几个非常宝贵、在人生旅程中非常有用的品质，都可以通过它来获得或加强，成为随时做好准备可堪一用的习惯。

**本杰明·富兰克林**

《国际象棋的道德》（*The Morals of Chess*）[1]

**时间投入：** 38 分钟

**目标：** 理解玩游戏在提升精神状态方面的力量，学习如何将其应用于神经破解实验。

我刚刚迈上楼梯，就听见楼上传来一段意味深长的旋律。双簧管、单簧管、钢琴、竖琴、小提琴、中提琴、大提琴，还有各种打击乐……这一切传达着我所需知道的全部信息：我丈夫瓦伦又在玩游戏了。玩《塞尔达传说：荒野之息》（*Zelda: Breath of the Wild*），已经成了他每个工作日的睡前仪式。他第一次玩这个游戏是在某次参加完学术会议回程的航班上。这逐渐形成了清晰的规律：每当他度过了紧张的一天，他就渴望玩这个游戏。而他每次玩游戏的时长，似乎取决于他白天工作的紧张程度。起初我有些恼怒，他为什么不想跟我聊聊呢？但不可否认，这个游戏的确给他带来了快乐。每次玩过一阵，他的肢体语言状态都会从暴躁沉默转变为安心专注。最终，他看上去彻底放松了，甚至有欢欣鼓舞的神态。这其中究竟有什么魔法？

我从小到大都不玩电子游戏，但我知道应该去尊重它。在见过麻省理工学院那么多成就颇丰的同学平常玩游戏的样子后，我对“电子游戏会毁了你的大脑”这种夸张的说法产生了怀疑。电子游戏的意义肯定远不止于此。当我在麻省理工学院的学习时光过半时，我对电子游戏的兴趣已经到了一定程度，甚至开始在麻省理工学院媒体实验室的一个研究团队，开发自己的教育游戏。如今，看着瓦伦每天因玩游戏而获得明显的情绪提升，我发现自己陷入了思索：电子游戏能否用于升级大脑呢？

## 什么是游戏

我在麻省理工学院媒体实验室开发的游戏，目的是让玩家在学习过程中获得乐趣。它并非糖衣炮弹，而是真正兼具学习功能和乐趣。我开发的游戏名叫《实体物理学》（*Physics*）。我在玩家的鞋子上放了一个重量传感器，通过无线通信与游戏相连。每当玩家移动脚步时，他们就会看到自己的动作显示在一张图表之上。通过移动脚步并观察图表上的变化，玩家就能更加直观地理解位移、速度、加速等物理概念。后来我了解到，我开发的这类游戏有一个专门的名称，即“严肃游戏”（serious game）。

简而言之，严肃游戏指的是玩家为了某个严肃目的而玩的游戏。它们的设计初衷是教授玩家某些东西，改变他们在真实生活中的行为，或达成某些其他严肃的目标。严肃游戏不仅针对传统的教育场景，还被用于培养合作精神、提升军事技能和学习医疗保健知识。[2]

不同于许多传统的教育或是医疗干预等，对于玩家并不总是愿意按要求做事的场景，游戏会激发玩家的积极性。正如我们在本书第二部分中探讨过的那样，心理学先驱米哈里·希斯赞特米哈伊（Mihaly Csikszentmihalyi）① 提出了“心流”的概念，用以描述被某些人称作“身处其中”的绝佳精神状

① “心流之父”、积极心理学先驱米哈里·希斯赞特米哈伊历时 30 年潜心研究，在其经典之作《创造力》一书中揭开了创造能力的奥秘。该书中文简体字版已由湛庐引进，浙江人民出版社于 2015 年出版。——编者注

态。希斯赞特米哈伊注意到，当人们面对一项自身现有技能水平无法完成的困难任务时，会变得紧张焦虑。而当任务过于简单时，他们会感觉无聊。然而当任务恰好适合人们的技能水平时，往往会使他们进入心流状态（见图17-1）。[3]选择难度水平恰如其分、契合你自身技能水平的游戏任务，可以带来令你沉醉的愉悦游戏体验，并将你引入心流状态。

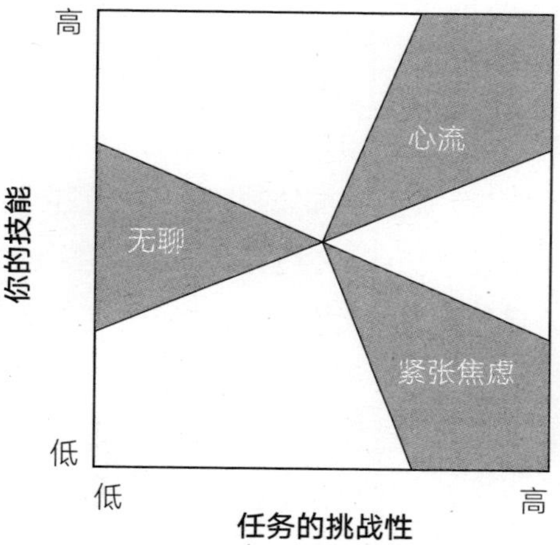


**图17-1 技能水平与任务难度在心流、无聊和紧张焦虑状态下的对比**

游戏之所以让人着迷，其秘密蕴于奖励之中：与生活中大多数其他领域不同，游戏能给你提供近乎即时的反馈。我们大脑的设置本身就是渴望反馈的，一旦得到反馈，就会去追求更多反馈。[4]这帮助我们的大脑快速掌握新的信息或习惯。

## 游戏改变大脑

当我开始深入分析人们玩电子游戏的相关数据时，惊讶地发现该领域的先驱之一居然是美国海军研究办公室。为什么军方要求他们的职员玩电子游戏呢?

2010年，在五角大楼网络广播节目《以科学为武装》(*Armed with Science*)的一次访谈中，美国海军研究办公室作战人员表现部门的项目主管瑞·佩雷兹(Ray Perez)解释称，他们发现电子游戏玩家在特定认知能力上的表现要比常人高出10%～20%。[5]

尽管特定电子游戏玩家展现出认知能力上的优势是一项有趣的发现，但我们并不能简单地判定他们提升认知表现的原因是玩电子游戏。或许那些电子游戏玩家从一开始就更有天赋！为了弄清楚电子游戏能否提升认知表现，我们需要进行实验。我们发现，关于产生神经可塑性的很多秘密都存在于设计精良的游戏中。实际上，已有不少证据支撑电子游戏能对大脑造成结构性和功能性的改变。在结构性上，它们可以造成大脑皮质厚度或面积变化等大规模改变；在功能性上，它们可以对你的大脑在你进行某项活动时“开”或“关”某些神经网络产生影响。在涉及800名电子游戏玩家的大脑影响研究中，神经系统科学家“几乎在全部脑区都观察到了改变，比如连接到视觉皮质、颞叶皮质、前额叶皮质、胼胝体、海马、丘脑等区域的神经纤维、外囊等关联纤维以及连接基底核的神经纤维等。”[6]

## 结构性改变：哪些脑区容易因玩电子游戏而改变

在描述涉及800名电子游戏玩家的论文中，神经系统科学家“在前额叶区发现了相关改变”。你或许能从之前我们关于执行能力、学习与记忆能力的讨论中回忆起某些相关区域。下面，我们来认识一大串神经解剖学术语吧：背外侧前额叶皮质及其周围区域、顶叶区域和后顶叶区域、前扣带皮质、小脑、岛叶、皮质下核、纹状体以及海马。研究者发现在玩电子游戏过程中呈现活跃状态的脑区，包含与肢体运动相关的脑区（比如运动皮质和运动前皮质），还涵盖负责从 5 种感官汇集信息和处理视觉注意的脑区（比如顶叶的上部和下部区域）。与学习能力、情绪处理和记忆能力相关的活动变化，出现在杏仁核和一部分内嗅皮质等脑区。

## 功能性改变：不同种类的电子游戏分别会造成哪些认知能力的改变

上文提到的论文，对超过 100 个项目中所发现的与电子游戏相关的大脑功能性改变进行了研究，涉及 3 229 名被试。举个例子，解谜游戏《俄罗斯方块》的玩家，一般都会出现大脑皮质增厚现象，其大脑工作效率也会提高。[7]

针对娱乐型电子游戏的研究仍是一个新领域，但有些研究已经开始揭示哪类游戏比其他类型更可能提升玩家的认知表现。2014 年，来自佛罗里达州的研究者随机安排 77 名并不常玩电子游戏的大学生去玩解谜游戏《传送门 2》（*Portal 2*）或是脑力游戏《动动脑》（*Lumosity*），他们要求大学生被试在一到两周的时间里花 8 小时玩游戏，以测试电子游戏对被试的问题解决能力、空间感知力以及意志力的影响。[8] 我对这项研究的结果尤为好奇，因为我曾经在《动动脑》开发公司的研究团队工作过。该研究赋予被试的训练时间，少于其他被证实有效的大脑训练研究，比如你接下来会在本章中了解到的声名显赫的 ACTIVE 项目①，其赋予被试的训练时间为 10 小时。按照全部 3 个测量标准——问题解决能力、空间感知力和意志力，《动动脑》组被

① ACTIVE 项目的全称是“为独立生活且有活力的老年人提供高级认知训练”（Advanced Cognitive Training for Independent and Vital Elderly），是一项由美国国家卫生研究院资助的随机对照试验，涉及近 3 000 名年龄为 65 ～ 90 岁的被试。

试在玩游戏前和玩游戏后的差异几乎可以忽略不计。而有趣的是，即便是在训练时间如此之短的情况下，《传送门 2》组被试在全部 3 个能力领域仍然取得了实质性的提升。

在 2014 年的另一个研究项目中，美国乔治梅森大学的研究者对比了一个娱乐型游戏和两个不同脑力游戏对被试工作记忆和问题解决能力的影响。他们组织了 42 名健康的老年人，随机安排他们在 6 周时间里接受 3 个游戏的训练，分别是《国家的崛起》(*Rise of Nations*)、《太空堡垒》(*Space Fortress*) 和《大脑健美》(*Brain Fitness*)。《国家的崛起》是一部实时战略游戏，研究者认为它也许能提升人的战略推理能力；《太空堡垒》由神经系统科学家开发，是意在强化视觉眼肌运动能力和工作记忆的脑力游戏；《大脑健美》由神经系统科学家开发，是意在强化听力知觉的脑力游戏套装。[9] 研究结果显示，在工作记忆方面，提升最大的是玩《太空堡垒》的被试。而在问题解决能力维度，进步最多的是玩《大脑健美》的被试。《国家的崛起》(以娱乐性为主)对被试产生的影响最小。那么，这是否意味着玩《国家的崛起》就是浪费时间呢？当然不是，但如果你的目标是改善自己的工作记忆或问题解决能力，也许《太空堡垒》和《大脑健美》是更加值得你去尝试的干预手段。

## 玩脑力电子游戏可以提升老年人的执行能力

在老年人身上奏效的各种治疗方案，对年轻人或许没有效果，反之亦然。所以，如果你对升级老年人的头脑特别感兴趣，一定要读读这一节内容。

长久以来，人们都鼓励老年人猜谜语、做填字游戏，以维持头脑敏捷。有没有更具针对性的、以对抗认知能力老化为目的，且有真正科学理论支撑的游戏呢？尽管脑力游戏制作行业并不总是将严谨的科学性作为优先考虑的要素，但有一家游戏制作方一直在反业界主流而行。下面我们要讨论的两个研究项目，涉及脑力电子游戏的发展，而这一趋势的推手，是加州大学旧金山分校荣誉退休教授迈克尔·梅策尼希（Michael Merzenich）。梅策尼希也是美国国家科学院和美国国家医学院成员、神经可塑性学界先驱。

2013年，《衰老与健康期刊》（*Journal of Aging and Health*）发表了ACTIVE项目[10]的发现。与实验对照组的情况形成对比的是，玩了脑力游戏的被试在记忆能力、推理能力和视觉处理速度等方面都得到了改善。此外，这些被试还报告他们在穿衣、清洁并整理房间、财务管理、购物、服药等日常生活能力方面有所提升，[11]遭遇责任交通事故的次数（基于机动车管理部门的记录）也比实验对照组的被试更少。在接下来2年、5年甚至10年的跟踪调查中，尽管已经不再玩脑力游戏，他们在“很久之前”通过玩游戏获得的提升被保留了下来。[12]

另外一项针对620名中年人和老年人的大规模随机对照试验是“爱荷华州积极健康思想研究”（Iowa Healthy and Active Minds Study，IHAMS）。该实验让脑力游戏组的被试玩与ACTIVE项目相同的脑力电子游戏，又让实验对照组在计算机上玩填字游戏。[13]IHAMS项目表明，ACTIVE项目测试过的脑力电子游戏，效果的确比填字游戏更好。此外，IHAMS项目还表明，中年人在同一款游戏中获得的提升要多于老年人。由于某些被随机安排玩了更长时间脑力电子游戏的被试所获得的提升也更大，说明玩游戏带来的好处是有“剂量依赖”的。也就是说，玩得越久效果越好。同ACTIVE项目一样，在IHAMS项目中，即便在游戏结束之后，被试从游戏中获得的提升也能持续很久。在随后一年的跟踪研究中，即便被试已经不玩游戏了，但他们之前获得的提升依然得到了保持。

研究表明，其他脑力电子游戏的效果胜过了填字游戏。来自《动动脑》制作公司、伊利诺伊州惠顿学院以及韦恩州立大学的研究者，随机安排近5 000名线上被试分别去玩填字游戏或是电子游戏《动动脑》。2015年，研究者在报告中提到，脑力游戏组的被试在大部分未经专门训练的认知能力领域获得了更大提升，而根据这部分被试的自述报告，他们在日常生活中的认知能力也得到了更大的改善。[14] 然而，与ACTIVE和IHAMS这两个项目不同，《动动脑》研究的参与方包括游戏制作公司的雇员，因此里面有潜在利益冲突的可能性更大。

2013年，加州大学旧金山分校的一个团队，开发了一款名叫《神经赛车》（*NeuroRacer*）的3D竞速游戏。[15] 团队召集了一批年龄为60～85岁的被试，对比了他们和一组20岁被试在多任务处理技能方面的表现。在老年被试总共玩了12小时游戏之后——共4周，每周3天，每天玩1小时，他们在多任务处理方面的表现要好于那些未经训练的20岁被试。从脑电图中可看出，他们的大脑活动出现了与注意力有关的明显改变。这些认知表现方面的提升在随后6个月的跟踪记录中依然得到了保持，这令人印象深刻。针对这项研究的文章顺理成章地成为科学杂志《自然》的封面文章。

## 电子游戏会导致暴力或成瘾行为吗

有些人担心电子游戏会助长暴力，从科学角度看，支持和反对这一观点的证据都是存在的。2018年，《分子精神病学》（*Molecular Psychiatry*）发表了德国研究者的一份报告：研究者发现，在连续8周每天花30分钟玩暴力内容电子游戏《侠盗赛车手V》（*Grand Theft Ato V*）之后，未患任何已知精神障碍的成年被试并未比那些在同时期被安排去玩《模拟人生3》（*Sims 3*）的被试表现出更多的攻击性和暴力倾向。[16] 这些发现并不支持“电子游戏中的暴力内容会助长现实生活中暴力行为”的观点。然而，一篇涵盖 24 项针对电子游戏与现实世界中肢体攻击关系的研究文章，却对有暴力内容的电子游戏进行了强烈抨击。[17] 研究者发现，在这项涵盖了超过 17 000 名 9 ～ 19 岁少年的研究中，有着暴力内容的电子游戏，与这些孩子在日常生活中表现出的越来越多的公开肢体攻击行为——包括殴打家庭成员、袭击学校领导等之间存在关联。这些发现支撑了一个观点，即有暴力内容的电子游戏与现实生活中暴力行为之间存在某种联系，尤其是在儿童阶段和青少年阶段。

电子游戏成瘾同样引人焦虑。近年，世界卫生组织在其 2019 版《国际疾病分类》（*International Classification of Diseases*）中收录了“网络游戏障碍”，[18] 而美国精神病学会也在 2013 年出版的《精神障碍诊断与统计手册 – 第五版》（*DSM–5*）中将其列为一种潜在的精神障碍。[19] 尽管有很多成年人玩电子游戏，但根据美国精神病学会的评估，只有不到 1% 的成年电子游戏玩家符合电子游戏成瘾症的临床诊断标准。而按照其他一些粗浅研究的说法，电子游戏成瘾症倾向于和其他精神健康病症共生。[20]

重要的是，我们应当注意到，与所有的临床诊断标准一样，如果要确诊一个人患有电子游戏成瘾症，那么他与电子游戏之间的关系必须在他生活的其他方面“造成明显的障碍或痛苦”。[21] 所以，当谈及临床意义上的成瘾现象时，我们要谈论的并非只是某人喜欢玩电子游戏，而是某人发现他与游戏之间的关系已经使其难以照顾自己，难以完成上学、工作或维持人际关系等生活任务。因此，有些人可以将玩游戏当成生活中健康而均衡的一个维度，而有些人则可能会被成瘾所困扰，或是感觉自己已经完全沉迷于游戏世界。[22] 与其他成瘾症类似，电子游戏成瘾可能对人们的个人生活和工作造成重大损害，甚至导致家庭破裂。

## 电子游戏如何提升执行能力

特定类型的电子游戏会对大脑造成器质性改变，让执行能力产生明显的提升。如我们在上文中谈到，那些让从不玩游戏的人开始玩游戏的实验揭示了，玩电子游戏可以使大脑部分区域的皮质增厚，并提升特定大脑神经网络的效率。最令人惊喜的是，玩电子游戏带来的提升似乎也体现在不玩游戏时的精神状态上。也就是说，玩游戏的人在与游戏似乎并不相干的认知测试中的表现同样得到了提升。

### 提升选择性注意力，机会就藏在动作游戏之中

如果你曾经身处一个充满高强度干扰源的房间，拼命想要集中精力只去做一件事，例如想要听清身边某人在说些什么，那么你就算是体会过自身"选择性注意力"的极限了。在生活的许多场景下都能用到这种类型的注意力。在开车的时候，我们需要过滤掉眼前所有不相干的视觉信息，将注意力集中在前方的交通信号上；在考试时，我们需要无视光线的干扰，忽略同学因为紧张敲击笔头的声响，忽略监考老师身上那扑面而来的香水味。

若想通过玩电子游戏改善选择性注意力，那些快节奏、对操作要求高的动作类游戏似乎比其他类型的游戏更有用。2017 年，来自西班牙和美国研究机构的研究者发表了一篇综述文章。[23] 文章作者发现，与角色扮演游戏 [24]、解谜游戏 [25] 或是战略游戏 [26] 等慢节奏游戏相比，动作游戏更能改善选择性注意力。他们相信这是因为动作游戏要求人们在限制时间的条件下投入更多注意力。

## 脑力游戏会让你变得更聪明

围绕商业化的脑力电子游戏，一直存在诸多争议。一部分原因仅仅在于这是一个新的领域，另一部分原因则取决于业内人士希望玩家在游戏中投入多少脑力。我们知道，大脑是可能被重塑的，我们只是一直寄望于能有一种廉价的、非创伤性的、更加有趣的途径来打破阻碍大脑升级的桎梏。坦率地说，我并不确定本书中提到过的最有效的干预手段是否包括神经系统科学家设计的脑力游戏。然而，它们仍值得一试。

我在上文和下文中提到的所有研究，都曾发表在有同行专家评审、享誉业界的期刊上，有些甚至是基于数千位被试得出的结论。此外，我也选择了那些将脑力游戏的效果与填字游戏、趣味性教育程序等其他有趣的项目做对比的研究。通常来说，针对脑力游戏的研究会将脑力游戏的效果与“任何事情都不做”的效果做对比，这样的对比并不需要太高门槛。我还会提到在一些研究项目中，被试实际上将从脑力电子游戏中学到的技能转移到了现实世界中从未练习过的任务当中。而在另外一些研究中，脑力游戏组被试在精神状态方面也享受到了长久的效果改变。

尽管我尝试将高品质的研究项目收入其中，但实际情况远称不上完美。大多数此类研究都与游戏开发者本身密切相关，或者说实验中的任务后来会被拿去做成商业化的游戏，所以实验结果或是实验设计本身总会潜移默化地被“偏见”所扰。另外，如果你只是自己一个人去尝试，那你只能了解到究竟哪些东西对你有作用。即便如此，我们也应该深入研究一下。

一类被科学实据证明可改善执行能力的脑力电子游戏，被称作“双重隔行回溯游戏”（Dual n-back）。玩家需要追踪视觉信息和听觉信息。游戏设计存在差别，但玩家通常要追踪两组信息流，比如一边听着一串被念出来的字母，一边看着一组在几何网格上闪现的图形。如果你玩的是“隔 2 行回溯”版本，那么当你听到的字母与两次之前发音的字母一致时，你就按下某个按钮。当你看到几何网格上的图形与两次之前出现的图形一致时，你就按下另一个按钮。如果你玩的是“隔 3 行回溯”版本，游戏规则与上文一致，只不过你要等待的图形与三次之前出现的图形一致，而你要等待的字母与三次之前发音的字母一致。这种游戏的核心挑战在于，同时对两组信息流进行跟踪并做动作。将认知科学家拿来评估工作记忆的“隔行回溯”从一种测试转化为一种用来改善工作记忆的游戏，是科技创新的一部分。实际上，当你去玩以提升工作记忆水平为目标的“隔行回溯”游戏时，会发现游戏内容逐渐变难，它们总能适应你的个人水平。

将“双重隔行回溯游戏”用于提升认知能力，在科学界依然存在不少争议，因为科学家总是费尽心力想要复现最初研究中那些令人满怀希望的实验结果。在该领域最初的研究者中，引人注目的是密歇根大学的苏珊·耶吉（Susanne Jaeggi）及其同事，他们曾发现，在玩“双重隔行回溯游戏”后，年轻而健康的成年被试在未经特别训练的认知领域取得了明显提升。[27] 研究者大胆提出，被试在某种所谓“流体智力”方面得到了提升。流体智力与理解力、解决新问题的能力以及学习掌握新信息的能力相关。对这种智力的描述与所谓的“晶体智力”相反。晶体智力指的是运用你已经掌握的知识和经验，诸如客观事实等的能力。耶吉的成果吸引了很多关注，也招来了许多批评。在这个阶段，存在某些前景不错的元分析和得出积极结论的小规模研究，但我并未找到任何将“双重隔行回溯游戏”与其他类似的脑力训练干预手段的效果进行对比的大规模、多地点研究。

据称，有些人极其信赖这类游戏，相信正是它们提升了自己的整体智力水平。举个例子，资深“生物骇客”、防弹咖啡发明者戴夫·阿斯普雷（Dave Asprey）坚信，每通过“双重隔行回溯游戏”训练一小时，都会令他的智商提升 2.75 点。[28] 对于那些在工作记忆和执行能力其他方面存在问题的人，比如患有注意缺陷多动障碍的儿童和成年人，这些种类的游戏非常值得一试。

如果你很是好奇，其实尝试此类游戏的门槛很低。你可以在家中试着去玩一些免费的“双重隔行回溯游戏”，还有一些更有趣、更个体化的，甚至不好用还能退款的付费游戏供你尝试。假如你在玩过神经系统科学家马克·阿仕顿·史密斯（Mark Ashton Smith）的“双重隔行回溯游戏”之后未能在正式智商测试中提升 10 ～ 20 分，他将会退款给你。[29] 多年间，我偶尔也玩过一些不同种类的“双重隔行回溯游戏”。我能确保，这些游戏非常有挑战性。同样，每个人的情况总会有所差异。在使用这种干预方式时，你的精神状态也会呈现与其他任何人都不同的变化。所以，如果你好奇，去尝试一下并无坏处。

## 玩游戏如何提升情绪调节能力

研究者认为，玩游戏可以通过许多重要手段改善我们的情绪调节能力。[30]

### 游戏可以直接调节你的情绪

通过让你从之前的思绪中分散注意力，游戏有时可以用其为你带来的感受取代你之前的感受。这种注意力的分散或是情绪的取代，有可能让你更好地掌控情绪吗？只要知晓这种事情会发生，且能够有意地将其当成一种工具，它的力量就会得到发挥。我曾经问过我的丈夫瓦伦，他为什么会养成在工作压力特别大的时候玩电子游戏这种习惯。他解释道，他将游戏当成了承受压力之后的“应急护理”。他也明白这种承受压力的问题是短期的，只要度过工作中最难熬的阶段，一切困境都会结束。与此同时，他会刻意去利用电子游戏对注意力的分散及其对情绪的短期提振，将其当成一种短期的应对机制。

其他人是否曾经注意到电子游戏在情绪调节方面的魔力呢？2018 年，来自牛津大学、剑桥大学和瑞典卡罗琳斯卡学院的研究者在实验中对一些遭遇交通事故的急诊室患者进行了观察。每位患者都被告知，此项研究的目的是“检查简单活动如何影响闪回（flashback）或是其他症状”。接着，患者被随机安排花20分钟去玩《俄罗斯方块》，或是填写20分钟的“活动日志”，也就是回顾他们进入医院以来做过的检查以及其他细节。活动日志组的被试记录下了诸如“同家人对话”“做了胸腔和腹腔扫描”“护士调整静脉滴注流量”之类的内容。

一周之后，俄罗斯方块组被试的闪回症状要远少于活动日志组的被试。[31] 这仅仅是因为他们在压力状态下进行了令人愉悦的“注意力分散”吗？就像瓦伦玩游戏那样？不完全是。实际上，研究者发现了一些更具体的细节。他们相信，被试大脑中的视觉系统被《俄罗斯方块》大范围调动起来，无法对刚刚发生的车祸中令人恐惧的视觉记忆进行巩固。通过对处理和存储这些视觉记忆的常规方式加以干涉，《俄罗斯方块》游戏屏蔽了车祸幸存者完整记忆恐惧经历的能力。被“夺走”了完整记忆巩固过程的大脑，无法在后期产生创伤后应激障碍的闪回症状。这项研究告诉我们，在恰当的时间玩恰当的电子游戏，达成的效果要超过简单地分散注意力——它能够改变我们处理情绪事件的方式本身，让随后的情绪调节变得更加容易。

## 游戏可以通过“失败的艺术”对你进行锤炼

不少教练都坚称，玩游戏可以让孩子有机会体会成功和失败，并从这两者间学到人生最重要的一课：无论成败都是暂时的，长期来看我们从中汲取的经验才是最有价值的。我记得，在一次壁球比赛中，我输给了之前轻松战胜过的对手。在接下来数局比赛中，我发现先输掉的一局激发了她的自我反省。她并没有被输掉一局这件事击垮，而是利用两局之间的 90 秒间隔，对先前一局中她和我的动作进行了分析。我听到了她与教练和父母的对话，听到他们谈及如何应对这种从未有过的局面。局间休息结束时，她已经想好了新的比赛计划。而我在局间的 90 秒里只是在场地一侧闲逛，微笑，喝水，因为心中“即将获胜”的想法而感觉良好。没错，我赢了第一局，但我的对手却一鼓作气赢下了整场比赛。[32]

## 游戏可以通过激发想象力调节你的情绪

玩电子游戏通常都需要选定一个虚拟化身，起一个昵称，多次重玩同一个场景，或是扮演不同角色，以便揭开隐藏的秘密或是得到隐藏的奖励。这种“假扮”行为，会让人培养出一种有价值的现实能力，即为自身和自身的生活想象不同“版本”的能力。情绪调节有一部分能力是关于改变自身观察或感受某一情境的方式，这可以让人改变自己的行为，最终改变自身或是自身的生活。这不是容易的事，但其基础是迈出关键的第一步：想象事情会朝不一样的方向发展。也就是说，你要想象自己可以有不一样的感受，想象自己或是别人能够有不一样的行为。玩游戏可以给想象打下关键基础。[33]

## 游戏可以直接教你如何调节情绪

如果你越紧张焦虑，游戏难度就变得越大，会发生怎样的事呢？一个名叫《等高线》(*Mightier*)的游戏，就是如此“对付”儿童玩家的。该游戏利用生物反馈技术，根据玩家的心率增长情况增加难度。它的设计初衷是帮助有自控障碍的孩子了解自身的情绪，并学会对情绪加以控制。这种设计可以让孩子们停下来、深呼吸，重新做好准备后再继续游戏。只要他们能恢复平静，游戏就会降低挑战难度。12 周后，波士顿儿童医院和哈佛医学院的研究者发现，玩《等高线》的孩子在真实生活中的情绪控制能力也获得了提升；他们情绪爆发率降低了 62%，出现反抗行为的概率降低了 40%；依据报告，他们父母的压力焦虑也降低了 19%。[34]

尽管不及《等高线》游戏那样在研究中大出风头，但的确也有一个基于生物反馈的游戏是专门针对成年人的，即《无须在意》(*Nevermind*)。它是由南加州大学的学生开发的。在这款游戏中，你需要学习在悬疑恐怖的环境下控制自己的心率，否则游戏世界会变得更加恐怖。这款游戏并非专为治疗临床障碍开发，但在一项小规模研究中，某些被试玩这款游戏时，其控制自身“战斗或逃跑”反应的能力的确呈现出了提升。[35]

如果你想要知道，有没有专门设计来帮助你在生活的全部领域发挥自控力的游戏，答案是“有”。电子游戏设计师简·麦戈尼格尔(Jane McGonigal)在 TED 演讲中分享了一个悲惨的故事：她自己与自杀念头的斗争。[36] 麦戈尼格尔曾经经历过脑震荡，这让她遭受长久的疼痛。由于她的病一直无法痊愈，见不到任何改善，她开始失去希望，认为自己的大脑再也不能恢复到之前的功能水平了。麦戈尼格尔最终发现了一个独特的机遇：她应该利用自己作为游戏设计师的技能，去推进脑震荡的痊愈。通过将脑震荡恢复的每日任务转化成游戏，她开始缓慢地找回对自己生活的掌控感。在最终痊愈时，麦戈尼格尔开始有了一个疑问：如今已经被她自己称作《超好》（*SuperBetter*）的游戏能否帮助其他人呢？

结果证明，答案是“能”。这个游戏已经帮助了全世界数以百万计的人。被《超好》所吸引的包括患有慢性病的人、受了外伤正在痊愈的人，以及由于突然遭遇不幸而与抑郁抗争的人。对那些仅仅想要寻找一种更具创造能力的方式以应对无聊的日常责任的人而言，这个游戏同样有吸引力。

后来，当《超好》吸引了其他研究者的关注之后，麦戈尼格尔甚至被他们的研究结果吓了一跳。一组 283 名被明显抑郁症状困扰的被试，被随机安排每天玩 10 分钟《超好》游戏，或是被列入“排队名单”等着以后再玩这款游戏。一个月临近结束时，被安排去玩《超好》的被试，相较于尚在等待玩游戏的被试，抑郁症状平均改善了超过 23%。[37]

尽管《超好》游戏使用了诸如“提升攻击力”、“解开谜题”以及“与盟友并肩作战”等能够刺激玩家花更多精力去玩的经典游戏元素，但我发现自己还是怀疑，究竟有没有那种借助现实世界的东西奖励玩家的情绪调节能力的游戏。如果你正费尽心力想让自己去进行运动，有一个此类程序值得一试。2019 年一项针对“类游戏”程序《汗水币》（*Sweatcoin*）的研究表明，在下载安装后的 6 个月里，该程序用户的肢体运动增加了约 19%。[38] 在真实进行运动的过程中，你可以在程序中获得代币，并能使用它们购买现实世界的物品，或者将代币捐赠给真实存在的组织。通过与那些重视健康的消费者建立联系的品牌，以及与希望降低健康支出的政府部门和保险公司合作，使这样的代币转换成为可能。相关的程序还包括《成就》（*Achievement*）、《节食赌注》（*Dietbet*）和《公益跑步》（*Charity Miles*）等。[39]

## 玩游戏如何提升学习与记忆能力

如果这世上有什么东西称得上神经破解，游戏肯定算一个。它的作用可不容小觑。你花 1 小时学习备考，却和那些花数月学习的同学考得一样好甚至更好，这种事情会不会发生呢？这听上去简直就是差生在期末临近时的白日梦，但 2013 年一群幸运的英国生物专业学生真的做到了。[40] 用班上一位学生的话说就是，“我们只是上了 1 小时的间隔式学习复习课……（这堂课）之后尽管我们都根本没学习，可大多数同学考得都更好了。我之前可能拿到 A、B 和 C，这次直接都考了 A，还有一门 A+。简直是太神奇了。”

基于采用间隔式学习法的不同类型，学习效果甚至可以比传统方式好 200%，[41] 甚至更多。[42] 我接触到这些研究结论的时候，不由松了一口气。这正是我最初开启自身神经破解之旅时所寻找的那种提升效果啊（见图 17-2）。我得说实话：本书并没有任何专门用来阐释间隔重复学习法的章节，它实际上并不是一种“游戏”，但无论你怎么称呼它，它都是一种效果非凡的干预手段。

间隔重复学习法究竟是什么？如果你回忆本书开头提到过的那些成功的神经破解，应该会记得《危险边缘》奖金获得者所采用的技巧，即那个软件程序。而那软件中的“神奇佐料”是什么呢？它的名字很多，包括间隔重复、间隔检索、间隔效应、间隔学习等。其概念很简单：你将需要记忆的信息录入快闪记忆卡。然后，它会在你即将忘掉这些信息之前，提醒你复习。尽管研究者尝试过很多种类型的提醒时间方案，但基本理念都来自对人类平均遗忘时间的研究。

2011 年，普渡大学的研究者对比了传统学习方案和引入了间隔检索的学习方案的效果。[43] 尽管参与测试的学生中有 75% 相信传统学习方案能让他们在考试中得到高分，但 84% 的人还是在使用间隔检索法的时候表现更好。此外，那些得益于非传统学习技巧的被试获得的提升也要高得多：从总体上看，他们的表现要比对照人群强 36%～43%。[44]

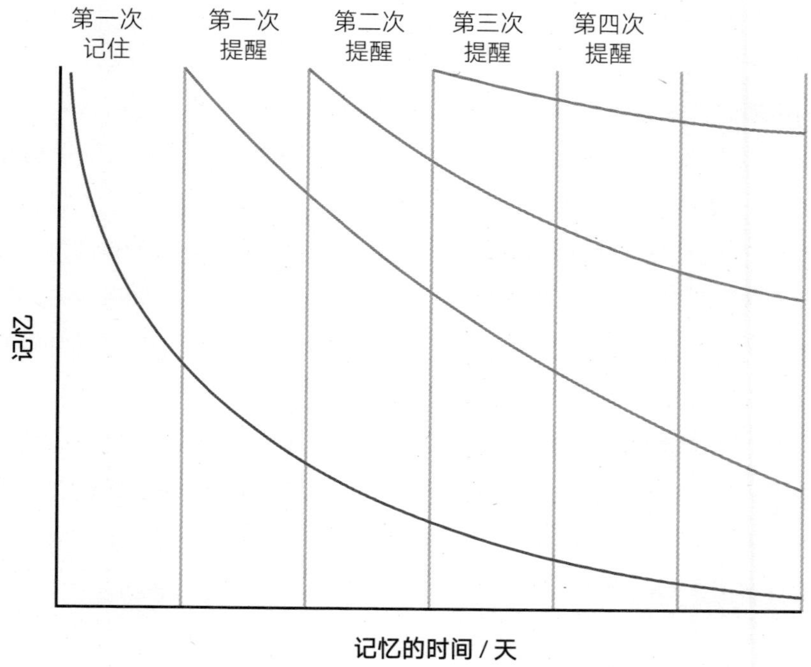


图 17-2　遗忘曲线

如果你已经走出校园，不知该如何将这种方法应用于自身，不妨想想自己都有哪些学习目标。如果你能够将自己所学的东西转化成为快闪记忆卡，你就能从间隔重复学习法中获益。这种方法同样适用于学习外语、快速变化的行业新术语、工作场合新同事的名字和面容……限制间隔重复学习法应用范围的，只有你的学习欲望。如果你不想从零开始制作快闪记忆卡，有不少以间隔重复学习法为核心的教育类程序可以帮助你。其中，语言学习类程序尤其喜欢将间隔重复学习法作为其“撒手锏”。

对于那些想要在特定主题范围内提升学习效果的人，我有一些建议。我试玩过一些游戏，发现它们引人入胜、充满挑战且容易上手。但这个清单并不意味着面面俱到。

**沟通表达：**我曾经希望有一款游戏，能够帮助我在工作、学习和人际关系方面磨炼沟通表达技巧，所以我要寻找一款能够满足这些要求的手机程序。最终，《提振》（*Elevate*）中的游戏和锻炼项目让我感觉最引人入胜、最具挑战性且充满乐趣。手机端教育类游戏的妙处在于，细分的内容量适合利用碎片时间。我通常都是在坐出租车时或一天中的其他等待时间里玩它。只要有个几分钟空闲，我就可以玩一玩。2015 年，制作该游戏的公司发表了针对这个程序开发的测试研究结果。当然，如果研究结果是第三方研究团队通过更广泛使用的测试手段得出的，可信度会更高。[45] 一组 146 名被试被安排玩游戏，而另一组 125 人被安排不玩游戏。两组被试在实验开始前和结束后都接受了测试。最终，每周玩 5 次《提振》游戏的被试比那些不玩游戏的被试得分高出近 70%。

此外，与多做头脑训练的作用类似，得到更多练习机会的人获得的帮助也更大。玩游戏次数最多的被试（每周超过 5 次）比那些每周玩不到两次的被试得分高了 17.5%，比那些每周只玩两三次的被试得分高 9.5%。这与我玩这款游戏的经验相吻合：我曾经偶然发现，在玩《提振》游戏的日子里，我“大脑短路”的次数，即我忘记单词或是思路中断的次数会变得更少。当然，这种观察方式是存在问题的，因为我不玩《提振》游戏的日子或许只是我更加忙碌、压力更大、休息更差，实际上，这就是人们预期里本身就容易“大脑短路”的日子。但是，总的说来，这款游戏让我感到自己能够全心投入地应对挑战。

**学习外语**：由于我曾经每天只花几分钟提升英语沟通表达能力，我在想能否以一种特殊方式提升我的西班牙语水平。一款名叫《多邻国》（*Duolingo*）的免费且流行的语言学习程序，提供了有趣的短课，包含许多从西班牙语翻译成英语以及从英语翻译成西班牙语的内容。这意味着，我不需要完全用西班牙语去思考，而其有趣的且专注于间隔检索的学习手段，会让我每天都能感受到自己的进步。皇后学院的鲁门·维塞利诺夫（Roumen Vesselinov）教授发现，《多邻国》通过 35 小时的练习就能教完相当于一套大学预科课程的内容，[46] 而付费语言学习程序《罗塞塔石碑》《*Rosetta Stone*》可以在大约 55 小时内教完相当于大学一个学期的内容。[47] 如果你要学习语法和单词，那《多邻国》的效率更高；但如果你想要更加深入地挑战语言学习，《罗塞塔石碑》或许是更好的选择，但它会花掉你更多的时间。

**运动**：《智能健身》（*IntelliGym*）里模拟篮球、模拟冰球和模拟足球等低仿真度的电子游戏版"运动"，已经被用在专业团队的训练之中。为什么不真的去打球踢球？为什么要玩这些运动的电子游戏版本呢？有些组织确信，看着屏幕进行最基本的运动项目训练，不受身体状况和观众呐喊的干扰，可以改善运动员针对其所从事体育项目所建立的心理模型。除此之外，即便是坐在椅子上玩游戏，但花更多时间练习或许也能使其团队获得重大胜利。美国冰球协会国家队发展计划旗下球队开始用《智能健身》进行训练之后，平均每场比赛都能多斩获 42% 的得分。[48] 另外，他们还发现球员的冰上受伤的概率降低了 15%，头部受伤的概率降低了 28%。[49] 这证明了这类游戏在训练运动员比赛智商方面的潜力 [50]（当然，与常见的情况类似，由产品开发者资助的研究项目永远不可能像第三方研究项目那样令人信服）。

**数学能力**：截至 2018 年，全球已经有超过 7 亿用户的可汗学院，是一个涵盖大量主题的免费学习视频网站。该网站以其数学类讲解视频而得到教师、父母和学生的特别青睐。尽管我并未见到有随机对照试验能够证明可汗学院在数学内容讲解方面更胜一筹，但美国佐治亚州理工学院的一个研究团队展示了可汗学院如何将游戏原则引入其数学内容的讲解中。[51] 或许“游戏化”正是其成功秘诀的一部分。

**快速阅读：**有各种各样的证据表明，快速阅读实际上是个很好的理念。很多人担心，如果提升阅读速度，理解能力就会下降。[52] 快速阅读或许不是个好主意，特别是对那些晦涩难懂的技术性的文档而言。但是，如果你想要学习浏览略读和快速阅读，还是有很多类似 Spreeder 和 ReadMe 等将这一过程“游戏化”的程序供你选择的。[53]

## 玩游戏如何提升创造能力

实话实说，当我研究电子游戏影响创造能力的实证时，是有一点失望的。此时此刻，相关研究并不清晰，或许是因为这两个研究领域都相对较新。我努力想要找到结论性的科学研究，我发现，还是有一些研究吸引了我的关注。

来自宾夕法尼亚州立大学和韩国成均馆大学的研究者进行了一场实验。在实验中，他们利用电子游戏改变被试的情绪状态，随后对其创造能力水平加以测试，以观察怎样的情绪能激发出最多的创造成果。他们通过让被试玩低、中、高三种强度的《热舞革命》（*Dance Dance Revolution*）来改变其情绪强度水平。他们发现，在人们感觉消极而平静或是非常积极时，是最适合创造能力发挥的时刻。为了达到这一状态，你可以玩 5 分钟《热舞革命》游戏，而上述项目中的研究者是让被试跟着 MARRS 乐队时长 4 分钟的歌曲《推高音量》（*Pump Up the Volume*）跳舞。说来也怪，项目中另外一种能增加创造能力的搭配，是让被试以低强度玩《热舞革命》，然后突然告知其错误识别了一组照片中人物的表情而使其陷入一种坏情绪中。[54]

在另外一项关于电子游戏和创造能力的研究中，[55] 352 名被试被随机安排进了 4 个实验组中。第一组被安排在没有任何指导的情况下玩《我的世界》（*Minecraft*）。《我的世界》是一款沙盒类电子游戏，允许玩家探索开放世界，并借助游戏中提供的工具，创造他们想要的任何东西。第二组则是在被告知“尽可能有创造性”的前提下，去玩《我的世界》。第三组被安排玩《纳斯卡赛车》（*NASCAR*）。第四组被安排看电视节目。随后，所有被试都被要求想象一种生活在与地球完全不同的行星上的外星人。如果被试画出一种与人类区别很大，例如，一种只有一只眼睛、肢体超过 4 条的非对称生物，那么就可以被认为是更有创造能力的。实验结果是，那一组没有任何指导、单纯被安排去玩《我的世界》的被试，产出了最具创意的外星人画像。而另外三组被试，包括被敦促“尽可能有创造性”的人，实际上都创意不足。研究者推测，被试在受到外界鼓励时，会比不接受任何指导的时候表现更糟。在后一种情境下，被试可以自我激励，在任务中获得内心的愉悦。

这一切都表明，游戏有着强大的力量，即使在消极状态下也可加以利用，所以，请明智地选择游戏。在本书的第四部分中，你将会见到一系列干预手段，它们很有趣，还有点复杂，或许比你迄今为止所见过的任何东西都多了一丝冒险的意味。

## 让大脑更聪明 SMARTER TOMORROW

1. 有证据表明，游戏对执行能力、记忆能力和情绪调节能力（包括走出紧张焦虑和抑郁）有所帮助。
2. 对老年人而言，玩脑力游戏有助于对抗记忆能力和执行能力方面的衰老问题。
3. 特定的游戏或许能帮助人们提升创造能力，比如《热舞革命》和《我的世界》。
4. 所有的电子游戏都不是设计用来平均提升每一种精神状态的。以你尝试升级哪个心智能力为基础，选择相应的游戏。想要提升你自己在某一领域的能力，请选择在科学研究中表现良好的游戏。

# SMARTER TOMORROW

第四部分

# 升级大脑的两种高阶干预方法

# 18

## 方法 6：神经电刺激

认知控制能力是执行能力的一项关键要素，正是它让你灵活适应不断改变的情境。

**时间投入：** 30 分钟

**目标：** 理解神经电刺激在提升精神状态方面的力量，学会如何将其应用于神经破解。

当你强睁着双眼想要赶上工作的最后期限，而最后一杯咖啡也无法提振你的精神时，为了保持清醒，你或许会想要去做一些疯狂的尝试。但你可能永远都不会接受某些事情，比如给大脑通电。可是，假如它能让你获得专家级的问题解决能力呢？假如它能瞬间让你成为专业的音乐演奏者呢？假如它能让你马上变成一个不断想出新主意的创意大师呢？

不过，如果你看过《飞越疯人院》（*One Flew over the Cuckoo's Nest*），你或许会记起那些接受过电休克疗法的患者记忆丧失、目光呆滞的样子。还有，科学怪人不就是用电创造了怪物吗？

在我高中毕业，将要去上大学之前的那个夏天，我的父亲给我看了一篇文章。怎么说呢，那篇文章激发了我的兴趣（不好意思，我只不过是 3 分钟热度）。文章刊登在《纽约时报》上，标题是《一日学者》（*Savant for a Day*）。紧张的记者坐在悉尼大学的一间地下室里，看着一位表情令人不安的教授高兴地开启了记者头上的“创造能力之帽”。在电磁线圈的作用下，记者的艺术能力突然迸发：不到 10 分钟，他就从只会画线条简笔画的绘画初学者，变成了能创作出正常猫咪肖像的熟手。他还从一个经常漏掉冠词 the 的笨蛋，变成了一个能当场看出这类句法错误的老手，这简直实现了全世界所有文字编辑的梦想。我决定，在那年秋天去上大学的时候，也戴一戴这种大脑刺激设备，到时候期末考试就会变成小菜一碟。

然而，实际情况并非一帆风顺。事实表明，若是在家中自行使用那位教授所采用的神经刺激器，即所谓的经颅磁刺激设备，并不十分安全。这个设备要在临床条件下应用，需要一台小型冰箱大小的主机，而且有极大风险诱发癫痫。进行颅电刺激，需要在人的头上布设电极。与电极相连的主控盒控制着流经电极的电流脉冲。主控盒为电流设置特定的振幅、频率和波形。问题是，美国食品药品监督管理局将颅电刺激设备列为 III 级医疗设备，这就意味着，必须由执业医师对治疗过程进行监管。对在家做实验的神经破解者而言，这并不是一个好的方案。[1] 这是我遇到的第一个死胡同，于是我转而去寻找其他方案。

我遇到的第二个死胡同，是经皮迷走神经刺激。这是一种全新的、非创伤性的迷走神经刺激版本，是一种强有力的技术。在从前，迷走神经刺激设备都需要手术植入。在人的“战斗或逃跑”反应和与之相对的“休息和消化”反应方面，迷走神经都发挥着关键作用。正因如此，研究者确信对迷走神经的刺激可以用来提升注意力和警觉性；或是基于对它的调节，让某些受紧张、焦虑困扰的人放松下来。由于迷走神经与交感神经存在交联，刺激迷走神经可能还会调节激素分泌。刺激迷走神经并不需要进行手术或是操作硕大的机器，只需在耳朵上夹一个小小的塑料适配器。效果如何？在写作本书的时候，我发现了不到 20 个与经皮迷走神经刺激和认知相关的研究项目。[2] 有些新创立的公司在向消费者提供经皮迷走神经刺激产品。然而，尽管这些产品看上去是可用的，但没有一样经历过严谨、科学的第三方测试。在我看来，花 200 美元去购买一种未经测试的设备是不值得的。一旦有相关产品通过了更严谨的测试，我一定会去尝试使用这类设备。

我考虑过的第三种神经调节手段，是光生物调节。这也是一种令人着迷的方法。古埃及人在制作木乃伊时会依靠某种与之原理类似的手法。在准备阶段，古埃及人会通过鼻子取出死者的大脑，这是因为鼻子和大脑之间是直接相通的。[3]当然，光生物调节并不是要从鼻子里取出你的大脑（谢天谢地），而是用不同波长的光通过鼻子照进大脑，以调节其功能。这种方法没有痛苦，不需要手术，只要佩戴一枚鼻环。这个领域已经有了一些初步研究，但它与经皮迷走神经刺激存在相同的问题：在我看来，光生物调节在安全性和有效性上还没有足够的研究支撑。此外，相关家用设备的价格依然高达数百美元。[4]但我依然会花数年时间跟踪其研究进展，如果相关研究走向成熟，我相信很快就会有一些有趣的东西走向商用领域。

我感觉自己就像童话故事里试睡不同床铺的金发姑娘，没有什么是完全适合我的。实际上，直到我在英国去酒吧的路上与人进行了一次偶然的对话，又去新奥尔良参加了一次学术会议，接着在旧金山湾区感受到一群斯坦福大学研究生意外的善待之后，我才得到了真正的答案。

## 神经电刺激背后的科学

为了找到一些神经刺激领域的研究线索，我曾经飞到英国伦敦大学学院参加一场教育神经科学会议。第二天晚上，我们一组参会者去了附近的一家酒吧。一位来自加拿大的教授听到了我问一位研究生的问题："你是否认识利用大脑刺激加快学习速度的研究者？"那位教授的眼睛亮了起来，他插话道："这个问题有意思，你接触过牛津大学的罗伊·科恩·卡多什（Roi

Cohen Kadosh）吗?”在与卡多什进行了一番邮件沟通后，我走进了牛津大学心理学研究机构的大楼。在这座大学校园中宏伟的哥特式建筑里，我即将找到下一个线索。

“迄今为止你研究过哪些类型的神经刺激?”卡多什问道。我向他讲述了我所了解过的全部相关信息，并询问他是否知道更安全、成本更低、适用于健康个体甚至适用于在校学生的神经刺激方式。有没有像是《一日学者》中“创造能力之帽”那样的设备呢?他思考了片刻:“试试经颅直流电刺激吧。”

经颅直流电刺激要用到一种设备，将电极置于头皮某个特定位置，通过该设备输送正电流或是负电流。正电极，即所谓的阳极，据说可以提升下方神经元被触发（“开火”）的可能性；负电极，即所谓的阴极，据说可以降低下方神经元被触发的可能性。电极安放的位置，能决定电流走向，决定它能影响到哪些脑区。[5]

当时卡多什向我描述了他的研究规划，即进行一次神经刺激实验，提升计算障碍和数字阅读障碍患者的数学能力。听上去，我似乎已经真正找到了自己想要的东西。

当晚我在网上找到的设备图片并未真正激发我的信心。它看上去就像是中学生的电子手工制品。整个设备包含一块 9 伏电池、一块巴掌大的电路板、一对挂在旁边的海绵电极。电路板另一面挂着一个小小的塑料适配器，它是用来控制电池输出电流大小的。当时我并不知道，在接下来数年间我将会亲自制造一部这样的设备。

将时间快进到数年之后，美国神经科学学会在新奥尔良召开了一次学术会议，超过 4 万名神经科学家云集该城。对我而言这是一次特别难忘的盛会，因为我正是在这次会议上遇到了美国国家科学院院士陆锦标教授之女陆颂熙（Chung-Hay Luk，音译）。当时已经拿到生物工程硕士学位的她正在攻读神经科学博士学位。凭着对电气工程的热情，她在业余时间制作了一件缀满闪烁的 LED 灯的晚礼服。我们发现彼此都对认知强化相关研究充满热忱。我向她承认，自从我在牛津大学与卡多什教授交流之后，经颅直流电刺激就让我兴奋不已。此外，我还告诉她，我自己尚未得到一台相关设备。她的脸上露出一抹笑容："或许咱们可以自己制造一台。在我那里不行，但我知道哪里可以。"

我驱车来到帕洛阿尔托 Co-op 工作室。这里居住着一群斯坦福大学的研究生，那年的一些研究者——在富翁彼得·蒂尔（Peter Thiel）的慷慨捐助下试图创业的大学辍学生，会定期来与这群斯坦福大学的研究生见面。这些创业的大学生大度地将厨房餐桌借给我们，以便我们开启制作经颅直流电刺激设备的历程。陆颂熙在门口等着我。她并不是受彼得·蒂尔资助的创业人士，而是他们的朋友。与我们组成三人团队的还有比拉尔·马哈茂德（Bilal Mahmood），他是斯坦福大学生物学研究生，当时刚刚拿到白宫科技奖学金。我向他承诺，如果我们成功做出了这台经颅直流电刺激设备，他将会是第一个"人类小白鼠"。他甚至一度剃光了头发。其实这完全没有必要，就算留着头发，设备的工作效果也会很不错。然而他已经剃光了，我实在没胆量把这实情告诉他。

得益于陆颂熙的专业技能和动手能力，我们在某天下午制成了第一台原型机。首先，我们必须确保这台设备是安全的。我们利用伏特计确认了设备的输出电流为 0.5 ～ 2 毫安，对人类来说这个电流水平是安全的。接下来，我们要设计一次实验。我给了比拉尔一些不同的选项。他对"加快打字速度"这个想法很感兴趣。他承认，自己在打字的时候无法做到完全不看键盘。

正如我们在前文中探讨过的，在采用任何干预手段之前，你必须为自己设立一条基准线。比拉尔做了一些“1 分钟打字”测试，还做了一次反应时间测试。接下来，我们需要选定一套经颅直流电刺激方案。由于我们的目标是提升比拉尔的打字速度，我们必须在他脑袋上选定放置正电极和负电极的正确位置（即正电流流入身体的位置和负电流流出身体的位置）。之前的研究中使用的方案，是电刺激时间短至 5 分钟，长至 40 分钟，而我们选择的刺激时间为 15 分钟。至于电极位置，我们将正电极放在比拉尔颅顶正中，大致位于其大脑运动皮质区的位置。[6] 负电极放在他的眼眶上方，那里是他大脑眶上区所在的位置。我们选用的海绵电极面积太大，都快把比拉尔的一只眼睛遮住了，不过我们用了一条 20 世纪 80 年代风格的宽头带将电极固定到位。

实验是怎样开始的？当然是向比拉尔解释即将发生的事情，确保他能接受：“伙计，我们打算把你的大脑电熟，想必你没什么意见吧？”

当然这是在开玩笑，我们当时真正对他说的差不多是下面这些内容：“经颅直流电刺激已经被证明是所有神经调节手段中最安全的方法之一。在 2016 年发表的一篇综述文章中，一组研究者对 1 000 名经历了 33 200 次传统经颅直流电刺激治疗的被试进行了观察，时长低于 40 分钟，电流低于 4 毫安，电量低于 7.2 库伦。不过，大部分研究者推荐的实验参数为时长不超过 30 分钟，电流低于 2 毫安。并没有不可逆伤害或是严重副作用的报告。”[7]

经颅直流电刺激所使用的电流如此之小、电压如此之低（与电池的 9 伏电压相比，你所接受的电压要远低得多），以至于都无法与电休克疗法相比。

实际上，由于所采用的电压太低，所以需要怀疑的不是电的危险，而是这种疗法能否有任何效果。仅仅 0.5 ～ 2 毫安的电流，流过硕大的海绵电极，随后被毛发、皮肤、头骨和头骨下面的组织吸收弱化，甚至都没有足够的电流直接刺激触发大脑表面的神经元。这种治疗方式的原理在于，电流只有在神经元已经处于“开火”阈值的前提下才能触发它们“开火”。对大脑而言，这点电流并不是“指令”，而更像是“建议”。同时放置正电极和负电极的好处在于，你有可能从一个方向触发行为，也可以从其反方向触发行为。话虽如此，但依然有某些被试报告称皮肤被轻度灼伤，或是抱怨有疲惫感或是头痛症状。

打开设备、开始刺激之后不久，比拉尔做出一个古怪的表情。

“伙计们，”比拉尔说道，“我看到一道白光，这正常吗？”

陆颂熙和我都愣住了，我们用近乎紧张到极点的声音问，“什么？”把电极从他脑袋上扯下来之后，我们急着想要弄清楚细节。比拉尔向我们保证，他并未感到痛苦。我们把电极撤掉之后，那道白光也随即消失了。“放心吧，我的眼前并未播放‘人生总结幻灯片’。”他一本正经地说道。那笑声让我们感到恐惧。

陆颂熙首先从震惊中缓过神来：“好吧，我觉得只是因为我们放置电极的位置离你的眼睛太近了。那大概只是光幻视。”所谓光幻视，指的是人在收到电刺激的时候感觉到的闪光现象。在人经历包括经颅磁刺激在内的神经调制治疗时，也会出现这种现象。学界一度认为，只有电极被放置在靠近特定脑区，如处理视觉信息的枕叶区，这种现象才会发生。但在 2012 年，美国罗格斯大学的研究者发现，光幻视在电极位置靠近眼睛的时候更常出现。显然，在进行经颅直流电刺激时，若电流距离眼睛太近，眼球中的视网膜也会偶然受到刺激。[8]

接下来我们又拉着比拉尔做了几次实验，即便遭遇过光幻视，他还是愿意尝试，头发也长长了一点，我们得到了一点勉强算是乐观的结果。在接受过刺激之后，他的打字速度比之前更快了，反应速度也得到了提升。

## 经颅直流电刺激背后的科学

经颅直流电刺激依然是一个新概念，但我们对其在大脑里的工作原理已经略知一二了。似乎只有当你一边进行经颅直流电刺激、一边去做你希望提升自身表现的目标任务时，其所能带来的表现提升效果才会更好。所以，任何不同时包含电刺激和实际训练的实验，大概注定是会失败的。这或许能解释我们在文献中读到的某些实验为何会失败。将刺激和训练相结合，经颅直流电刺激对其他动物也是有效的。例如，当研究者用在人类身上可能奏效的电流强度，单独对老鼠的脑皮质进行刺激时，没有获得可测量的效果。直到另外一片区域也被刺激时，老鼠的大脑才出现可识别的改变。[9]

一个来自新墨西哥州阿尔伯克基市的研究团队，观察了人类被试在接受经颅直流电刺激过程中和之后的生物学改变。他们要寻找的，是脑电波方面立竿见影的改变，以及脑白质上所表现出的长期改变的种质。[10] 在立竿见影的改变方面，经颅直流电刺激能提高神经元“开火”的可能性。举个例子，只对一根臂神经进行经颅直流电刺激时，产生的脑电波数量是进行刺激前脑电波数量的 6 倍。而且，刺激带来的影响也不会立刻消失。经颅直流电刺激结束后 1 小时之内，对该臂神经进行单独刺激，依然可以引发通常情况下 1.5 ～ 2 倍的脑电波。5 天之后，真正令人惊讶的事出现了。脑部成像显示，接受过经颅直流电刺激的脑区，其脑白质产生了显著的改变。就这么一点点电流，已经让大脑出现了出人意料的结构性改变。在小鼠身上，经颅直流电刺激似乎能影响神经胶质和大脑中钙质的浓度。或许这能够从某些方面解释该研究项目中出现的脑白质变化的情况。[11]

## 经颅直流电刺激如何提升执行能力

2013 年的一项研究涵盖了澳大利亚 60 名健康的被试。他们被随机安排进三个组：第一组被试接受假经颅直流电刺激，然后被要求玩一款认知训练计算机游戏；第二组被试接受真经颅直流电刺激，然后也被要求玩认知训练计算机游戏；第三组被试只接受经颅直流电刺激，不玩游戏。被试并不知道自己所接受经颅直流电刺激的真假。当他们被要求猜猜自己所接受的电刺激的真假时，他们能做的也只是凭空猜想。所有被试的执行能力都被测量了 3 次，先是在接受干预之前测试以确立基准线，随后在练习过 10 次之后进行测试，最后在干预结束 4 周之后再进行测试。在未练习时的注意力测试、信息处理速度测试以及 4 周后的工作记忆测试中，第一组和第三组被试的表现好于第二组被试。[12]

**多任务处理能力**：在 2016 年的一项研究中，研究者在 20 名健康的美国空军现役人员身上施用了经颅直流电刺激。研究者发现，经颅直流电刺激能够提升多任务处理能力。被试首先要接受一项由 NASA 设计，用于评估飞行机组成员应对系统监控、追踪、调度安排、资源管理和交流沟通等任务的能力测试。接着，一组被试接受了真经颅直流电刺激，另一组接受了对应的假刺激。接受真经颅直流电刺激的被试，比那些接受假经颅直流电刺激的被试表现好 30%。[13]

**认知控制能力**：认知控制能力是执行能力的一项关键要素，正是它让你灵活适应不断改变的情境。比如，它会在你意识到不合时宜时，抑制一种针对某事的自动反应。当你在现实世界追求复杂多样的目标时，这种能力就会发挥作用。

有一种针对认知控制能力的测试，名为“停-走”测试。当你看到“走”信号（绿灯）时，你需要尽可能地快速反应。当你看到“停”信号（红灯）时，就立刻停下。2013 年，在韩国大邱大学的一个研究项目中，40 名健康的被试被随机安排接受真或假经颅直流电刺激。在接受刺激时，真经颅直流电刺激组的被试在“停-走”测试中比假经颅直流电刺激组的被试表现更好。然而，在刺激结束之后，真经颅直流电刺激组的被试在“停-走”测试中的表现，变得与假经颅直流电刺激组的被试一样。[14]

**工作记忆**：分别发表于 2005 年、2012 年和 2015 年的三篇研究论文，针对经颅直流电刺激在工作记忆方面的影响做了深入研究。

2005 年，在一项由哈佛大学医学院研究者领衔的项目中，仅仅进行了 10 分钟的经颅直流电刺激，被试的工作记忆便得到了强化。[15] 研究者发现，当时阳极电极被安放在被试前额皮质对应的外侧头皮上，阴极电极被安放在初级运动皮质对应的外侧头皮上，如果将两个电极的位置颠倒过来，就不会有任何效果。这强调了此类治疗方案的特殊性，所以说你在自行尝试时也要留意。请确保所采用的实验设置是正确的，契合你所追求的目标。

在下半段的刺激实验（也就是 5 分钟后）中，被试接受了一次工作记忆测试。1 小时后，他们再次接受了时长为 10 分钟的经颅直流电刺激，以及一次工作记忆测试。在前后两段实验中，被试在其中一段实验中接受的是假经颅直流电刺激，而在另一段实验中接受的则是真经颅直流电刺激，但被试并不知晓哪一段是真、哪一段是假。研究者还随机调换了真假刺激的顺序。实验所采用的工作记忆测试，是“隔 3 页字母记忆测试”（如果你想要尝试该测试，请参阅第 7 章）。这一研究项目的规模并不大，被试为 15 名健康的大学生（年龄为 19 ～ 22 岁）。然而，实验得出的结果是积极的。由于被试都是健康的成年人，而非那些患病的、通常见于医疗研究的人，因此这项研究成了一套可用的方案。如果你想要自行尝试，可以使用这套方案。

2015 年，来自宾夕法尼亚大学的研究者发表了一项研究。他们想要了解的是，将经颅直流电刺激用于“隔 3 页字母记忆测试”（难度高）或是“隔 1 页字母记忆测试”（难度低），是否能产生更好的表现。他们随机安排 24 名被试在做“隔 3 页字母记忆测试”或“隔 1 页字母记忆测试”时接受真经颅直流电刺激或假经颅直流电刺激。在将真或假经颅直流电刺激与工作记忆测试相结合的之前和之后，被试都接受了执行能力测试。表现最敏捷、最精准的，是那些在做高难度“隔 3 页字母记忆测试”时接受了真经颅直流电刺激的被试。[16]

这样的结果或许令人惊讶，毕竟，这些被试做的测试是难度最大的，或许大家都觉得他们会过于疲劳，不会有太好的表现。为了确认这一点，我研究了其他有类似结果的实验。来自伦敦大学学院的研究者在 2012 年实施的一项实验中，观察到了类似的结果：22 名被试被随机安排在接受阳极经颅直流电刺激或是不接受电刺激的前提下，去做一项认知测试。研究者发现，接受了经颅直流电刺激的被试表现最好。[17]

## 经颅直流电刺激如何提升学习与记忆能力

2015 年，我参加了“量化自我社群”在旧金山召开的会议，会上的一场演讲引起了我的关注。一位名叫 JD · 利达姆（JD Leadam）的演讲者，做了一场有关大学生活惨痛经历的激昂演说。他曾经长期被紧张焦虑、压力、注意力障碍、（他自认为的）文本学习障碍所折磨。作为一个坚定不移的自我跟踪者，他曾经尝试过各种营养补充剂，却几乎未从中获得任何好处。然而，在持续做完一疗程的经颅直流电刺激后，他从原本确定自己会在考试中失败，转变为在那次考试中获得成功。[18] 他后来在经颅直流电刺激方面的实验和成功，促使他开了一家属于他自己的、提供经颅直流电刺激服务的公司。

那次会议之后，我开始感到好奇，利达姆在使用经颅直流电刺激改善学习与记忆能力方面的成功经验，有多少能推广呢？在阅读过相关文献后，我发现了一个领域，研究者已经在其中获得了一些与学习和记忆相关的积极的实验结果。

**学习并回忆单词表中的单词：** 2016 年，一个由来自意大利、英国和美国的研究者组成的团队进行了一场随机双盲试验。一组被试接受了真正的经颅直流电刺激，而另一组接受的则是假的电刺激。研究者要求这 28 名健康的老年被试回忆他们两天之前刚学过的一份单词表。一个月之后，他们再次要求被试尽量回忆单词表上的单词。那些在学习单词表时同步接受了真经颅直流电刺激的被试的表现，比那些接受了假电刺激的被试平均好 34%（整整一个标准差）。[19]

**数学焦虑症：** 还记得我在本章一开始提到的那位带我入门经颅直流电刺激的牛津大学教授卡多什吗？ 2010 年夏天我拜访他的时候他曾提起，自己正在研究经颅直流电刺激如何增强人们的数学能力。对被诊断为计算障碍的人而言，这种治疗大有裨益。他还发现，在接受过经颅直流电刺激治疗后，15 位大学生的计数能力获得了提升，而且即便在 6 个月之后，提升效果依然明显。[20] 然而几年之后，卡多什及其同事继续深入研究，得出了一个违反直觉的结论：尽管存在数学焦虑症的人通过经颅直流电刺激能改善处理数学问题的速度，但对没有数学焦虑症的人，在经颅直流电刺激的影响下，自身的数学问题处理速度会暂时下降。[21]

**记住并回忆人的容貌和姓名**：2015 年，一个来自美国的研究团队随机安排 24 名年龄 30 岁以下的健康成年人在记住一系列人脸与人名时，分别接受真或假经颅直流电刺激。无论是在即时回忆还是延迟回忆（在电刺激与匹配实验结束 24 小时后）的场景中，真经颅直流电刺激组的被试的表现都明显比假经颅直流电刺激组更好。真经颅直流电刺激组的被试回忆起的人名数量平均比假经颅直流电刺激组多 50%。在回忆的过程中，真经颅直流电刺激组的出错率也更低。[22]

**动作学习**：如果你想要更快学会一种乐器、精于一项运动、快速打字，或是在其他肢体任务中更快掌握技巧，经颅直流电刺激也许能帮到你。在一份涵盖十几篇文章的综述文章分析中，研究者发现，经颅直流电刺激通常会使健康成年人在特定类型的简单任务学习中，能力平均提升 26%。在某些情境下，提升效果要小一些，但仍有一些情境出现了巨大的改善，甚至提升度超过了 55%。[23] 然而，我非常不推荐在小孩身上尝试任何形式的经颅直流电刺激，因为这些研究都是在专业人士的监督下进行的。

## 经颅直流电刺激如何提升情绪调节能力

在建议与信息分享网站红迪网（Reddit）上，有一个专门探讨经颅直流电刺激的讨论组。[24] 其中最引人注目的板块，是讨论人们在家通过经颅直流电刺激对抗抑郁症的故事和相关提问。读过不少帖子之后我开始好奇，经颅直流电刺激能否被推广，用于帮助人们应对那些让人不知所措的情绪。简单研究之后，我找到了一篇由美国和意大利大学研究者撰写的综述文章。这篇综述文章完成度非常之高，内容涵盖非常之广。文章的主要内容如下[25]。

**管理悲伤与焦虑情绪**：在2006年和2009年进行的研究中，接受经颅直流电刺激的30天之后，被试报告说他们的悲伤情绪一直在减少。在一项研究中，被试在接受过经颅直流电刺激治疗后，能够更好地识别内容积极的图片，而当他们的头脑中充满消极想法时，是很难做到这一点的。[26]2014年，接受过经颅直流电刺激治疗后，曾经高度紧张焦虑的被试体内的皮质醇浓度下降了，焦虑感也更低了。[27]

**管理愤怒情绪**：在2014年的一项研究中，研究者发现，他们采用的某种特殊设置的经颅直流电刺激，能够成功减少男性被试的主动性攻击行为。[28]在2015年的一项研究中，当研究者将经颅直流电刺激的参数设置成与2014年的实验相同，并将其与一项认知再评价任务（针对某项令人困扰的情绪问题进行再解读，或是换个新的角度去理解）相结合时，20名被试在接受了15分钟经颅直流电刺激后，感到自身的负面情绪减少了。[29]2012年的一项研究所使用的经颅直流电刺激，采用了与2014年和2015年的两次实验相反的设置（将阳极放在头的左侧，而不是像那两次一样放在右侧），被试在感到被冒犯之后，表现出了更多的愤怒情绪反馈。[30]

**持久忍耐与延迟满足**：2018年，研究者安排79名被试接受20分钟时长真或假经颅直流电刺激。他们发现接受真经颅直流电刺激的被试能够提高对疼痛的忍耐度，并且忍受不适的时间更长。[31]而说到延迟奖励，一项2018年的研究发现，有两种不同的经颅直流电刺激，能够促使实验中的24名被试选择延迟兑现但数量更多的奖励方式。[32]最终，尽管经颅直流电刺激不能直接调节情绪，但哈佛大学医学院2008年的一项研究结果或许仍值得一提：经颅直流电刺激似乎帮助超过50名被试降低了食欲和对甜食的关注度。它甚至降低了被试的消费欲望，对有些人的影响长达30天。[33]

## 经颅直流电刺激如何提升创造能力

2007年，知名神经学家奥利弗·萨克斯（Oliver Sacks）在《纽约客》上发表了一篇文章，讲述了一个始于13年前的令人困惑的案例。[34]来自纽约州北部某镇的一位名叫托尼·西科里亚（Tony Cicoria）的整形外科医生使用公用付费电话打了一个电话。当时天空晴朗，但远处地平线上有数片风暴云。忽然间，一道闪电划破天空，通过电话线击中了西科里亚。尽管他最终活了下来，且看上去没留下什么明显的病理性后遗症，但几个月后某些事情发生了变化。曾经对音乐不感兴趣的西科里亚医生，突然开始爱上了钢琴曲。他想听钢琴曲，想弹钢琴。很快，他开始每天早晨4点起床，在工作之前弹钢琴。工作一旦结束，他立刻会跑到钢琴前坐下。没过多久，他居然开始自己谱曲。最终，有人开始邀请他登台表演。西科里亚的故事并不是个例。至少有十几个相似案例得到过证实，这是一种被称作"后天性学者综合征"的病症，也就是患者会"忽然精通某种后天技能"，而这种事经常发生在严重的头部创伤之后。

一些研究者很疑惑，头部创伤和被闪电击中或许达成了同一个效果，它们关闭或是削弱了负责信息分类和判断的脑区，或者弱化了某些活动，并抑制了其他区域。这些"其他区域"如果得到自己的控制，或许就能够催生更具创造能力的表达。

2003年《纽约时报》上刊登的故事第一次引发了我对"刺激大脑"这件事的兴趣。来自澳大利亚的艾伦·斯耐德（Allan Snyder）和理查德·齐（Richard Chi），于2011年开展了一次实验，给被试展示一组必须遵循一系列特定规则才能解决的问题。紧接着，他们又摆出了一组看上去与前一组问题很相似，但需要完全忽略前一组的规则才能解决的新问题。[35] 当然，大多数被试并未意识到这一点。有一组被试不断重复运用旧的技巧，最终无济于事（该组被试只有 20%的人成功解决了问题）。另一组被试中有大部分人成功地将思路转换到了解决新问题的状态。他们的表现的良好程度几乎是前一组的 3 倍！你肯定已经猜到了，那些成功进行了思路转换的被试，接受的是真经颅直流电刺激。你猜对了吗？

让我们暂时回到刚才所说的音乐创造能力话题。有一群美国的研究者想弄清楚，经颅直流电刺激是否能对音乐“菜鸟”和“专家”造成相似的影响。[36] 有趣的是，经颅直流电刺激对爵士乐即兴演奏的新手有效，却会“伤害”专业高手。鉴定人员认为，接受了真经颅直流电刺激的爵士乐即兴演奏新手，比那些接受假经颅直流电刺激的新手表现更好。鉴定人员还发现，所有新手的即兴演奏水平都不如专家，但接受了真经颅直流电刺激的专家，表现不如接受了假经颅直流电刺激的专家。研究者在数天之内重复了数次实验，发现实验效果是稳定的。

研究者猜测，之所以会出现这样的效果，是因为新手在做事时倾向于依靠受控的、刻意化的思维过程，而专家则倾向于“关闭”这种类型的思维，转而依靠更为自动化的思维过程。想象一下，假如你要下楼，却要先思考自己下一步要先迈左脚还是先迈右脚，那么你很可能会摔倒。研究者对负责受控刻意思维的脑区前额皮质进行了刺激。这种刺激对新手所需的思维提供了支持，但专家并不需要这样的思维。

## 关于将经颅直流电刺激用于自我实验的一些建议

如果你对将经颅直流电刺激用于自我实验感兴趣，请记住下面的建议。

你可以像我和我朋友所做的那样，自行制作设备，但一般来说，我还是推荐你购买一台。请关注产品的安全性和可定制性。在售价 200 美元以下的产品里，有一些的可靠性还不错。但如果你想要进行双盲自我实验，你需要一台可以设置为“假的刺激”模式的设备，以便创造对照试验的条件。但是拥有此类功能的设备通常都是为专业研究者制造的，价格一般在 300 美元以上。

要知道，就像我们之前提到过的，想要找到最适合你个人的方案，自我实验是关键。在有关经颅直流电刺激的研究中，隐含着巨大的个体差异，想想针对爵士乐新手和专家截然相反的实验结果。我阅读过的某些研究报告提到，在有些实验中，被试是惯用左手或惯用右手都会影响实验结果，在其他一些实验中，年龄或性别也会造成差异。在我自己做过的实验中，我的一位朋友对连续温和的经颅直流电刺激更敏感，而另一位朋友却对这种刺激毫无感觉，即使我们将电流调至安全阈值的最高值，依然如此。

此外，在尝试经颅直流电刺激时，你头脑中的想法也会对实验结果产生影响。澳大利亚研究者杰瑞德·霍法兹（Jared Horvath）是经颅直流电刺激领域论文引用率最高的作者之一。数年前，当他在哈佛医学院的实验室工作时，我和他曾经在波士顿酿酒公司的午餐会上就经颅直流电刺激进行过讨论。当时，他无比看好经颅直流电刺激的前景，但他同样愿意对此持怀疑态度，即便那是他自己热衷的事情。他和合作者专注于研究单一疗程经颅直流电刺激对健康成年人认知能力（包括执行能力和记忆能力）的影响。尽管很多结论只是一两项研究的产物，但霍法兹抓住了机会去表达一个重要观点：大脑在实验之前就存在的状态，会影响经颅直流电刺激的有效性。[37] 后来一篇由芝加哥大学某研究团队发表的论文提出，在一天中的不同时间段进行经颅直流电刺激，也会造成不同的结果。这催生了所谓的“在‘非最佳认知信息处理时间（比如，年轻人在每天早晨）’更容易监测到经颅直流电刺激的效果”的假说。[38] 我们都曾感受过，有些时候我们的大脑是准备好了去学习的，而有时候大脑却并未做好这样的准备。如果芝加哥大学的研究者是正确的，那么当我们处在相对“低潮”的阶段时，我们的大脑或许更能从经颅直流电刺激的少量电流中获益。这意味着，至少对我们这些要被迫在日出而作的世界里工作和生活的“夜猫子”而言，运用经颅直流电刺激的自我实验是值得一试的。

与其他一些干预手段相比，经颅直流电刺激终究还是有一点不确定性的，归根结底，它毕竟是要在人的脑袋上通电。它使用的电流很小，但任何潜在的风险都比显著的收益更值得重视。这种干预手段，我只在自己身上用过几次，且并没有像其他某些干预手段那样长期重复使用。如果你决定在实验中引入经颅直流电刺激，你一定要非常谨慎。请关注这种手段的副作用，如果你心中存疑，宁求稳妥也不要冒险。在你抛弃咖啡，转向神经刺激方法时，不妨听听最初向我介绍经颅直流电刺激疗法的牛津大学教授罗伊·科恩·卡多什的额外忠告。

2013 年，基于对潜在“认知能力损失”的担忧，卡多什及其同事进行了一次后续研究：借助经颅直流电刺激改善人们在某一特定数学能力上的学习效率。在实验中，被试在另外一种不同的数学能力上的表现一落千丈。[39] 通过重新设置经颅直流电刺激电极的位置，他们得以将被试明显下降的数学能力水平重新拉了回来，然而前一种能力又降低了。换而言之，这两种能力必须有所取舍：他们能提升其中一种能力，但只有在牺牲另一种能力的前提下，才能实现目标。所以，在能够提升全部认知能力的经颅直流电刺激研究中，是否存在被试或研究者并不知晓的隐藏认知能力损失呢？如果你要尝试经颅直流电刺激，请做好记录并观察它的副作用，在每一次实验之后都要对自己的精神状态进行一次整体评估，以确保在提升某一能力的同时避免出现意外或不自知地压制了其他能力。你肯定希望避免这些自己不知道的取舍，或者至少要尽快发现它们。[40]

还有一个要注意的领域在本书中多次被提及，而当你要给大脑通电的时候，它尤为重要。在《给经颅直流电刺激自行操作者的一封公开信》（*An Open Letter Concerning Do-It-Yourself Users of Transcranial Direct-Current Stimulation*）中，来自宾夕法尼亚大学和哈佛医学院的研究者表示："考虑到不同健康个体的潜在风险水平不同，那些整体精神功能不错、改善空间不大的人，可能损失反而会更大些。"[41] 我赞同这一观点，这也是我自己很少使用经颅直流电刺激的原因。

那么哪些人不该使用经颅直流电刺激呢？有件事是值得了解的：许多经颅直流电刺激研究实验室，都将一些有着特殊特征的人排除在外。[42] 排除他们的理由多种多样。孕妇、皮肤刺激耐受度低的人以及头皮敏感的人，都被排除在外；服用精神类药物，患有抑郁症、双相情感障碍或是其他精神疾病的人，也被排除在实验对象之外。最终，研究者还常常将那些可能患有癫痫的人，头部、牙齿或耳部有不可拆卸金属物——牙托、各类植入物等的人、人工耳蜗植入者，以及过去 5 年内曾因脑震荡等头部创伤而住院的人排除在实验对象之外。原因在于，人们对经颅直流电刺激对上述人群的影响知之甚少。如果你不属于这些人群，那么经颅直流电刺激对你的影响就更容易预测。也就是说，在尝试经颅直流电刺激之前，你还是应该去咨询医生。

至此，我还要说明一些更普适的概念。尽管某些此类干预方式令人兴奋不已，比如经颅直流电刺激就是一种令人兴奋的手段，但没有哪一类干预方式能让你不费吹灰之力掌握知识，它们只不过是"催化剂"。你必须自行提供"反应物"，以求实现"化学反应"，使你的大脑得到升级，最终改变你生活的诸多方面。举个例子，如果你从前需要学习两小时且无法全程集中注意力，或许你现在只需要用 40 分钟并发现自己的注意力得到了改善。但你依然还是要花时间去学习。还记得吗，研究发现，只有在与认知训练相结合时，经颅直流电刺激才会发挥最大功效。这里所说的认知训练可不是指任何形式的认知训练，只有那些最具挑战性的认知训练才能带来最大的收益。在神经植入术和完整的人机交互实现之前，学习还是需要依靠自己的努力。我希望，对经颅直流电刺激等工具的运用，不会让你减少学习和自我充电的时间。我更希望你能在它们的启发之下挤出更多时间用于学习和成长。

## 让大脑更聪明 SMARTER TOMORROW

1. 神经电刺激的方式多种多样，最安全、价格最低、研究最深入、最容易实现的方式之一，是经颅直流电刺激。
2. 特定的经颅直流电刺激已被证实有助于提升执行能力、学习与记忆能力、情绪调节能力以及创造能力。
3. 经颅直流电刺激通常没有副作用，但一旦出现副作用，通常包括光幻视（看到白光）、对皮肤的轻度刺激症状，以及潜在的灼伤、疲惫感和头痛等。

# 19

## 方法 7：适当使用药物

我知道它们为什么被称作神奇药丸了，因为你不知道它们在你身上会发挥怎样的神奇药效。

哈兰·米勒（Harlan Miller）[1]

英国艺术家、小说家

**时间投入：** 36 分钟

**目标：** 理解益智药在提升精神状态方面的作用，学会如何将其应用于神经破解。

我们接下来要探索的，是人们谈论最多，也是本书中最具风险性的干预手段类型。它是我们要谈论的少数几种侵入性干预手段之一，实际上，它需要真正进入你的身体才能发挥功效。有些人将它称作“聪明药”，而研究者和神经破解者将其称为“益智药”（nootropics）。这个名称由罗马尼亚心理学家、化学家科尔内留·久尔贾（Corneliu Giurgea）首创。[2] 所谓益智药，包含各类能够提升认知能力的处方药及非处方药，包括营养补剂、矿物质补剂、维生素等。这里，我们主要关注非处方药。

在本章中，我会谈及一系列推荐和不推荐的药物。之所以会提及后者，是因为此类药物目前暂不推荐，虽然其中有些展现了一定的潜力，或许我们在未来能够加以尝试。不过前提是需要进行大量研究实验和发展迭代，将其改造到适合应用推广的状态。我认为，了解药物干预的底线，知道为何要采用药物干预，是有价值的。当你在神经破解的道路上不断前进，难免会遇到一些极度依赖非处方药的人。了解他们为什么不该这么干，有助于你克制自身的好奇心，防止你被某些潜在的可怕副作用所困扰。我们会讨论药物的剂量，但请你永远记住，个体对药物的反应可能天差地别。即便你采用的是最低剂量，也要对副作用保持警惕。在尝试我推荐的益智药之前，我希望你能有所畏惧，保持敬畏之心不是坏事。

## 并非100%安全

美国食品药品监督管理局已经开始处罚一些益智药的生产商，因为它们在没有充足研究数据支撑的情况下，就开始宣称其产品具有医疗作用。[3]看看行业规范，我们就知道这样的事并不让人意外。对非处方药、维生素和营养补剂的规章和测试，远不及对处方药那样严格，特别是在美国。也就是说，你在包装上看到的东西，并不一定是盒子里装着的东西。此外，这些产品或许已经被一些稀奇古怪的东西，甚至是砷这样的毒物给污染了。你觉得我像个发疯的阴谋论者？实际上，我对这样的观点也持怀疑态度，直到我开始研究维生素补剂。[4]我的发现令我自己感到震惊。多份研究报告指出，维生素和营养补剂产品常常含有砷、铅和其他污染物。[5]有篇论文解释道，美国食品药品监督管理局“只会让那些被证明不安全的产品下架，而不是有前瞻性地从生产质量方面进行评估……在对患者造成实际伤害的报告出现之前，这些机构几乎起不到监管作用”。[6]

不仅是益智药生产商，整个营养补剂和维生素药剂产业都开始因为产品的可靠性和纯度而遭到批评。我曾认为，消费者在购买“大脑强化”维生素或是营养补剂时可能面临的最大风险，是这些产品毫无作用。我认为许多产品实际上根本不会被大脑吸收利用，因为它们无法通过血脑屏障。此外，就算发生了最糟糕的状况，有人意外服用了过量的药物补剂，这些过量部分也会随尿液排出。但真正可怕的是，在许多案例中，上述假设都是错的：尽管极少有化合物能够通过血脑屏障，但有些东西会滞留在人体内并逐渐积聚。

在另外一些违背直觉的古怪案例中，第三方监督机构，诸如“清洁标签项目”（Clean Lable Project）、“实验室之门”（Labdoor）和“消费者实验室”（ConsumerLab）等，在其自有实验室内，对市面上的消费级维生素和营养补剂进行了测试，发现除了纯度问题之外，许多此类产品甚至完全不含包装上承诺的足量活性成分，或者含量要么明显多了，要么少得可怜。你可以想象一下，这肯定会导致剂量严重不足。

由于监管不足，有些公司会在未经科学验证的情况下宣称其产品可治愈阿尔茨海默病等严重疾病。2019 年，美国食品药品监督管理局和美国联邦贸易委员会曾警告众多制造商，停止虚假宣传，并提醒消费者，在考虑购买补剂时要多加小心。[7]有一种手段尤其让我恼火：我读到一家号称“有科学研究支撑”的益智药公司列举了非常多的研究项目，可这些研究基本上是在小鼠和大鼠等非人类动物身上进行的。为何要纠结这个问题呢？尽管生物医药研究通常的确先在非人类动物身上做测试，但也必须证明对人类有效，其研究成果才有价值。然而现实中时常出现的情况是：某种干预手段对老鼠的大脑作用良好，但由于种种原因，当对人脑进行实验时，效果却大打折扣。[8]这样的失败率，正是各家大型药厂放弃开发针对大脑的新药的部分原因。[9]

某些补剂生产商做了另外一件毫无道德的事，即声称有科学研究支持自家的益智药配方。通常情况下，那只不过是针对配方中某一特定成分的研究而已，并非针对整个产品。我们知道，各成分的用量，以及组成它们的化学物质之间的相互作用，都会对效果产生重大影响。想象一下，如果你读到的一篇研究论文指出，吃樱桃蛋糕可以让人更长寿。你或许会感到惊讶，因为樱桃蛋糕在“健康食品”的清单中并不是名列前茅。你问研究者是如何得到这一结论的。他们回答说，曾经有一次实验显示，吃过樱桃的老鼠比没吃樱桃的老鼠活得更久。可是，樱桃蛋糕中其他成分对健康的影响就被彻底忽略了吗？

资金不足还可能导致草药、营养补剂和维生素产品本身品质不佳或没人开展相关研究证明它们的有效性。真正的药厂可以负担得起昂贵的临床试验费用，因为专利壁垒可以保护产品在上市数年内免遭其他企业仿制。而草药、营养补剂和维生素产品通常无法获批专利。生产商无法承担产品测试的成本，因为其他企业不需要花钱在同类测试上就可以进行仿制。

## 一些关于药品的警告

至少在美国，对于处方药的质量监控机制要比对非处方药严格很多。也就是说，没有哪种处方药是专门为了让健康人更聪明而设计的，这不是药物生产流通体系的运作方式。药物是为确诊疾病的人准备的，所以，你服用的一切处方药，或许对其所针对的病症效果甚佳；但如果你并无相关疾病，那它很可能对你造成伤害。

所谓的“学习药”，即被没有相关病症的人“活用”的药物，比如说，没有注意缺陷多动障碍的人将阿德拉用作“学习药”，试图在备考时让自己保持清醒。在某些圈子里这种做法颇为流行，但某些非常不利的影响也的确存在。首先，这种行为并不合法。例如，美国司法部门考虑将“在无处方情况下获取处方药”列为违法行为，包括将处方药提供给亲友，也属违法行为。之所以不能这么做，还有一些非常重要的健康原因。二手药物有可能是过期的（实际上，有些药物的药效会随着过期而变得难以预料），或者来源不明，可能已经受到有害物质的污染。[10] 其次，在这种情况下，滥用和误用药物的可能性很高。[11] 如果误用或过量使用含兴奋剂的药物，副作用会非常严重，包括出现幻觉、恐慌、震颤痉挛、胃部问题、心脏问题等。[12] 在一次会议上，有个人对我说，自从他开始将“活用”兴奋剂类药物用于说明书未标识的用途后，他感觉自己“变迟钝了”。我相信他说的话，因为他的眼神看上去很空洞，声音听上去也平淡而呆板。

尽管有些人坚信兴奋剂类药物能提升人的精神状态，但多项研究表明，这一观点即便不能说完全错误，至少也是不完整的。虽然未患有注意缺陷多动障碍的人通过使用安非他明能改善从记忆能力到数学能力等多种能力，但这样的好处似乎远小于该药物的疗效。研究者在其他一些体现出了更好疗效的研究项目中，注意到实验采样数据或许并不可靠，因为他们怀疑某些表现出极佳反馈的被试只是活跃过度，而并未真正被确诊为注意缺陷多动障碍。[13] 不过，依然有不少人依赖兴奋剂类“学习药”，原因或许在于，对于那些未患有注意缺陷多动障碍的人而言，这些药提升了他们做事情的精力或积极性。[14] 这些药让他们感觉思维更敏捷，也更容易集中精力。实际上，这可能只是他们对自身能力的认知产生了差异，而不是他们的实际能力发生了改变。[15]

对那些真正患有注意缺陷多动障碍的人来说，情况完全不同。患者的大脑中，作为关键神经递质之一的去甲肾上腺素或是其化学组分——多巴胺，通常含量是不足的，而兴奋剂类药物可以纠正这一缺陷。[16] 我的一位大学同学患有注意缺陷多动障碍，她曾在服药后和不服药时分别接受过智力水平测试，而服药后的得分比不服药时高 20 多分。在测试人员看来，这并不出乎意料，因为他们注意到，在她不服药接受测试时，她总是在测试中停下来并陷入发呆的状态，这使她未能在规定时间内回答全部题目。然而在服药后，她便能在整个测试期间集中精力，回答所有问题。与此类似，当研究者在注意缺陷多动障碍患者接受药物治疗之前为其测试智力水平，并在进行一年治疗后又测试了一次之后，他们发现这些患者的可测试智商有了明显提升。[17]

但是，这些都是注意缺陷多动障碍患者的真实情况。对并未真正患病的人而言，治疗注意缺陷多动障碍的药物非但没有多少实际效果，其潜在的成瘾性和其他副作用却实在不容小觑。所以，我非常不推荐未患有注意缺陷多动障碍的人采用兴奋剂类药物疗法。作为一名神经破解者，你应该把时间用在让自己大脑变得更聪明、更强大、更迅捷上。这个珍贵的器官对你无比信任，耐心地“坐”在你双耳之间，等待着你的决断。所以在你打算冒险之前，请务必小心！

我的“警告”到此为止，让我们继续研究吧！

SMARTER TOMORROW

**哪些人不应尝试这种方法**

如果你怀孕了，患有严重疾病、正在服用药物，或者年龄在25岁以下，请跳过本章接下来的内容，至少要先去咨询医生。大脑的许多重要发育过程，在20岁之前都尚未完成，[18]而对于许多“聪明药”对大脑发育过程的神经化学影响，我们的了解仍十分有限。所以，如果你在25岁之后再进行实验，或许能给自己的大脑创造完整发育的机会。反正我自己的大脑直到我20多岁时才开始发育得更充分。知道了这一点，你是否感觉好些了？如果你感觉自己必须获得某些额外的优势，我推荐你首先去尝试本书第三部分讲到的干预手段，同时与医生沟通。如果你只是对本章剩余内容感到好奇，就继续读下去吧。但请你记住，你年轻的大脑是如此珍贵，假如你能耐心等上几年，它或许就不会这么过分敏感脆弱了。

## 提升认知能力的草药疗法

在你的神经破解之路上，草药能否帮到你呢？精油等草药制品近年来吸引了大量关注，实际上，人类使用各种草药提升情绪和认知能力的历史已经有成百上千年了。[19] 让我们近距离观察一下草药：它们是什么、有何作用、使用它们有何方法与禁忌？

在尝试任何干预手段之前，请先弄清楚潜在的相互作用和副作用，并听取医生的建议（就像我之前提到过的，如果你的情况属于以下情况中的一种：你怀孕了、年龄在 25 岁以下、患有严重疾病或正在服用药物，请跳过接下来要介绍的一系列干预手段）。我有一位朋友，曾经因为某种草药与其他药物产生的副作用而不得不住院。她曾经使用一种非处方补剂，用来改善自己的长期轻度焦虑。有一天，她感觉自己患上了感冒，就服用了一种常见的非处方感冒药。第二天，她因为同时服用了几种药而住院。数月之后，她仍旧被记忆问题和脑雾症状所困。这并不是说所有非处方补剂都不好，只是有些不能与感冒药同时使用。但我们有必要承认，某些物质在某些情况下是无害的，但当它与别的物质同时使用时，就会对人产生危害。[20] 草药与酒精或咖啡因同时使用时，也会有潜在的风险性。

接下来我将要提到的大多数草药，都源于悠久的文化和传统医学，大多数源自阿育吠陀和中药，还有一部分源于南太平洋地区和亚马孙丛林地带。虽然这些草药在它们的原产国广为人知、颇有疗效，但西方科学家却并不完全了解。而且，即便这些草药在印度、巴厘岛或是厄瓜多尔的疗效显著，我们也不能确保能在其他国家复刻同样的疗效。其中的原因有很多：这些草药成分或许无法按照在原产地的方式加工制造，比如在美国，它们并不受法规监管，所以你常常无法确保自己实际买到的东西就是厂商宣称你会得到的东西。此外，饮食和生活方式也会造成草药的实际运用场景与它原本应当起效的场景存在差异，比如，能让某些草药发挥最佳效果的饮食搭配，或许在一种文化背景下非常普遍，而在另一种文化背景下却极为罕见。而且，草药的潜在产量，或许会随着农业技术或环境条件的变化而改变。关于草药，不确定因素实在太多了。

## 用于提升情绪调节能力的益智药

尽管我找不到特别证实有助于情绪调节的草药，但下列草药或许能在某些方面起些作用。我们将谈到一些草药帮助改善情绪、纾缓压力、缓解焦虑的实证。当你看到“主观幸福感”这个词时，那只不过是研究者的一个术语，用来描述我们大多数人所说的“感觉良好、快乐、愉悦”。

**红景天：**这种在中药体系中被称作“红景天”的草药，也被称作“生命灵药”。这种草药多数分布在北半球的高寒地带。

红景天被充分证明能够提振精疲力竭者的精力。我所了解到的与我们的目标最为相关的研究项目，是红景天对于缓解疲劳的疗效。它似乎能明显抵消疲惫感对思考能力的影响。[21] 红景天的疗效不会因长期服用而出现太大变化，但若想了解它的长期影响，显然还需要进行更多研究。

如果你所从事的是压力非常大的工作，或者说你是一位长期拖延症患者（即那些给自己造成压力困境的人），红景天或许正适合你，比如说如下情景：你不只是要一个晚上保持清醒，而是想要在充满压力而睡眠不足的较长周期内保持高水平的精神状态。然而话虽如此，我并未在研究文献中读到过多少关于红景天在非疲劳状态下提升认知能力的证据。所以，我并不会认为它可以在你并不疲劳的时候，将你的精神状态提升到比平常更高的水平。

在美国国家卫生研究院下属的国家补充与替代医学中心的网站上对红景天的描述中，副作用包括头晕、口干。有些研究还提到，它会导致口水分泌过多的现象。[22] 我还在网上看到过一些综述，有红景天的使用者报告说，在尝试了这一草药后，他们的焦虑程度有所提高。但同时也有一些人表示他们的焦虑程度降低了。[23] 很难确认人们所提到的这些副作用，究竟是拜红景天所赐，还是由其他东西引起，因为很少有人能自己独立进行正确的实验。但是，有许多人担心潜在的副作用诱因：有一篇学术报告指出，市面上许多在售的红景天制品，实际上并不含标签上所宣称的成分，而产品中关键成分的剂量也千变万化，因此它可能并没有可靠的功效。[24]

建议：咨询专业医生。

**印度人参：**印度人参（又称南非醉茄），是一种广为人知的吠陀草药。与众多传统草药一样，它的应用也很广泛。我们接下来将专注于它对抗压力和焦虑的能力。

通过每日让压力过度的被试摄入300毫克的印度人参，研究者在其药效方面有了很多发现。2012年的一项研究指出，在服用印度人参制剂60天后，被试做了一份普适的健康测评，按照测评结果来看，他们的社交障碍症状降低了68.1%，而安慰剂组的被试相关症状只降低了3.7%。[25] 也是在这项研究中，服用印度人参制剂的被试报告说他们的压力减少了44%，而安慰剂组的被试只感觉到了5.5%的改善。有件事有必要明确，这项研究是双盲试验，也就是说在分发实验药物时，无论被试还是研究者，都不知道谁将拿到安慰剂，谁将拿到真正的印度人参制剂。

在另外一项研究中，有压力感和焦虑感的被试，每天要分两次服用300毫克印度人参制剂，其中含1.5%的醉茄内酯。研究者发现，若被试在服用印度人参制剂的同时学习呼吸技巧，他们的症状改善了 56.5%。而安慰剂组同样接受了呼吸技巧咨询与培训，但症状只改善了 30.5%。[26]

不同剂量、不同类型的印度人参提取物，都能发挥积极作用。一群身体健康但承受着精神压力的人，在 8 周时间里，每天两次服用印度人参乙醇萃取物。据报告称，服用印度人参乙醇萃取物的 39 名被试，焦虑程度比服用安慰剂的 19 名被试更低，睡眠质量也得到了改善。[27]

另外一种类型和剂量的印度人参提取物，也展现出了缓解压力的潜力。在 6 周时间里，被试每天分两次服用 125 ～ 250 毫克印度人参提取物，其中含 11.9% 的醉茄内酯糖苷、1.05% 的醉茄素 A、40.25% 的低聚糖以及 2.44% 的多糖。据报告，被试在焦虑和睡眠不足、健忘等关联症状方面有显著改善。[28]

但它依然难逃各种传统草药的典型问题。我找不到长期跟踪使用者状态的相关研究，不确定这种草药在使用者身上的起效情况，也不知道他们是否因此产生健康方面的担忧。[29] 我们需要更多的相关研究。

依照上述的剂量，如果仅仅是短期使用（几周或数月），我们尚未发现相关的重大副作用。但是，如果你的用量过大，这种物质也是有致死剂量的，所以请务必小心。即便采用低剂量，也有可能导致一些小的副作用，包括轻微头晕、头痛、嗜睡和胃部不适等。据报告，在极少数情况下，印度人参会导致使用者出现肝酶升高和肝损害，有时还会导致过敏反应或心率过快。印度人参能够降低血压和血糖水平，提高甲状腺素浓度。所以，如果你之前就在担心这些指标，请在试用印度人参制剂之前咨询医生。[30] 为了避免胃部不适，你应该在饭后服用印度人参制剂，这或许会对你有所帮助。

**卡瓦：**去过卖卡瓦酒的酒吧吗？如今它在美国已经逐渐流行。我在旧金山去过一家卖卡瓦酒的酒吧，过程大概是这样的：我和朋友每人点了一杯卡瓦酒，酒保一边将一种浑浊的棕色液体倒进三支由一半椰子壳做成的酒杯，一边兴奋地向我们介绍这种酒的健康功效，讲述其在斐济的宗教和传统仪式中的古老地位。考虑到卡瓦酒的观感，它的口感也并不令人感到意外：它看上去像是泥水，喝起来也像。但片刻之后，有意思的事情发生了。我的舌头和脸颊开始变得有一点点麻木。我们向酒保问及这种感觉，他却让我们安心，说这是卡瓦酒的一种正常功效。不一会儿，我就感到了一种很久很久没有感受到的全身放松感。

那感觉，让我回忆起儿时每次暑假的第一个星期，那种放松而又警醒的独特的幸福感。我的朋友表示，感觉有点儿像喝了酒（当然口感明显不同），但思维状态又与酒后的感受存在明显差异。我感到自己的头脑思维极其敏锐，甚至连咖啡因都不曾让我有这样的状态。我感觉更有好奇心，思想开放，更加健谈，也更幽默。我问酒保，人们喝过卡瓦酒之后，会不会像喝过酒精饮料之后那样变得好斗。他笑了，仿佛打架是卡瓦酒饮用者永远不会想去做的事。

后来，就在我们打算离开座位时，我惊讶地发现，自己的身体发生了某种变化。尽管我的头脑持续处于敏锐状态，但我身体的其他部分有些反应迟钝。“我想咱们不应该在喝过卡瓦酒之后开车或是操作重型机械。”我打趣道。我完全没有醉酒的感觉，无论走路还是身体协调都没有问题，但我能感受到身体的反应速度被延缓了。

回到家中，我立刻开始了相关调研。一些并不十分科学权威的文章指出，卡瓦与“增加主观幸福感”和“降低焦虑感”相关。我觉得有一些道理。

在 2012 年的一项研究中，研究者随机安排被试服用一剂 30 毫克抗焦虑处方药奥沙西泮，或是一剂安慰剂，或是一剂卡瓦提取物药片（含 180 毫克卡瓦内酯）。被试并不知道自己每次服用的是哪种药片，但他们会在每次服药之前和之后参与认知测试。实验每隔一周进行一次，这 3 种药片被试都要尝试一遍。卡瓦提取物药片的作用表现正好处于中间水平。服用安慰剂之后，被试的焦虑程度呈上升趋势，而服用卡瓦提取物药片之后，他们的焦虑程度维持原有水平。服用奥沙西泮之后，他们的焦虑程度普遍下降，但警觉性也严重下降。而服用卡瓦提取物药片后，被试的警觉性可是有所提升的，就像我那次在酒吧里的感受一样。[31]

1997 年，德国耶拿大学组织了一次为期 25 周的双盲随机对照试验。100 名被诊断患有焦虑症的被试，被随机安排服用卡瓦提取物或安慰剂。卡瓦提取物组的被试在实验开始后第 8 周，感觉焦虑症状逐渐得到缓解。[32] 来自墨尔本大学的研究者，对一些让焦虑症（大多数是广泛焦虑障碍）确诊患者在数周内服用卡瓦提取物的随机对照试验进行了回顾。这些实验效果显著，6 项研究中有 4 项表明，被试的症状得到了近 36%的改善。[33]

但是，对于长期使用或是一次性过量使用卡瓦提取物导致肝损害或中毒，人们在某种程度上表示严重担忧。尽管大多数此类令人担忧的事件，与卡瓦提取物的应用并无明确关联（在许多案例中，人们也在服用其他可能导致这些问题的药或物质），一些资料依然建议持续服用卡瓦提取物的人经常检查肝功能。此外，有些人还出现了皮疹症状，但未被证明是由卡瓦提取物直接引起的。还是那句话，尽管卡瓦提取物在美国和其他一些地区处在监管之外，但在欧洲某些地方，它依然是一种处方药。[34]

建议：咨询专业医生。世界卫生组织的一篇报告警告过，相比于服用卡瓦提取物药片，喝卡瓦酒更容易摄入更多卡瓦活性化合物。[35] 或许在周末，你可以找一家售卖卡瓦酒的酒吧，将它视作普通酒吧的“益智”替代品。请注意，每家酒吧售卖的卡瓦酒里，卡瓦的含量也是不同的。要深入了解推荐剂量，尤其是服用卡瓦提取物药片的剂量。为了确保安全，我建议你去酒吧喝卡瓦酒的时候带上一位专职司机，并且尽量让自己每次只喝一杯。如果你打算喝更多的卡瓦酒或是服用更大剂量的卡瓦提取物药片，请定期检查肝功能。

## 用于提升执行能力的益智药

**咖啡因：**你喝下的咖啡、茶水，你享受的巧克力，你豪饮的可乐或是能量饮料，都包含与人类相伴最久远的益智药之一：咖啡因。数千年来，咖啡因被全世界众多文明所运用。[36] 作为一种益智药，咖啡因本身有利有弊。但当它与左旋茶氨酸（茶中的一种氨基酸）相结合时，某些弱点便消失了。

大多数人摄取咖啡因，只是为了提振精神。我喜欢曾在一个咖啡杯上看到的箴言：“咖啡，让你精力更加充沛、更快地去做蠢事！”无疑，咖啡因能够提振人的精神警醒度和信息处理速度，但这些并不代表能提升人的整体智力水平。那些通宵熬夜的大学生足以证明，当你被困意包围时，咖啡因对保持清醒有很好的作用，实验室里的神经科学家也确认了这一点。[37]

尽管如此，“咖啡让你精力更加充沛、更快地去做蠢事”，还是有些道理的。咖啡因剂量范围涵盖从 50 毫克（大约半杯咖啡）到 450 毫克（差不多 4 杯咖啡）的几十项实验表明，摄入了咖啡因的被试在简单任务中的成功率得到了提升，反应速度也变快了，尤其是在那些需要高度警觉性的任务中。然而，咖啡因时常会降低被试在更复杂认知任务中的表现水平，比如涉及记忆能力的任务。[38] 有趣的是，有一类人群似乎在粗略认知方面得到了真正的提升，就是那些性格外向的人。2010 年，在伦敦大学金史密斯学院进行的一项研究中，摄入了咖啡因的性格外向型被试在工作记忆方面得到了提升。[39]

我们的“朋友”左旋茶氨酸，就像是一位睿智的同伴，能够勒住咖啡因的缰绳，将其所蕴含的狂野能源转化为某种更温和、起效更直接的力量。你有没有注意到，喝一杯绿茶也能让你精神焕发，却不会带给你喝了咖啡之后那种神经过敏的感觉。这就是左旋茶氨酸在起作用。

根据实验，同时摄入咖啡因和左旋茶氨酸的人，与单纯摄入咖啡因的人一样，也会感觉疲劳得到缓解、警醒度得到提升、更不容易头痛、反应速度更快，甚至完成单词试读任务的速度都得到了提升。[40] 此外，迄今为止的研究表明，将咖啡因与左旋茶氨酸结合使用，似乎能改善人们控制自身注意力的能力（根据需要将注意力从一项任务转向另一项任务），降低他们被干扰的可能性，提高整体专注度。[41]

单独摄入咖啡因的副作用包括：神经过敏或紧张焦虑、“咖啡因崩溃症”（起先感觉精力倍增，随后突然失去力量，仿佛身体代谢了全部能量）、头痛、恶心、血压升高、躁动不安、面色潮红、失眠、心律不齐（心律失常）、肌肉痉挛、肠胃问题，以及思维和语言混乱等。[42]

建议：咨询专业医生。如果你想要通过喝茶提升认知能力，那些研究喝茶剂量的实验表明，除非你摄入咖啡因和左旋茶氨酸的剂量均超过你从寻常一杯茶水中能摄取的剂量，否则你无法单纯通过喝茶达成目的。在这种情况下，你最好在喝咖啡的同时服用左旋茶氨酸补剂。

随着你摄入的咖啡因越来越多，其对认知能力的诸多正向影响就会消失。为了防止出现耐受性，你可以对咖啡因进行“循环利用”。如果你是一名重度咖啡因使用者（每天饮用超过 4 杯咖啡），为了重新寻回“最初”使用咖啡因时提升认知能力的功效，你或许需要戒断咖啡因一个月。[43] 尽管提升认知能力的功效会随着咖啡因的持续摄入而消退，但咖啡因让你保持清醒的能力依旧。或者说，逐渐消退的只是你的戒断症状。毕竟，每天喝一杯咖啡让你感觉不错，并不是因为咖啡本身让你感觉不错，而是因为你不再被咖啡戒断带来的不适感所困扰了。[44]

如果你刚刚开始接触咖啡因，初始剂量以 100 毫克为宜。那大概是 1 杯咖啡中所包含的剂量。每 100 ～ 200 毫克咖啡因，搭配 100 ～ 200 克左旋茶氨酸为宜。有些人坚信，两者结合使用时，左旋茶氨酸的剂量大一些更好，而有些人则认为咖啡因的剂量大一些更好。有研究表明，当左旋茶氨酸剂量少于 100 毫克时，其效果似乎会消失。[45] 不要过量摄入咖啡因，事实上已经有人因过量摄入咖啡因而死亡了。[46] 每日最大咖啡因摄入量，大约是 400 毫克。[47] 如果你是孕妇，每天的咖啡因摄入量不要超过 200 毫克。你的基因决定了你对咖啡因的反应：在诸多基因中，CYP1A2 和 AHR 基因负责调节此项功能。你可以通过商业基因检测，看看自己的基因图谱中有无与调节咖啡因相关的片段。[48]

## 用于提升学习与记忆能力的益智药

**假马齿苋：**使用假马齿苋需要有足够的耐心——连续服用 12 周，它才能开始实际发挥提升记忆能力的作用，但在所有的“益智药”中，它所带来的认知提升效果或许是最明显的。假马齿苋，又名婆罗米、芸香、水牛膝草、印度积雪草，生长于全世界的潮湿热带地区，作为一种草药，或许已有数千年历史。

当你刚刚开始运用假马齿苋时，其主要功效似乎在于缓解焦虑。直到 8 ～ 12 周后，它改善记忆能力的功效才开始显现。[49]（当然，有些人宣称他们 3 ～ 4 周就感受到了这种功效。）与其他草药甚至是处方药相比，假马齿苋的效果皆不落下风。在 2013 年的一项双盲试验中，研究者对比了假马齿苋、莫达非尼（一种针对嗜睡症患者或是倒班需要保持清醒的工作者的处方药，也被一些人当作“益智药”使用）以及人参的功效，结果，假马齿苋脱颖而出。尽管它未能帮助被试更好地回忆他们在服药前学到的信息，也未能帮助被试更快地学习新信息，却使他们能够在学习新信息后更长久地记住这些信息。从本质上说，被试遗忘得更少了。实验结果也并非是不易察觉的。实际上，在认知测试中，那些服用了假马齿苋的被试的表现，比服用安慰剂组被试的表现好近 35%。而服用人参组和莫达非尼组被试的表现则比服用安慰剂组被试好约 30%。[50]

另外一篇发表于 2013 年涉及 9 项研究、涵盖 518 名被试的综述提到，假马齿苋在另外两次认知测试中表现出了持续强劲的效果：一次是针对多任务处理能力和视觉注意力的度量测试（试验检测 B），另一次是一种反应时间测试（选择反应时间）。[51] 尽管针对假马齿苋的研究数量还不够多，但相关例证的严肃性和说服力正在增加。

假马齿苋的应用存在禁忌症和副作用。有些神经破解者提到服用假马齿苋后出现了恶心、抽筋、肢体肿胀和腹泻症状，[52] 将其与一些富含脂肪的食物一起服用，似乎能减轻这些副作用症状。按照传统，假马齿苋要与印度酥油一起服用。

建议：咨询专业医生。假马齿苋的功效是放松，有些人甚至说，服用过它之后会导致他们变得消极或是冷漠。所以，你或许需要将其与咖啡因联合使用，或是只在晚间服用。它的副作用可能包括恶心、抽筋、肢体肿胀和腹泻。此外，为了确保完全吸收，同时不引起胃部严重不适，不要空腹服用。最理想的状态是，你应该同时吃一些脂肪含量高的食物。因为研究表明，假马齿苋需要较长时间才能对学习与记忆能力产生可观察的改变，你或许应当将自己根据之前的学习与记忆能力测试确定的基准线结果，与服用假马齿苋 8 ～ 12 周之后的测试结果进行对比，以确定适合你的方案。

## 用于提升创造能力的益智药

说起能够提升创造能力的益智药，相关研究真是少之又少。的确有一些研究与之相关，但我对它们并不十分有信心。如果你已经到了能够合法饮酒的年龄，那么少量饮酒或许能提升创造能力。曾经有一个项目，研究者让一部分被试进入微醺状态，[53] 然后让他们参与创造能力测试。被试只要不过量饮酒，其表现会比对照组略好。[54] 由于酒精有助于缓解紧张焦虑、减轻拘束感并抑制自我意识，它很可能会弱化人们内心中那个压抑创造性思维的“编辑器”。

另外，很可能那些有助于情绪调节的益智药，比如红景天、印度人参和卡瓦，也能通过更好地控制情绪来帮助提升创造能力，尤其是在我们知道强烈的积极情绪（或是消极但平静的情绪）能够帮助“进入创造状态”的时候，情况更是如此。但是，我并未看到任何宣称上述任何草药对提升创造能力有效的研究报告。也就是说，或许你可以成为在此研究中取得进展的第一人！

## 其他益智药

还有其他一些饮品，我很享受它们在提升专注度、振奋情绪、增加精力等方面的功效。这都是一些合法的产品，我在使用过程中未曾感受到任何不良的副作用。但是这些产品并没有多少科学实证能为其背书。由于缺少常见的科学实证，我不知道是否应该强烈推荐它们。此外，如果不将我自己经常使用的东西介绍给大家，就太虚伪了。

**瓜尤萨：** 瓜尤萨是一种生长在亚马孙丛林的茶，其咖啡因含量与咖啡相当，但所导致的神经过敏现象要少得多。其所含的抗氧化剂成分比几乎所有其他茶类要高得多。这种茶有提振情绪的功效（至少部分原因在于其咖啡因成分）。我发现它还能提升我的创造能力，比如在我写作的时候，喝这种茶简直再合适不过了。[55] 它主要生长在厄瓜多尔。喝它或许还能有助于环保，使更多雨林得到保护，甚至得到重新种植。正如莱昂纳多·迪卡普里奥和其他一些瓜尤萨茶明星使用者所指出的那样，这将是很棒的、急需的环保之举。[56]

由于有提升专注度的功效，下列这几种草药也是我所喜爱的：马黛茶、猴头菇和白桦茸。[57] 我通常将马黛茶作为茶来饮用，而将猴头菇和白桦茸加在咖啡里喝。尽管这些植物中的一些已经在其他动物身上做过实验，一些的生化成分已经得到了分析，但尚需要很多研究才能全面了解其如何影响人类的精神状态。

## 并不值得尝试的益智药

有些“益智药”虽应被提及，但或许不值得去尝试。

**尼古丁：** 这是最古老、最具争议性的“益智药”之一。我们都知道，吸烟会引发肺癌，而只要提到吸烟，大家都会想到尼古丁。尼古丁是香烟中的主要成分，本身就具有致瘾性。即便不与烟草制品中通常与之共同存在的其他成瘾物和化合物共同作用，尼古丁本身也具有致瘾性。不过，对尼古丁的研究表明，它并非一个彻头彻尾的"混蛋"，而更像是一个性情复杂的"坏人"。20 世纪 80 年代，研究者发现了一个奇怪的现象，吸烟者比不吸烟者患帕金森综合征的概率更低。[58] 在一个对超过 40 项针对尼古丁和吸烟行为的临床研究的分析中，尼古丁与其他兴奋剂类似，被证实能够提升警醒度，改善注意力，强化情境记忆和工作记忆。[59] 这是不是意味着我们应该出去买盒烟呢？显然不是。然而，这项研究却提出了一个危险的观点：或许我们可以在摒弃尼古丁缺点的前提下利用其某些好处？

我在药店里颇感羞涩地购买了尼古丁口香糖、含片和贴片。毕竟，我在一生中总共也就只吸过两支香烟，而世上还有那么多人努力想要戒掉烟瘾。买这些东西让我感觉有些失礼。但是，我还是决定推进我的实验。

起初，我是从尼古丁贴片入手的。然而我马上就尝到了苦头：不到一分钟，我的皮肤就像是着了火一样，眼看着就变红了。因此，我不打算再尝试尼古丁贴片。那含片呢？第二天，我先是做了一系列认知测试，接着含了一片尼古丁含片，随后又做了一系列认知测试。不良副作用倒是没有，可我也没觉察到它的提升功效。而且，尼古丁含片实在太难吃，我可不想再吃了。好吧，再试试尼古丁口香糖吧？这一次，我总算找到了一种可以忍受的尼古丁产品。尼古丁口香糖的口感有些刺激，但还没到让人受不了的程度。我做了一系列认知测试，嚼了一片尼古丁口香糖，随后又做了一系列测试。这一次，我发现自己的认知能力在诸多领域有明显提升，尤其是言语流畅度（即在限定时间内说出以特定字母开头词汇的能力）。此外，我感觉自己更警醒了，几乎跟喝了咖啡的感觉差不多，而且是全身每一处都警醒起来了。难道我发现了些什么？

第二天我又重新实验了一回。不过这一次我没吃早饭，而且在实验之前喝了一杯咖啡。然而事实证明，这真是个错误的选择。不一会儿，我就发现自己的视野变得狭窄，全身被一种末日降临的感觉所笼罩，一股不可名状的恐惧扑面而来，我的双手肉眼可见地开始颤抖。我意识到事情不妙，就给我身为医生的母亲打了电话。她问我都做了些什么（她知道我在做神经破解实验的事），很快就确定我是“惊恐发作”（一种病症）了。知道了自己当下正在经历何种事情，我很快平静下来。我来到厨房，吃了点东西，调整了呼吸，在当天剩余时间里不再摄入咖啡因。不到半小时，我就感觉好转了。我决定以后再联合运用含兴奋剂的药物时，特别是在空腹状态下，我都要更加小心谨慎。

我决定将尼古丁口香糖留下，以备“不时之需”，也就是当我真的需要集中精神时临时使用它。但实际上，我后来大概一年也就吃了一次。另外我还发现一些效果与其近似，但“吓人程度”要低得多的益智药，我更愿意选择它们。我有一些朋友也经历过类似的由尼古丁导致的“惊恐发作”，比如有一个人在连续几个月每天嚼尼古丁口香糖之后，甚至出现了严重的戒断反应症状。

**西坦类制剂**：有人说它们是药，有人说它们是补剂，还有人将它们模糊地称作“药剂”。它们似乎能对诸如乙酰胆碱或是谷氨酸等神经递质加以调节，但我们对其调节大脑功能的实际机制并不十分了解。当你在网上论坛浏览相关信息或咨询神经破解时，你一定会遇到那种对西坦类制剂的好处赞不绝口的人。这里所说的西坦类制剂，包括吡拉西坦、阿尼西坦、奥拉西坦、普拉西坦和苯基吡拉西坦等。有些人对它深信不疑，但关于其有效性的研究文件存在矛盾观点，所以我从未尝试过。

有一些研究表明，西坦类制剂能帮助存在认知差异或是认知障碍的人

（比如患有轻度认知障碍的老年人）提升认知能力，还有一项研究显示它对失读症患者也有帮助。[60] 但对整体健康状况良好，或认知能力处于平均水平甚至更高水平的人而言，这类制剂并没有明确的功效。[61] 实际上，美国食品药品监督管理局已经开始制裁益智药生产商，理由是其在没有足够研究数据支撑的情况下，宣称产品有医疗功效，包括在产品成分表上标注含西坦类成分的行为。[62]

**莫达非尼和阿莫菲尼**：这些药物可以提升你的警醒性，似乎也有提升执行能力的功效。[63] 这两种处方药通常是针对必须长时间保持清醒的人（比如长途车司机或飞行员），或是长期被困倦感所困扰的人（比如嗜睡症患者）。制药商 Cephalon 报告了该类药物诸多令人难以置信的副作用：有 1%～10% 的使用者会出现胸痛或心悸、头痛、恶心、出汗、尿液变化（比如血尿）、背痛、寒颤、焦虑以及失眠等症状。[64] 上述只是常见副作用。不常见的副作用包括性欲异常、皮疹、健忘以及出现自杀意图（0.1%～1%的用户）等。还有传闻说当人们不再使用莫达非尼时，会出现颇为严重的宿醉感。所以，除非你患有嗜睡症，否则我不建议你尝试这些药物。

## 让大脑更聪明 SMARTER TOMORROW

1. 购买时要小心：针对大脑健康和心智能力提升的非处方类维生素、营养补剂、饮料和草药，在美国（以及其他很多国家）都是不受监管的。鉴于此，你购买的任何一瓶此类产品，都并不一定是真材实料。此外，你所获得产品的实际成分可能存在巨大变数，这使得你很难把控服用剂量，增加出现药物相互作用的可能性。
2. 处方药针对的是其测试过的疾病，必须严格按照处方服用。否则，你很可能遭遇稀奇古怪甚至是危险的副作用。处方药可以让你感觉更加自信（比如服用阿德拉的案例），但通常它们并不能实际增强你的能力。
3. 草药对情绪调节能力、执行能力、学习与记忆能力都有帮助，但如果你不到 25 岁、怀孕了，或患有严重的疾病，请不要使用草药。此外，当你要改变草药的剂量时，请咨询专业医生。

# 20

# 从科幻到现实，即将实现的科技手段

一切足够先进的技术，都跟魔法没有区别。

阿瑟·C. 克拉克（Arthur C. Clarke）

英国科幻作家

**时间投入：**33 分钟

**目标：**了解那些即将面世的科技手段。

在你着手开启自己的神经破解之旅前，我不禁想要再介绍一些观点供你参考。伴随人类科技创新的脚步，还会出现哪些与大脑相关的技术，难道你不好奇吗？

我们将用本章的第一部分探讨那些听上去或许像是科幻情节的技术。不过，它们很快就会成为现实，或者说已经成为现实。

我们将谈及三个即将实现的类别的技术，它们分别是基因选择与编辑、人机混合以及认知数据方面的进步。至于你在定义自己的神经破解道德规范时，或许要去思考的一些更大的社会问题，我们也会进行一番讨论。这只是因为，你能尝试某些东西，并不代表你应该去运用它们。神经科学有可能会加大这世界上的贫富差异。比如，富人提前掌握了一些技术，使他们在已经掌握很多资源的基础上能掌握更多的东西，无论是变得更聪明、更幸福或是拥有更长久的寿命。此后，这个世界会变成什么样子呢？先弄清楚这些，我们再去讨论那些让我兴奋不已的与神经科学相关的技术突破。

## 更聪明的基因

智商是由基因决定的吗？你在学习过程中遇到的问题，能否追溯到儿童时期甚至更早？如果是这样，针对此类状况，你又能做些什么呢？我曾经有过这样的疑问：我孩提时代的阅读障碍问题，是否完全由基因决定？

2011 年，我决定使用某检测公司的套装工具进行基因拭子检测，以便更为全面地了解我自己的基因。当我在网页上看到决定我是否先天易患阅读障碍症的基因片段信息的链接，我急切地点了进去。我得到了想要的答案吗？没有。我又从其他有关我精神状态的基因信息中，了解到了些什么呢？我的一段基因表明，我有机会拥有比普通人更强的场景记忆能力。这让我想起，在回忆与亲友共同经历的事情时，我的记忆总比他们更加清晰。很快，我点了点头，仿佛基因检测很准确。其他基因检测结果也与我个人的经验相符。我停了下来。这种基因检测越来越像是高科技版的占星了，它的精度能有多高呢？[1] 在与认知能力相关联的基因方面，大多数科学研究仍处在起步阶段。如今我大概每年都依然会进行一次基因检测，我常常会发现检测对我的基因的解读也有变化。比如，基因检测机构曾有一次指出我是“夜猫子”，但最近一次检测却指出我是个倾向于早起的人（它第一次说对了！）。因为相关科学研究仍旧处在起步阶段，在许多案例中，研究者依然在尝试判断，究竟哪些基因对精神状态和心智能力特质有提升作用。

### 基因对认知能力和人生各阶段成就的影响

过去几十年间，我们所掌握的人类基因相关数据呈现出井喷式的增长。我们有了花费数十亿美元的“人类基因组计划”（Human Genome Project），以及其他各种各样的惊人突破。然而，从基因信息中归纳出真相，要比研究者最初的预判困难很多。我们见识过诸多针对成人和儿童，试图揭示这一问题本质的测试：智商测试得分更高的被试，与那些在人生各阶段取得更多成就的被试（在儿童时期），拥有相同的基因或基因组合的可能性是否更高呢?

在这个问题上，答案似乎让人非常难以接受：基因对于智力的贡献，仿佛并不是单一基因的功劳。实际上，可能有一大批基因在起作用，每一种大概都能在不同程度上决定智力水平（有那些并不完美的智商测试为证）。[2] 迄今为止，研究者已经检视了数百万个数据点位，看起来有许多种基因组合都能产生较高的认知能力。一份最近的综合报告汇聚了 1995 年至 2009 年收集的来自“认知机能正常个体”的数据，发现有超过 50 个基因在智力方面发挥着作用，但针对各基因影响力进行测评的结果确实千变万化。基因在智力方面发挥的作用，更像是团队协作的结果，而非某一种基因的工作。[3]

想要探明先天因素和后天因素对人的成就所造成的影响，我们可以去看看瑞典心理学家 K. 安德斯·埃里克森（K. Anders Ericsson）的研究成果。他是针对马尔科姆·格拉德威尔（Malcolm Gladwell）在《异类》（*Outliers*）中推而广之的“一万小时法则”进行研究的发起者。在职业生涯中，埃里克森一直都在研究世界级明星成功背后的根本原因，无论这些人是音乐家、运动员还是游戏玩家。他所保持的，是一种“生活与成长环境决定论”的立场：“因为我们知道，练习是一个人在某一特定领域能否取得高成就的最重要因素。那么，如果基因确实发挥了作用，其参与方式便是塑造一个人能够刻意练习的可能性，或是确保这种练习的有效性。从这个角度来理解基因差异，会得出完全不同的结论。”[4]

我认为他一定是发现了什么。如果我们能发现一小段负责“让人坚韧不拔”的基因，那么它将在人的整体成就中发挥显著的作用。当然，观察它们会在精神状态的哪些方面发挥作用，将会是一件有趣的事。毕竟，你或许已经见识过一类人了，他们的智商测试得分颇高、在学校表现良好，却在处理需要花费更长时间的事或面对弱结构化工作时备感煎熬。我猜想，观察某些基因可以在一定程度上预测人在标准化测试中的表现；而观察另外一些基因，可以预测人在诸如运营公司或是照顾家庭等需要长久努力的事情上的表现。

## 我们可以创造更聪明的婴儿吗

在谈论飞速发展的神经技术时，这个问题总是周期性出现。尽管研究者尚未发现某种提升认知能力的基因，但作用相反的基因却已经被找到了：特定的基因变异会导致认知能力受损。在当今世界，孕期筛查已经越来越常规，唐氏综合征、神经管畸形、18 三体综合征以及史－莱－奥综合征（即小头－小颌－并指综合征，与其他症状相比，该病患儿的智力障碍风险明显更高）[5] 等胎儿问题都能在筛查中被发现。母亲想要继续怀胎，就得面临严峻的选择。因此，一些有特定病症家族史的父母转而求助于试管婴儿等生殖技术，以帮助他们选择携带“不治之症基因”风险低的卵子和精子。

这是否意味着我们身边将很快充斥着各种非常可爱、无比健康、智力超群的小孩呢？或许不会。生殖技术可以被用于特定类型的非医疗强化领域，比如选择孩子眼睛的颜色，但很少有特征被充分理解，因此也不能通过基因选择的方式来加以选择。从广义上说，对婴儿进行基因编辑，不仅不受鼓励，在许多地方还属于违法行为。[6] 尽管，在新技术诞生之后，我们或许应当去重新审视某些旧规则。

尽管遭遇了打击，但 CRISPR 仍被视作一种革命性的基因工具。曾经我在分子生物学实验室工作的时候，编辑人类基因还是一件不可能实现的事情。为了探索基因编辑，我们用小鼠等“基因模型生物”进行了一些研究。我们曾使用过一种更为复杂的手段，包括为想要改变的每一段基因序列单独设计一种特别蛋白质。这种办法耗费时间、容易出错，而且成本高昂。CRISPR-Cas9（以及其他 CRISPR 工具体系）更容易操作、更迅捷，成本更低。这些实验工具体系允许研究者破解细菌用于对抗病毒的自然防御机制。了解实验工具体系，可以让我们将细菌改造成为能满足我们实验需要的“小机器”。如今，我们已经能够搜寻基因中的特定目标片段，以我们所需的新片段取而代之。接着，由细菌改造而来的“工厂”可以产出我们所需的蛋白质。这些已经对包括神经科学在内诸多领域的基因研究产生了革命性的改变。[7]

但是，当我在 2016 年观看麻省理工学院教授张锋（Feng Zhang）的演讲时，还是注意到了这项技术的短板。张锋教授是 CRISPR-Cas9 开发的领军人物之一，他指出，在应用该技术时，有时会剪掉一些在实验意图之外的 DNA 片段。[8] 当时，张教授正在研究一项技术，意在提升一种更精准基因编辑方案的特异性，帮助人们更好地理解有着多重遗传和表观遗传原因的复杂疾病，甚至在未来某天找到相应的治疗方案。既然认知能力水平也是有着多重遗传和表观遗传原因的，那么想象一下利用 CRISPR-Cas9 来揭示认知的秘密，也算不上是异想天开。

如果你想亲自尝试 CRISPR-Cas9（请注意，是编辑某些细菌的基因，而不是编辑你自己的基因），可以从一家名叫 ODIN 的网络初创公司花费不到 170 美元购买家庭套件。[9] 然而，实验流程包括在你的家用冰箱里保存大肠杆菌。说实话，想到我的食物可能被大肠杆菌污染，我可一点儿也兴奋不起来。所以我决定暂不去做这个有点儿特别的家庭实验。

# 打破人机界限

想象一个人机混合的未来世界，也许会有人自然而然地想到一个机械混合人统治世界或是人工智能彻底取代人类的场景。而我想要描绘的，是以神经科学和认知科学为主线的，能够积极减轻甚至防止人类苦难的技术时代。让我们来探索一些或许值得去打破人机界限的领域吧。

## 减少人类的错误，做出更好的决策

昏昏欲睡的驾驶员、精疲力竭的主刀医生……多少生命因为人类的错误而消逝？现在有很多型号的汽车都内置了“疲劳监测系统”，通过眼球跟踪技术确保驾驶员在开车期间睁着双眼。[10]谷歌邮件系统曾经有一项名为 Goggles 的功能，其可以防止用户在精神恍惚的午夜发出日后可能让自己后悔的邮件。如果时间已经过了某个时段，它就会问用户一些基本的算术问题。如果用户答错的次数太多，它就会剥夺用户发邮件的权限。[11]

假如你有一套定制化的系统，能够在一天中监控你的身体状态，并为你提供预防性建议，会是一种怎样的状况呢？举个例子，疲惫时常会导致易怒和判断能力下降，与其在睡觉前莫名其妙地向你的孩子和配偶大喊大叫，不如提前采取预防性措施，控制你发怒的时间。一套困倦检测系统可以持续监控你的心率、眼动情况以及其他生物指标。困倦疲惫的人，很少会在亲眼看到自己犯了错或是做出与自身性格不符的行为之前，意识到自己已经有多累。如果有一套客观的监控系统，能够预测出你将在接下来数小时内进入筋疲力尽的危险状态，那么你或许更愿意去预防性地小睡一下，或是在午餐之后散散步。

在大多数人难以安排计划、制定战略、做出决断、遵守先前承诺，或是处理大量新信息的时候，技术可以提供帮助。马克斯·普朗克研究所的研究员法尔克·利德尔（Falk Lieder）对“清晰思考”（Clearer Thinking）网站的“决策顾问”（Decision Advisor）工具进行了研究，发现“与不使用该工具做出重大决定时相比，被试在使用过该工具做出决策之后，后悔概率降低了27%～38%”。[12] 该工具会提出一些特定的、可以自由作答的问题，以帮助被试避免常见的认知偏差，比如忘记去考虑替代方案。

同理，当身而为人的“先天设计”有可能让我们误入歧途时，在恰当的时间获得一点儿认知能力方面的支持，有可能对我们的生活产生影响。在近 2 万年内，人类的大脑几乎没有发生重大演化，而我们大脑原本关注的东西，是躲避捕食者，监视可能的猎物，分辨和采摘坚果、浆果以及其他食物。当我们处在这些状态下时，我们的注意力系统优先考虑的，是样子新奇、移动迅速的信息物，分配额外产生的精力和注意力。用一颗 2 万年前演化完成的大脑去应对如今的事物，注定是要犯错的。因为很多现代活动都是重复乏味且注重细节的。

数据收集（这种问题已是老生常谈，比方说零售业界对客户信息的维护）和在高速公路上开车，是单调重复工作的两个例子。实际上，在做这些工作的时候，人的大脑很容易出现非受迫性错误或是陷入微睡眠状态。[13] 工作的全面自动化会引发一个问题，即完全剥夺一些人维持生计的手段，适度的自动化，会让我们的工作更成功、更富乐趣。自动驾驶车辆与人类不同，不会疲劳，不会陷入“路怒”，也不会为了接电话而失去对方向盘的控制。然而，人类和人工智能相结合，能够提供最为安全的驾驶体验，人类执行能力的弱点可以被机器的力量补全，机器也可以在人类的优化下变得更智能。

## 让日常事务变得更容易

技术为人类执行能力提供辅助的另一个小领域，是让日常事务变得容易：我们或许再也不用担心忘带钥匙了。在瑞典，已有数千人在手掌虎口的皮肤下植入了微型芯片。[14] 这些芯片通常利用无线射频识别技术，让人们通过手中芯片发出的无线电波即可开关家里、办公室以及其他地方的门锁。瑞典最大的列车运营商，允许旅客使用无线射频芯片代替车票，[15] 很多人希望其他企业也能效仿。有些人已经在自己的芯片中储存了包括医保信息在内的其他信息。无现金支付体系的日渐流行，让许多人开始思索，或许银行账户也可以被永久储存在皮肤下的芯片里。

到目前为止，在通过机场安检或接受磁共振成像等检测时，植入芯片似乎没有磁性吸引的问题，并且如果植入方式得当，感染风险很小。如果有潜在的小偷，他肯定得先知道你手里有个微型芯片，所以芯片中信息的被盗风险大概与钱包或钥匙被拿走的风险类似，他们必须把芯片从你手上抠出来。尽管有些人会对采用这种侵入性的“便利”技术感到犹豫不决，但这依然可能会改变人类执行能力的游戏规则：我们可能永远都不必再花费精力记住自己把钥匙、钱包或身份证放到了何处。若想尝试价格 50 美元的基础款芯片，可以考虑总部位于西雅图的生产商“危险产物”（Dangerous Things）的 xEM 无线射频识别芯片。如果你打算走上这条路，我强烈推荐你选择那些之前已经有很多成功案例的供应商的产品。[16] 尽管我也考虑过这些，但我目前还没有植入此类芯片。

## 让你无须亲自动手的神经技术

近几十年来，神经工程师一直致力于研究脑机接口。这种接口可以让源自大脑的电脉冲直接转化为现实世界中的动作，而无须你动手来移动鼠标，也不需要动嘴对语音文本程序发出语音指令。这听起来可能有些异想天开，但将思维转化为动作的技术确实存在，只是尚未普及而已。此类设备通常要涉及脑电图技术或是依赖于磁共振成像技术。通常说来，普及脑机接口的挑战并不在于如何读取来自大脑的微弱电信号，而在于通过价格合理的设备正确而快速地对这些信号加以解读。

一家名为 CTRL-Labs 的公司采用了一种新的方式。该公司的开发团队并非透过颅骨读取大脑信号，而是借助戴在手腕上的装置来接收源自肌肉的电信号。2018 年，Facebook 花了 5 亿～ 10 亿美元的价格收购了这家公司。[17] Facebook 在脑机接口领域已经做过其他尝试，这样的收购并不出人意料。他们设定了一个目标，意在建立一套“无声语音系统”，可以让人们“直接用大脑”每分钟“打出”100 个单词。[18] 我们很可能会在未来 5 ～ 10 年，甚至更短时间内看到该产品的某个版本上市。

每次做饭的时候，我的手似乎都会马上变得黏糊糊的，这使我很难去使用手机。这可有些麻烦，因为我经常需要用手机去查一些信息，比如“如果你不小心在烤比萨时忘了拿掉纸盒，那比萨还能吃吗”或者“一个鸡蛋该煮多久”（你大概已经猜到了，我的厨艺不太好）。我尝试过使用语音命令，但效果常常适得其反。我有时候会大喊：“是鸡蛋，不是脑袋！”然后再低声抱怨：“为什么手机上的语音助手会听成脑袋？”也许，提高语音识别准确度会有所帮助，但让这些设备能真正了解语境才是更好的解决方案。

谷歌眼镜是个可怕的设备；当我试用的时候，我并不介意它能“看到”我所看到的东西。事实上，我喜欢在眼镜上看到地图方向信息的体验，它让我感觉自己成了“007 系列”电影中的人。然而，许多人害怕自己的行动在非自愿的情况下被眼镜中的内置摄像头记录下来，他们不喜欢与“机械电子混合人”在一起的感觉。旧金山地区的许多酒吧和餐馆甚至禁止谷歌眼镜佩戴者进入。[19] 有人说谷歌眼镜只是面世太早，人们早晚会习惯这种技术。相比于那些能自动记录讲座内容甚至自动为学生记笔记的“录音笔”（例如 Livescribe 和其他智能笔类设备），谷歌眼镜更像是一种“锦上添花”，而不是“生活必备”。而且，也许人们更害怕的是被捕获面部特征，而不是被记录声音。

## 与感官和创造能力相关的神经技术

如果你对这个世界的了解不仅限于通常的 5 种感官，那么你将如何扩展自己的想象？在 2015 年的 TED 演讲中，神经科学家戴维·伊戈尔曼（David Eagleman）介绍了一种可以让人们体验额外感官的技术。[20] 多功能超感官传感器具有将声音转换为振动的微型电机，该技术最直接的应用是让听障人士通过他们的躯干“聆听”世界。

在风险投资的支持下，伊戈尔曼和他的团队将该项目转化成了一款可穿戴设备，[21] 为听障人士开发了一款名为 Buzz 的手环，只要附近有声音，它就会在佩戴者的皮肤上产生一种触觉。这种方式与人工耳蜗植入手术的高昂成本和复杂性形成了对比。伊戈尔曼和他的团队已经实现了所谓的“感官添加”，可以帮助那些 5 种感官健全的人体验更多的感官信息。他们通过将股票市场数据传输到可穿戴设备上，为使用者营造“直接感知地球上经济运行状态的体验”，他们还通过以多功能超感官传感器投射红外光（蚊子可以看到）、[22] 紫外线（蝴蝶可以看到）[23] 或是传输 Twitter 数据的方式，为人们提供了一种全新的“看到”此类数据流的途径。伊戈尔曼和他的团队已经公开了多功能超感官传感器的源代码，他们希望其他人能想到更多的应用方式，进一步扩展人类的创造能力和想象力。[24]

## 让我们更道德的神经技术

也许技术可以帮助我们把世界变得更公平，而不是延续人类社会业已存在的歧视和偏见。[25] 在一个人做出基于偏见的决定之前，往往会呈现特定的行为和身体指标。机器设备可以记录人的面部微表情，跟踪眼球运动，并检测心率变化，而这些都是体现情绪压力变化的指标，在人陷入困惑、疲惫或情绪失控时呈现相应的迹象。检测到这些迹象之后，机器设备即可介入，以防止发生危险的过度反应。

几十年来，斯坦福大学的詹妮弗·埃伯哈特（Jennifer Eberhardt）等研究者，一直在利用神经成像技术研究大脑对种族相关信息的处理，以及由此产生的歧视偏见方式。包括大脑如何产生被威胁感的一些问题，已经越来越多地成为神经科学的研究主题。性别方面的歧视偏见也受到了关注。一项研究发现，当招聘单位在姓名不同、内容相同的简历中进行选择时，相对于内容相同、姓名女性化的简历，更像是男性名字的简历更容易被选中。[26] 如果“让人们更道德的神经技术”能在招聘经理查看简历之前提醒他们把简历上的名字遮住，会发生怎样的事情呢？

希望通过技术让我们变得更道德，这听起来似乎有些奇怪。近年来人工智能在美国医疗系统设置、[27] 一些大型科技公司的招聘过程，[28] 以及全美犯罪分析软件 [29] 等领域的应用实例，都被发现存在可量化的性别或种族歧视现象。实际上，这正是由于人工智能在相关数据中检测到的模式，正反映了当前社会的不平等和人类歧视偏见。人类本身就是存在歧视偏见的，而人工智能是向人类学习的。但相较于彻底消除我们自己的偏见，纠正机器的偏见或许更容易些，因为我们是要给机器提要求，而不是对一个会自我辩解的人下命令。

## 用于修复的神经技术

工程企业家埃隆·马斯克（Elon Musk）以大胆而著称，他先是用Paypal搅动了支付行业，接着以SolarCity、SpaceX和Tesla快速进军太阳能、宇宙旅行和电动汽车等领域。很久之前，马斯克就表达过对人工智能取代人类的担忧。他还表示，如果我们无法战胜人工智能，那么我们必须加入其行列。为了做到这一点，他和“神经连接”（Neuralink）公司的团队提出了一种方法，“用像激光近视手术一样安全无痛的手段，把计算机与大脑相连接。”[30]

2019年夏天，马斯克和他的团队公布了他们在制造能将细导线嵌入大脑的“缝纫机式”机器人方面所取得的成功。这种由微小电极构成的精细网状物，有时被称为“神经花边”，它可以监测大脑功能，并与机器设备直接通信。它让我们与计算机结合，强化了我们的智能。在这一远大的科幻理想成为现实之前，“神经花边”很可能会首先被应用于医学领域，比如帮助残障人士行走或恢复失去的听力、视力或语言能力。[31]

还有一种正在迅速成为现实的“科幻产品”，那就是所谓的“神经尘埃”。这些如沙粒大小的微型传感器，可以为人们提供身体内各部分工作状态的实时数据，包括汇报各器官的健康状况，发出可以抑制食欲或控制膀胱功能的“电子指令”，或者通过读取大脑中的电信号，甚至可能“写入”，控制我们感兴趣领域的相关信息。[32]传统的电极每一两年就需要移除一次，还得在颅骨上钻孔，而“神经尘埃”则是无线的，可以通过注射器进行注射，可以“被密封起来以避免感染和不必要的电极移动”。[33]

假如我们可以培育出全新的脑组织来替换受损或患病的部分，而不是通过植入物与计算机通信，那又会怎么样？要想直接进行脑组织移植，我们还有很长的路要走，但在两项技术的支持下，我们已经向这一未来场景迈出了一大步。在 2019 年发表的一项研究中，剑桥大学神经生物学家马德琳·兰卡斯特（Madeline Lancaster）及其同事巧妙地利用多能干细胞，使用标准的实验室设备培育出了三维“迷你大脑”。这些微型大脑的发育方式，与人类大脑在子宫内发育的方式非常相似，因而其形状和基因表达模式与整个妊娠期前三个月的人类大脑，在形状和基因表达模式方面十分匹配。[34] 其他科学家正在研究如何使用特殊构造的材料进行三维打印，以使微型大脑的构造过程更快、更精确，最终使这一过程更具可重复性。[35]

## 与长寿相关的神经技术

当我们深入那个从科学幻想到科学现实的“兔子洞”① 时，不妨去思考另一个大胆的问题：我们能否长期保存大脑或思想，使人类永世长存呢？

我们想要达到目的，有两种截然不同的方法。短期内有可能做到的方法，是“数字永生”（digital immortality）。而更进一步的方法则是“全脑仿真”（whole-brain emulation）。我们先介绍后者。

“全脑仿真”这条有可能实现的永生之路，包含由欧洲科学家发起的、耗资数十亿美元的“人类大脑计划”（Human Brain Project），以及许多专注于理解大脑精密结构（该领域被称作“神经连接组学”）的研究小组。这些研究者的目标是对大脑进行模拟，其本质是模拟许多大脑的混合体，以找到各种大脑类型的“平均值”。若要对特定人的大脑进行全脑仿真，那么这个人可能得先死掉，至少到目前为止是这样。在科技企业孵化器 Y Combinator 支持下成立的初创公司 Nectome 对大脑的保存方式，首先要以被试同意在

① 出自《爱丽丝梦游仙境》，指未知世界。

人活着时注射防腐化学品为基础。[36] 当然，他们只有在被试临终前才会这样做，届时被试将被全身麻醉。这样的操作，在美国加利福尼亚州等地是合法的，这些地方允许医生协助绝症患者结束生命。然而，有无任何科学证据能够证实防腐过程可在大脑中保留足够的连接、从而真正实现记忆保存，这才是更大的问题。该公司从美国国家心理健康研究所获得了近 100 万美元的投资。截至 2018 年 3 月，已经有一些对这项服务感兴趣的人在排队等待了。然而，到 2018 年 4 月，之前曾作为该研究所投资项目分包机构的麻省理工学院研究团队终止了与 Nectome 的合作。[37] 我联系了 Nectome 团队，希望了解该公司是否仍在运营，但并没有得到回复。

那么“数字永生”这个看上去更可行的方法又如何呢?

想象一下，你心爱的人刚刚去世了，但你还是可以发短信给他。如何实现呢？你通过短信、电子邮件、社交媒体等等与他交流，会产生多少对话数据量？把所有这些加起来，大概有 1TB 的数据。[38] 接下来，将这些数据与机器学习算法相结合，建立一个模型，用以描述他在各种不同情况下的说话内容和说话方式。现在，把这个算法加入到聊天机器人或数字模拟程序的代码中，让它说话时听起来像那位已经去世的人。这听起来可能很伤感，但这项技术可能会很实用；例如，如果我们想进入太空，但不想解决以脆弱身体应对零重力和其他太空旅行中的难题，那么为我们自己创造一个到达目的地后才启动的数字版本复制品，或许是可行的“备份”选项之一。尽管这一切更多地还是停留在学术领域（微软研究院和麻省理工学院媒体实验室各有一项关于“数字永生”的项目），但至少已有两家初创公司开始着手研究这个问题，它们分别是“复制人”（Replika）和“永恒的我”（Eternime）。[39] 除了亲人去世后留下的 Facebook 页面之外，这些初创公司的目标是捕捉一个人在世时的网络生活数据，并将其与 AI 聊天机器人相结合，以便活着的亲友仍可与死者的数字版本进行互动。随着人工智能和聊天机器人技术的不断成熟，我猜会有更多的人去追求“数字永生”。

## 与个人认知数据相关的神经技术

这听起来或许不是个诱人的话题，但对我来说，认知数据堪称最令人兴奋的技术领域。想想你在神经破解实验中产生的那一切数据，包括情绪水平、工作记忆表现、注意力水平、睡眠、心率、饮食、运动、打字速度、收发电子邮件的数量，还有很多其他的数据……你的实验和跟踪记录越多，你积累的数据就越多。到目前为止，我们提到的实验，主要是在帮助你生成数据，从而让你更好地判断哪些干预手段是最适合你的。但伴随着技术的改进，新的、更好的认知测试不断出现，干预手段也变得更加有益和高效，我希望我们能够构建某种真正具有革命性的东西，比如精神状态的预测模型。

如果你能掌握自己在任何一天的精神状态，知道自己在哪些方面可能做得很好、而哪些方面做得不好，情况会是怎样呢？或者来点更深奥的：如果你能做一些基准线测试，知道哪些类型的干预手段最可能对自己有效、哪些类型的干预手段应该被摒弃，情况又会是怎样呢？为了完成诸如此类的“大动作”，我们需要更多高度个性化的数据。然而，一旦能够真正使用这些数据，我们将能用以前难以想象的方式来优化我们的日常生活。

我们似乎有点陷入了因果逻辑中的困局。为了激发你通过神经破解实验生成自身认知数据的积极性，你首先得相信一点——接下来你将会对自己的精神状态有更透彻的理解，也将会对何种干预手段最适合自己有更清晰的思路。读完本书后，希望你能得到激励，开始进行神经破解实验。你实验得越多，产生的数据就越多；你生成的数据越多，你就越了解自己；你越了解自己，你未来的表现就会越好……就这样周而复始地循环下去。

但是，请想象一下，假如你拥有专业的分析软件和工具软件，比如，处理股市数据的交易员们专用的分析软件和工具软件。假如你拥有一个仪表板，可以准确地显示出你在任一时间的精神状态，甚至能根据你过去的表现推断出你将来可能会做些什么。假如你需要在不同的场景下进行自我实验，或是你要尝试两种不同的干预手段，情况会怎样？想要实现这一点，你最终还是会需要类似机器学习之类的工具。问题是，若要让机器学习和其他统计工具有效工作，通常需要海量数据，以及大量专业知识加以支撑。当然，我们不仅需要大数量的数据，还需要高质量的数据，而生成这些高质量数据的，必须是能够准确、敏感地进行测量的东西。

万幸的是，在海量个人数据的收集方面，我们已经有了一些如可穿戴设备在内的基础工具，而且这种工具正在蓬勃发展。只要能借助移动设备实现持续的被动认知追踪，我们就算正式开始了。想象一下，有一款可穿戴设备，它不仅能计算你的步幅，监控你的睡眠，还可以追踪你的认知。也许它借助的是一种间接的生物学方式。例如，眼球运动和瞳孔大小，都是监控注意力和清醒度的可靠的间接指标，[40] 又或是一种直接的行为方式，比如你可以使用时间跟踪软件为自己制订行动计划，软件则会定期向你提问，以确定你的注意力和情绪状态，又或者，它会跟踪你打字以及滚动或滑动鼠标的方式、你的打字速度和准确度、你容易犯的错误种类甚至你敲击键盘的特定方式。在某一天，这些信息有可能被用来衡量你的注意力和精神状态。我所要阐述的是，重新利用最近开发的、用于帕金森综合征早期诊断的软件。与其只拿来诊断帕金森综合征，不如同时用它预测你的大脑表现好和表现差的时间。[41]

我们最终需要的，是对于认知能力水平的实时反馈、被动跟踪和个性化建议。坦率地说，这将开启一个神经技术的全新时代。但即使我们掌握了足够的认知数据，也可能不愿与别人分享自己的数据，因为我们害怕别人会在我们精神状态不佳的时候对付我们。为了确保安全，这些数据必须随我们自己的心愿被设置为私密或是公开。精确的认知能力数据将发挥非常强大的作用，让我们的生活变得更美好，但前提是我们有能力防止它们落入坏人之手。要想做成这件事情，可以从两个简单的途径入手：将所有认知数据存储在本地而非云端，并进行重复加密。我相信，一定有更好的解决方案，我很希望见到这方面的技术发展。

## 如何激励人们收集认知数据

2018 年，神经技术公司 Kernel 的创始人布莱恩・约翰逊（Bryan Johnson）发表了一篇博文，恰好回应了我个人对人类的贪婪、智慧以及技术创新的一些担忧和希望。[42]

约翰逊描述了两类“经济闭环”。第一类经济闭环，也正是他所担忧的我们目前所处的闭环：这是一种营利模式，一些公司正通过掠夺我们的注意力而营利（比如社交媒体应用）。最终，这些公司会将我们的精神状态当成矿藏来开采，只为实现其自身利益。

尽管近期某些限制企业获取更多隐私和个人数据行为的措施（如欧盟在 2016 年出台的保护政策）在一定程度上发挥了作用[43]，但诸多社交媒体和互联网公司的基本商业模式仍然未变。它们吸引着我们的注意力，并从其中获得数据，而我们却对这两者都失去了控制权。最终，就在我们把一天中可以成长、学习和提升的时间与精力浪费掉的时候，这些企业却获得了经济利益。图 20-1 便是约翰逊对这种闭环的阐释。

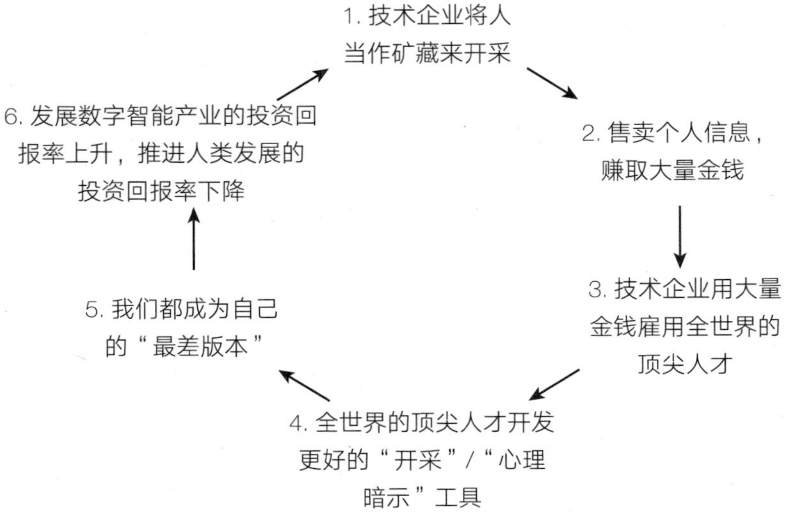


**图 20-1 “人类无关紧要”的经济闭环**[44]

所幸，约翰逊还设想了一个替代方案。在第二类经济闭环中，我们对自己的潜能进行数字化挖掘，并真正掌控自己的行为。读到这篇文章时，我立刻想到了我们作为神经破解者所采取的行动，即当我们在进行自我跟踪记录和自我实验时，其实就是在挖掘自己的潜能、记录自己的行为。完成自我数据挖掘之后，下一个阶段就是约翰逊所说的“认知能力的根本改善”。对于一个神经破解者来说，这是对我们付出的回报。按照约翰逊的预测，在这种情况下，雇主们可能会通过升职、奖金或加薪等方式，给认知能力得到了提升的员工提供更多回报（见图 20-2）。

看过约翰逊的第二张图，我想到了一个问题：如果神经破解者解锁了雇佣关系之外的经济闭环怎么办？这就是零工经济可以发挥作用的领域了。你升级自身的幅度越大，额外获得的时间就越多。你可以选择花时间在网络市场上推销自己的专业知识——比如那些已经存在的，针对商人、工程师、科学家、设计师、编辑的市场。当然，你也可以发明一种新的、有用的产品，在网络市场进行售卖。

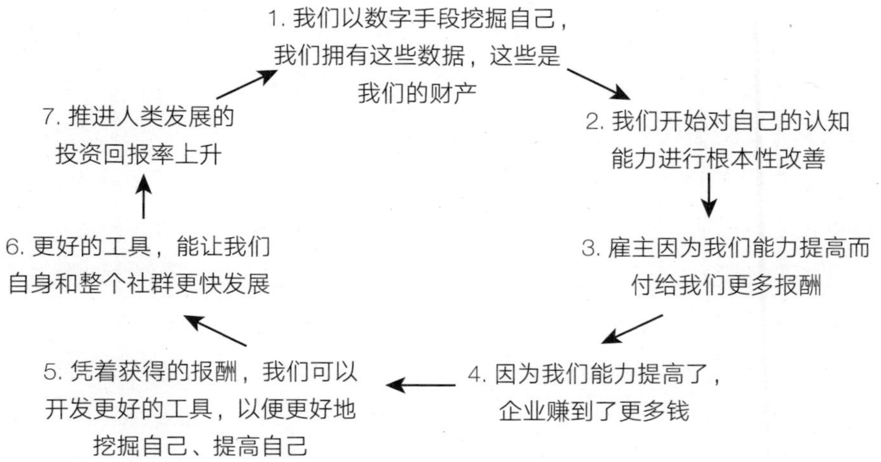


**图 20-2　人类认知能力得到根本改善的经济闭环** [45]

虽然我相信，我们的认知数据应当一直掌握在自己手中，但或许我们也可以授权别人去使用它们。已经有通过收费途径让人们与研究者分享他们的健康状况与生活方式数据（每日步数、睡眠记录、膳食记录等）的应用程序了；也许有一天，你将能够通过分享自己的精神状态数据，催生出更好的认知干预手段。我希望，你所做的神经破解实验能够帮你踏上认知数据收集之旅，为新的经济闭环提供动力，为神经破解者体系造福。

## 神经科学中的复制危机

我认为，如果认知科学和神经科学投资能够换来更多的钱，比如，成为由神经破解和神经技术推动的新经济闭环中的一部分，那么这其中的许多科学问题将会很快得到解决。这里所说的是什么问题？过去数年间，心理学中某些最成熟的发现渐渐受到挑战，因为其实验过程无法被复制。一些人称这种现象为复制危机。[46]造成这一现象的原因可能有很多，其中一个是神经科学和心理学实验通常依赖小样本，每次研究一般只涉及 20 ～ 50 个被试。[47]样本量之所以通常较小，部分原因在于研究者无法获得足够的资金来支持更大规模的研究。而且我怀疑，即使样本量问题得到解决，随着全球化进程继续推进，该领域也会遭遇另一个方面的问题：目前神经科学和心理学论文有 75%都发表于美国或者欧洲。[48]这些发现之中有许多成果并不能推广到生活在其他国家和大陆的人群。印度裔神经学家塔拉·蒂亚加拉詹（Tara Thiagarajan）曾前往印度和非洲的偏远村落，研究当地人的大脑活动。[49]她的团队发现，当地人不仅在大脑动态特征上与北美或欧洲被试（通常是大学生）略有差异，在神经活动方面，当地人的神经活跃度更是北美或欧洲被试的 7 倍。[50]相关研究不仅需要更大规模的样本量，也需要在更多不同的类群中进行。

从神经多样性和个体差异的重要性上看，了解他人的认知数据并不能让我们完美地预测自己的数据。为了提高自己的认知能力，你需要亲自去做实验。那么，就让我们建立属于你的家庭实验室。在本书的第五部分，你将学会设计时长为 15 分钟的自我实验！

## 让大脑更聪明 SMARTER TOMORROW

1. 许多曾经只存在于科幻小说和电影中的技术正在逐渐成为现实。
2. 基因选择和基因编辑或许可以被应用于提升认知能力。然而，由于智商和认知表现并不完全由基因决定，所以，若想在提升认知表现时运用基因技术进行干预，还要等上一段时间。
3. 神经技术或许能预防我们在执行能力和情绪调节方面犯错。新的技术已经在拓展我们创造能力和想象力方面表现出潜力。
4. 那些道德神经技术，也能让我们变得更聪慧、更具道德感。此类技术可以降低歧视和偏见在政策制定、雇用关系，以及法律系统内产生影响的权重，也能广泛应用于处理其他社会问题。
5. 修复或更换大脑损坏部分的新技术，能延伸我们的精神健康“寿命”，治疗神经组织层面的疾病，甚至可以在某种程度上帮助我们“永生”。
6. 收集掌握认知数据可以提供许多机会。如果你将平时在神经破解实验中得到的数据保存起来，或许能用它预测自己未来的精神状态。对于谁能接触这些数据，我们需要良好的安全机制和隐私控制手段。方式之一，是建立一个新的经济闭环，让每个个体都能在开放市场上自由分享自己的理念、产品和创意。

# SMARTER TOMORROW

## 第五部分

## 选择适合自己的实验，把自己作为方法

# 21

# 20 种 15 分钟自我实验

无论你有多聪明，无论你的理论有多完美，如果不符合实际，那它就是错的。

**理查德 · P. 费曼**

物理学家，诺贝尔物理学奖得主

**时间投入：**各自不同（如果你计划看完每种自我实验的“配方”，大约需要 51 分钟）。

**目标：**选择适合你自己的随机试验机制、实验方案和实验时间。

# 21 20种15分钟自我实验

祝贺你！你终于读到了教你搭建自我实验的章节。你读过了第4章中“快捷四步法之专注”的内容。你选择了一个心智能力，并收集了关于自身精神状态和生活方式的基准数据。你也读过了许多干预手段，我希望你从中选一两个自己想尝试的。现在，你应该开始选择一套自我实验流程、一个随机方案并确定实验时长了。是时候开始购买或构建属于你的实验工具了。

为了方便你寻找全书中的各种日程表、自我测评表、基于精神状态的测试和工作表，我在下面列举了一些方便的“快捷目录”：

- 自我实验日程样表，在第4章末尾。
- 想要找寻自身健康状况与生活方式领域的瓶颈，你可以做第6章末尾的自我测评。
- 第二部分每章节的末尾，都有针对4种心智能力的全面自我测评和部分基于精神状态的测试。执行能力评测详见第7章；情绪调节能力评测详见第8章；学习与记忆能力评测详见第9章；创造能力评测详见第 10 章。

在实验之前、之后，或实验过程中，如果你想对自己的生活满意度和计划兑现度进行跟踪记录，可以做第 12 章末尾的工作表。

好了，现在让我们讨论你第一次自我实验的时间表。

## 选择你的随机化方法与实验持续时间

一旦你选择了某个自我实验方案，你就需要一种防止自己在实验中产生偏差的方式。当然，你并不一定总是进行随机化。如果你所做的实验需要重复使用某种干预手段才能达成效果，请不要随机加入其他干预手段。举个例子，假马齿苋需要连续服用数周，它提升学习与记忆能力的效果才会显现，在这期间不能随机加入其他干预手段。你所要做的，就是每天坚持服用假马齿苋，用实验期间的测试得分与基准分数，以及清除期得分进行对比，以评估服用假马齿苋对你是否有效。如果你要进行对照两种干预手段精确效果的 A/B 测试，那么就需要引入随机化模式。比如，假如你想对比医疗手段和玩俄罗斯方块游戏在情绪调节方面的效果，你就应该引入随机化模式。对此我有一些建议。

- 对你每天使用的干预手段进行调整轮换。这一方式的缺点是存在系统性偏差，例如，如果某种干预手段总是在周一无效，那么对你而言周一就通常是个充满压力的日子。
- 为了避免出现上面这种情况，你可以采用一种被统计学家称为“不重复抽样”的方法：在你即将采用某种干预手段之前，你不知道自己要采用的是哪种干预手段。这种办法可以保留悬念（很有趣），减少实验过程中的偏差。你可以按下面的方法去做：在一个口袋中装上两种颜色的小球，确保两种颜色小球的数量一致、小球的总数与你计划进行自我实验的总天数一致。每一天，你都要从口袋里拿出一个小球。一种颜色代表一种干预手段，另一种颜色代表另外一种干预手段。只要你拿出小球，看到它的颜色，就不能再把它放回口袋了。这样可以确保实验按正确的天数进行。这种方法的缺点在于偶然性，在极端情况下，你每天拿到的小球颜色都是相同的，因此在整个实验期间，你只能采用一种干预手段。

- 在一些情况下，我们可以采取双盲自我实验。比如以药物为干预手段的实验，可以让你的神经破解责任伙伴在7日服药盒中随机放入真正的药物或是安慰剂，但要确保你的神经破解责任伙伴会记住他在药盒的每一格中放了什么药物。每一天，你所服用的都是药盒中对应的药物。如果你某天忘记服药了，请在想起时马上服用，但不要在同一天重复服用。此外，在服药时不要观察药物，并饮用能掩盖药物味道的饮品。实验结束后，再让责任伙伴告诉你每天吃的都是什么药。

## 确定自我实验的时间

对于本书中大多数干预手段，我建议你每一类都尝试15～30次。这意味着你的实验将持续30～60天。我之所以这样估计，是因为受到了“最小可觉差”（just noticeable different）这一理念的启发。在医药领域，有一个被称为“最小临床意义变化值”的概念。[1]科学家发现，人类只有在两个事物的变化达到一定阈值时，才会注意到它们之间存在的差异。假如你伸出双手，而我把手放在你的手上。随后，我的其中一只手开始用力往下压，但我并未告诉你是哪只手。如果我两只手的力道差别足够大，你自然能知道发力的是哪只手。如果我两只手的力道差异很小，那么你的判断不会比随机猜测的正确率更高。当你意识到情况发生了变化时，其阈值便是所谓的“最小可觉差”。

与用手使劲或是轻微下压类似，一些神经破解干预手段的作用可能很明显，而其他手段的作用可能相对微弱。为了监测到那些较微弱的影响，你需要在更长的时间内进行干预，并且在总体上延长自我实验的时间。由于本书中提到过的干预手段能对人们施加影响的平均程度，大概相当于治疗前测量值标准差的一半，我使用了计算机模拟，通过这种方式计算出你可以采集的最小样本数，并且很可能从两种干预手段中选出更有效的一种。我就是这样得出“每类干预手段要尝试 15 ～ 30 次”这个结论的。公平地说，这是一个粗略的近似值。当然，本书的目的就是让我们明白“我们彼此不同”，所以你不应假设这个数字完全正确，在自己身上生搬硬套。而且，多取样总比少取样好，也就是说，最好多做几天实验，这样你就可以更有信心，无论你得到什么结果，都不是偶然得之。尽管如此，我还是迫不及待地想得到答案。我猜你也没有一整年的时间能拿来做实验吧。“每类干预手段要尝试 15 ～ 30 次”，其实也有例外情况，即你采用的干预手段需要更长的时间才能生效，或存在一个“加载效果”的阶段，如服用假马齿苋。

## 选择自我实验的流程

本书中提到的自我实验，是希望帮助你比较一种干预手段与另一种干预手段的即时效果（A/B 测试）。衡量干预效果的心智能力测试，只需要花费一两分钟，因此，如果进行干预的时间为 10 分钟，那么每天的全部实验过程需要大约 15 分钟。实验内容如表 21-1 所示。

表21-1 心智能力测试表

| 项目 | 创造能力 | 情绪调节能力 | 执行能力 | 学习与记忆能力 |
|---|---|---|---|---|
| 安慰剂 | | | | |
| 锻炼 | | | | |
| 光照疗法 | | | | |
| 神经反馈 | | | | |
| 玩游戏 | | | | |
| 大脑刺激（经颅直流电刺激） | | | | |
| 药物 | | | | |

一旦你选定了想要做的自我实验，就要去购买或构建实验材料列表中所列举的工具，接着是获得基准分数、进行实验、记录数据。别忘了，你还要完成一个清除期。在这一周里，你要停用所有干预手段，但每天都要借助测试来对自己进行跟踪记录。这样你就可以知道干预手段的效果是否持久。掌握了自己的实验数据之后，你可以在第22章中学到分析它们的技巧。

本章的要点就列在下面，这样你就可以把本章的其余部分当作一本“菜谱”来读了。你可以随意浏览，不需要一次读完！要查看本章的几点启示，请翻到本章末尾。

## 20种15分钟自我实验

接下来，你就要开始属于自己的自我实验了。我挑选了20种我最喜欢的自我实验。它们是以心智能力为依据分类的。每个实验的内容，都包含实验方式说明、需要制作或购买的材料，以及所推荐的可供对照的干预手段

（A/B 测试）。每个自我实验都包含一些相关建议，你可以对它们进行个性化调整，使它们更适合你。我会指明每个自我实验的成本和复杂度（潜在风险、所需技能水平等），所以，如果你想从更简单的实验开始，请选择成本和复杂度都较低的实验。

## 自我实验 1：提升创造能力的安慰剂疗法[2]

SMARTER TOMORROW

SMARTER TOMORROW

你可以在第 13 章中读到更多与这个自我实验相关的内容。该自我实验将对比两种干预手段对你的创造能力的影响。其中一种干预手段是让你闻一种特定的香味，而另一种是既让你闻那种香味，又让你念诵“咒语”。

### 材料

- 小球（确保实验的随机性）
- 某种让你感觉能控制自身情绪的香味（见下文）
- 计时器
- 用于“创造”的工具（如果你想要画素描、写作或是画油画，你就需要画纸或画布、铅笔或油画笔、排刷笔。如果你想要解谜，那你就需要一些谜题）

### 成本

低（0～50 美元）

### 复杂度

低

## 如何进行个性化定制

桂皮是此类课题研究最初采用的香料。但在某些小规模实验中，有下列香味的香氛也表现出了提升认知能力的功效。如果你想用其他香料代替桂皮，不妨试试薰衣草、柠檬、橘子、迷迭香或薄荷。在确定实际运用香氛的方式时，请参考下列从最推荐到最不推荐的顺序：在房间里喷洒香氛、使用精油扩散器、使用香囊（将香料放入其中）、使用香薰蜡烛。

## 说明

1. 做你为了每日跟踪记录而选择的、基于精神状态的创造能力测试，并在记录本上记下自己的分数。
2. 查看确认你的随机试验流程，了解当日应该采用哪种干预手段。
3. 在你应当只闻香味的日子里，按要求去做，但不要念“咒语”。
4. 在其他日子里，既要闻香味，又要念这样的“咒语”：“临床试验表明，通过身心的自我升级，创造能力可以实现明显的提升。闻这种香味将提升我的创造能力！”
5. 花10分钟时间，做一项能够让你展现创造能力的任务。比如，你可以试试看自己能否将词语和概念组成一则小故事、一首诗或是一首歌，重新设想家中的装潢，画出自己想象中的任何事物，发动头脑风暴思考有无新的办法去解决生活中的困扰，玩拼图或是解谜游戏。
6. 再做一次步骤1中的创造能力测试，依然要闻香味，记录你的分数。

## 自我实验 2：提升创造能力的运动[3]

SMARTER TOMORROW



你可以在第 14 章中读到更多与这个自我实验相关的内容。该自我实验将把两种干预手段对你创造能力的影响进行对比。其中一种干预手段是让你去步行，另一种是让你去做高强度间歇训练。

### 材料

- 小球（确保实验的随机性）
- 计时器
- 进行运动所需的服装，可以躺卧、踢腿或步行的空间
- 如果你选择去做 7 分钟的高强度间歇训练，请准备：一把椅子、一个可以用来做俯卧撑和仰卧起坐的平面、一面可以用来做靠墙直角坐的墙，以及一款高强度间歇训练应用软件（或者照下文的说明去做）

### 成本

低（0 ～ 50 美元）

### 复杂度

低

### 如何进行个性化定制

如果你受伤了或身患疾病，在开始锻炼之前请咨询医生。如果 7 分钟时长的高强度间歇训练不适合你（尤其是在你需要做低强度运动的情况下），请尝试用步行或是骑自行车代替，

但请确保按照高强度间歇训练的节奏进行。也就是说，做 1 分钟高强度训练，再做 1 分钟低强度训练，并重复这个过程。如果你选择做瑜伽，可以尝试拜日式瑜伽（sun salutation）。

我喜欢用强生公司的 7 分钟高强度间歇训练软件，因为它包含热身和放松阶段，整个流程全部做完会超过 10 分钟。应用市场中还有许多高品质的此类软件。你还可以采用网上的免费 7 分钟高强度间歇训练软件，并将计时器设为 10 分钟，即做完 7 分钟之后，再重复前 3 分钟的动作。

如果你打算在自然环境中尝试任何此类锻炼，那就应该全部都在户外进行。事实证明，身处大自然之中，本身就是一种能提升精神状态的干预手段。

### 说明

1. 做你为了每日跟踪记录而选择的、基于精神状态的创造能力测试，并在记录本上记下自己的分数。
2. 查看、确认你的随机试验流程，了解当日应该采用哪种干预手段。
3. 在你应当做 7 分钟高强度间歇训练的日子里，请按要求去做。
4. 在你应当步行的日子里，按要求步行 10 分钟。
5. 再做一次步骤 1 中的创造能力测试，记录你的分数。

### 7 分钟高强度间歇锻炼（包含热身和放松阶段，总共需要大约 11 分钟）[4]

下面是 7 分钟高强度间歇训练的步骤说明，其中包括了训练前后的热身和放松，总共需要大约 11 分钟。

1. 动态拉伸抬腿20秒，两侧拉伸20秒（每侧10秒），躯干转动20秒（两侧各10秒），前臂拉伸20秒（左右各10秒）。
2. 开合跳30秒，然后休息10秒。
3. 靠墙直角坐30秒，然后休息10秒。
4. 俯卧撑30秒，然后休息10秒。
5. 仰卧起坐30秒，然后休息10秒。
6. 在椅子上做蹬自行车动作30秒，然后休息10秒。
7. 深蹲30秒，然后休息10秒。
8. 窄握双杠臂前屈30秒，然后休息10秒。
9. 平板支撑30秒，然后休息10秒。
10. 高膝运动30秒，然后休息10秒。
11. 交替弓步30秒，然后休息10秒。
12. 俯卧撑加躯干转动30秒，然后休息10秒。
13. 侧平板支撑每侧10秒（总共30秒），然后休息10秒。
14. 大腿内侧拉伸（蝴蝶伸展）30秒，腿筋拉伸20秒（每侧10秒），股四头肌拉伸20秒（每侧10秒），股三头肌拉伸30秒（每侧15秒）。

## 自我实验3：提升创造能力的游戏[5]





你可以在第17章中读到更多与这个自我实验相关的内容。该自我实验将把两种干预手段对你创造能力的影响进行对比。其中一种干预手段是让你去玩《热舞革命》，另一种是让你去玩《我的世界》。

### 材料

- 小球（确保实验的随机性）
- 《我的世界》可以在手机端、游戏主机、电脑端或是其他移动设备上玩，游戏价格为7～50美元[6]
- 《热舞革命》可以在索尼PlayStation、任天堂Wii和微软Xbox上玩
- 计时器

### 成本

中等（《我的世界》价格为7～50美元，《热舞革命》价格约20美元）

### 复杂度

低到中等

### 如何进行个性化定制

如果你既不想玩《我的世界》，也不想玩《热舞革命》，可以用赛车游戏代替两者中的任何一种。

**说明**

1. 做你为了每日跟踪记录而选择的、基于精神状态的创造能力测试，并在记录本上记下自己的分数。
2. 查看确认你的随机试验流程，了解你当日应该采用哪种干预手段。
3. 在你应当玩《热舞革命》的日子里，按要求玩 10 分钟。
4. 在你应当玩《我的世界》的日子里，按要求玩 10 分钟。
5. 再做一次步骤 1 中的创造能力测试，记录你的分数。

## 自我实验 4：提升创造能力的大脑刺激疗法[7]

SMARTER TOMORROW



你可以在第 18 章中读到更多与这个自我实验相关的内容。该自我实验将把两种干预手段对你创造能力的影响进行对比。其中一种干预手段是让你做经颅直流电刺激治疗，另一种是让你做正念冥想。

**材料**

- 小球（确保实验的随机性）
- 经颅直流电刺激相关系统（设备主机、阳极电极、阴极电极、海绵纱布、生理盐水、充电线、头带等）
- 用于“创造”的工具（如果你想要画素描、写作或是画油画，你就需要画纸或画布、铅笔或油画笔、排刷笔。如果你想要解谜，那你就需要一些谜题）
- 计时器

### 成本

高（高于150美元）

### 复杂度

高

### 如何进行个性化定制

调整经颅直流电刺激设备发出的电流强度，直至你略有刺痛感但仍感觉舒适。有些人立刻就会有刺痛感，有些人在电流达到2毫安时才略有感觉。但是，不要让电流超过2毫安。

选择一项你感兴趣的创造能力任务。如果你发觉自己感到压力或是无聊，那就另换一项创造能力任务。

### 说明

1. 做你为了每日跟踪记录而选择的、基于精神状态的创造能力测试，并在记录本上记下自己的分数。
2. 查看确认你的随机试验流程，了解你当日应该采用哪种干预手段。
3. 如果你想进行一次非盲试验：在你应当进行经颅直流电刺激治疗的日子里，请将电极贴在《左侧前额叶皮质的无创经颅直流电刺激，促进了工具使用的认知灵活性》（*Noninvasive Transcranial Direct-current Stimulation over the Left Prefrontal Cortex Facilitates Cognitive Flexibility in Tool Use*）一文[8]中所描述的位置上。用10分钟时间来做刺激。而在你应当进行正念冥想[9]的日子里，按要求做10分钟。按照下面的说明来做。
4. 如果你想进行一次双盲自我实验：你需要找一位朋友帮你

确认随机试验流程，但不告诉你当天要采用哪一类干预手段。然后，在应该进行真经颅直流电刺激的日子里，由他将设备切换到“真实”模式；而在其他需要进行假经颅直流电刺激的日子里，由他将设备调到“虚假”模式。如果你的设备没有“虚假”模式，那就让你的朋友先暂时打开设备，在试验的第一分钟内逐渐将其关闭。

5. 无论采用哪种试验方式，在进行过干预之后：请选择一种允许你发挥创造能力，但你并不精通（如果你精通这种活动，那么经颅直流电刺激试验流程会压抑你的创造能力）且不需要用语言描述的活动。例如，你可以用某种乐器演奏音乐，重新设想家中的装潢，画出自己想象中的任何事物，发动头脑风暴思考有无新的办法去解决生活中的困扰，玩拼图或是解谜游戏。花 10 分钟来做这项活动。
6. 再做一次步骤 1 中的创造能力测试，记录你的分数。

### 正念冥想

1. 坐在一个安静的空间里，闭上眼睛。
2. 深呼吸，放松。
3. 在每次呼吸时，感受空气流进、流出你的胸膛，感受腹部的收缩、舒展。
4. 不要刻意控制，只要冥想。
5. 假如你发现自己的注意力开始游离，请轻柔地将其“拉回来”。
6. 数数或是复诵一段能让你保持状态的“咒语”。
7. 如果你发现自己陷入了心绪、记忆或感觉上的困顿，请尝试用宽容、温和、不带偏见的态度看待它们。如果令人不悦的想法、心绪或是感受向你袭来，请大胆地寻求更多支持或是帮助。如果你感觉自己在引导下进行冥想，状态可能会更好，相关的软件可能会帮助到你！[10]当然，诸如“冥想定时器”（Insight Timer）等其他免费软件，还能为用户提供更多个性化定制内容。

## 自我实验5：提升情绪调节能力的安慰剂疗法[11]

SMARTER TOMORROW

你可以在第13章中读到更多与这个自我实验相关的内容。该自我实验将把两种干预手段对你情绪调节能力的影响进行对比。其中一种干预手段是让你服用安慰剂药片，另一种是既让你服用安慰剂药片又念“咒语”。

### 材料

- 小球（确保实验的随机性）
- 计时器
- 安慰剂药片：在网上找品牌安慰剂生产商订购；寻找白色、黄色、蓝色或绿色的药片（大概每片0.5美元）

### 成本

低（0～50美元）

### 复杂度

低

在进行任何测试之前，先做下面这些事：花 5 分钟去想那些让你在情绪上感到痛苦的事物。此类事件包括：老板对你的评价不高、与挚爱的人吵了一架、担心自己无法按时完成任务等。如果你没办法想出任何让你不适的事，那就给自己一点诱惑。例如，如果你在网上购物或吃烘焙食品方面没办法控制自己，那就让自己处在那种环境下。直面诱惑，努力控制住自己，坚持 5 分钟。

**说明**

1. 服用一片安慰剂药片。
2. 花 5 分钟去想那些让你感到痛苦的事物。
3. 做你为了每日跟踪记录而选择的、基于精神状态的情绪调节能力测试，并在记录本上记下自己的分数。
4. 按照提升创造能力的大脑刺激疗法中的说明，进行 10 分钟正念冥想。
5. 查看、确认你的随机试验流程，了解你当日应该采用哪种干预手段。
6. 在需要念咒语的日子里，念下面的咒语：“临床试验表明，通过身心的自我升级，情绪调节能力可以实现明显的提升。吃这些药片将提升我的情绪调节能力！”
7. 再做一次步骤 1 中的情绪调节能力测试，记录你的分数。
8. 注意：如果你在实验结束时并未感到任何改善，请做些能够自我安慰的事（比如听听舒缓的音乐、散步、和朋友聊天等）。

## 自我实验6：提升情绪调节能力的光照疗法[12]

SMARTER TOMORROW

你可以在第15章中读到更多与这个自我实验相关的内容。该自我实验将把两种干预手段对你情绪调节能力的影响进行对比。其中一种干预手段是让你接受蓝光照射，另一种是让你接受所在环境中任何可用光源的照射（非蓝光）。

### 材料

- 小球（确保实验的随机性）
- 蓝光源：飞利浦便携蓝光灯goLITE BLU，是第15章所引述的两项研究的测试产品。蓝光源可以在网上订购，价格通常在80美元左右

### 成本

低到中等（0～150美元）

### 复杂度

低

### 如何进行个性化定制

有些研究表明，强烈的白光光照对于情绪也有类似的影响。普通的自然光谱治疗灯成本更低。我订购了一部用于试验的Verilux Happylight Compact Personal，花了大概40美元。

将光的强度调整至舒适程度，以免造成眼疲劳。

刻意去想让你感到痛苦的事物，是为了让你进入一种情绪状态，不得不进行情绪调节。此类事物包括：老板对你的评价

不高、与挚爱的人吵了一架、担心自己无法按时完成任务等。如果你没办法想出任何让你不适的事，那就给自己一点诱惑。例如，如果你在网上购物或吃烘焙食品方面没办法控制自己，那就让自己处在那种环境下。直面诱惑，努力控制住自己，坚持 5 分钟。

**说明**

1. 想那些让你感到痛苦的事物。
2. 做你为了每日跟踪记录而选择的、基于精神状态的情绪调节能力测试，并在记录本上记下自己的分数。
3. 查看、确认你的随机试验流程，了解你当日应该采用哪种干预手段。
4. 在你应当接受蓝光照射的日子里，就将蓝光源打开，照射 10 分钟。在你应当接受环境光照射的日子里，就接受 10 分钟的环境光照射（也就是，不打开蓝光源）。
5. 再做一次步骤 1 中的情绪调节能力测试，记录你的分数。

## 自我实验7：提升情绪调节能力的游戏[13]

SMARTER TOMORROW

你可以在第17章中读到更多与这个自我实验相关的内容。该自我实验将把两种干预手段对你情绪调节能力的影响进行对比。其中一种干预手段是让你去玩《俄罗斯方块》，另一种是让你去撰写日记条目。

### 材料

- 小球（确保实验的随机性）
- 《俄罗斯方块》游戏（免费）
- 书写工具（纸、铅笔或计算机）

### 成本

低（0美元）

### 复杂度

低

### 如何进行个性化定制

如果你对玩《俄罗斯方块》和写日记都没兴趣，那就试试用下面这几种干预手段来代替：成年人试试去玩《无须在意》，儿童试试去玩《等高线》或者《超好》。

刻意去想让你感到痛苦的事物，是为了让你进入一种情绪状态，不得不进行情绪调节。此类事物包括：老板对你的评价不高、与挚爱的人吵了一架、担心自己无法按时完成任务等。如果你没办法想出任何让你不适的事，那就给自己一点诱惑。

例如，如果你在网上购物或吃烘焙食品方面没办法控制自己，那就让自己处在那种环境下。直面诱惑，努力控制住自己，坚持 5 分钟。

**说明**

1. 花 5 分钟去想那些让你感到痛苦的事物。
2. 做你为了每日跟踪记录而选择的、基于精神状态的情绪调节能力测试，并在记录本上记下自己的分数。
3. 查看、确认你的随机试验流程，了解你当日应该采用哪种干预手段。
4. 在你应当玩《俄罗斯方块》的日子里，按要求玩 10 分钟。
5. 在你应当进行冥想的日子里，按照自我实验 4 中的说明，进行 10 分钟正念冥想。
6. 再做一次步骤 1 中的情绪调节能力测试，记录你的分数。

## 自我实验 8：提升情绪调节能力的药物[14]

SMARTER TOMORROW

SMARTER TOMORROW

你可以在第 19 章中读到更多与这个自我实验相关的内容。该自我实验将把两种干预手段对你情绪调节能力的影响进行对比。其中一种干预手段是让你服用卡瓦提取物，另一种是让你饮用你所选择的某种草药茶。

**材料**

- 小球（确保实验的随机性）

- 你选择的草药茶（最能帮你获得稳定情绪的那一种）
- 如果你选择以饮料形式服用卡瓦提取物：请购买提取自卡瓦胡椒根部（而非植株其他部分）的“优质”卡瓦提取物，并选择那些产品定期接受第三方机构检测的供货商。[15] 如果你在酒吧里购买卡瓦酒，需要花费5～8美元；[16] 如果你在网上购买原材料自行调制，每一剂成本大概4到5美元；你还可以购买到每包价格约50美元，内含多包分装的产品。[17] 为了掩盖卡瓦提取物的“泥水”味道（以便正常进行双盲试验），可以用椰奶和热带果汁对卡瓦提取物进行勾调。[18] 可可粉也可以用来掩盖卡瓦提取物的味道：你可以将卡瓦提取物、椰奶、可可粉和其他成分结合起来，[19] 制作一种巧克力牛奶卡瓦奶昔。你需要找一位朋友来帮你切换双盲自我实验中的“真实”与“虚假”模式
- 如果你选择以药片形式服用卡瓦提取物：相关研究通常关注WS1490和LI 150这两种提取物。然而，对许多服用者而言，这两种东西并不容易获得
- 注意：与诸多其他药物不同，在服用卡瓦提取物时，并不需要加大剂量以获取药效，卡瓦提取物似乎是服用时间越长药效越好。所以，请不要过量使用它，而是要坚持。如果你想要以饮料形式服用卡瓦提取物，我并不建议你一次喝下超过一杯。喝的时候请带一位专职司机，而且要注意喝它的频次（卡瓦提取物通常有反向耐受性，实际上你服用得越多，其对你的影响就越大）。更多建议请参阅第19章。周末时，作为更明智的选择，你可以不去普通的酒吧，而是去售卖卡瓦酒的酒吧，与朋友一起做自我实验。喝卡瓦酒时，请不要操作机器或饮酒。如果你有肝脏问题，请不要饮用

### 成本

低（0～50美元）

### 复杂度

中

### 如何进行个性化定制

刻意去想让你感到痛苦的事物，是为了让你进入一种情绪状态，不得不进行情绪调节。此类事物包括：老板对你的评价不高、与挚爱的人吵了一架、担心自己无法按时完成任务等。如果你没办法想出任何让你不适的事，那就给自己一点诱惑。例如，如果你在网上购物或吃烘焙食品方面没办法控制自己，那就让自己处在那种环境下。直面诱惑，努力控制住自己，坚持5分钟。

如果你想要进行双盲试验，就需要找一位朋友帮你制备药剂胶囊，在其中装入微晶纤维素粉末、卡瓦粉末，或是什么都不装。你的朋友应当确保微晶纤维素粉末胶囊（作为安慰剂，作用相当于卡瓦提取物饮料实验中的草药茶）和卡瓦粉末胶囊的数量相同，在一只容器中装入真的胶囊，在另一只容器中装入假的胶囊；在两只容器上分别贴上跟小球颜色相对应的标签（比方说红色和蓝色）。这样当你抽取相应颜色的小球时，就知道自己该吃哪只容器中的胶囊了。

### 说明

1. 花5分钟去想那些让你感到痛苦的事物。
2. 做你为了每日跟踪记录而选择的、基于精神状态的情绪调节能力测试，并在你的记录本上记下自己的分数。

3. 查看、确认你的随机试验流程，了解你当日应该采用哪种干预手段。
4. 喝下草药茶或服用卡瓦提取物。卡瓦提取物起效需15～30分钟，所以请在进行第二次情绪调节能力测试前等待足够的时长。在这段时间，可以做提升创造能力的大脑刺激疗法一段中提到的正念冥想。
5. 再做一次步骤1中的情绪调节能力测试，记录你的分数。

## 自我实验9：提升执行能力的安慰剂疗法[20]

SMARTER TOMORROW

你可以在第13章中读到更多与这个自我实验相关的内容。该自我实验将把两种干预手段对你执行能力的影响进行对比。其中一种干预手段是让你身穿白大褂的同时念诵“咒语”，另一种是让你只穿白大褂，不念“咒语”。

### 材料

- 小球（确保实验的随机性）
- 实验室白大褂
- 计时器
- 书写工具（纸、铅笔或计算机）

### 成本

低（0～50美元）

### 复杂度

低

### 如何进行个性化定制

如果不喜欢白大褂，你也可以随心所欲地对实验进行个性化定制：相较于科学家或医生，哪个职业在你看来更具权威性？如果这种职业拥有可辨识度较强的服装或是其他特征（诸如钢笔、计算器、听诊器、教杆、眼镜等），可以穿着或是持握它们，以代替实验室白大褂。

### 说明

1. 做你为了每日跟踪记录而选择的、基于精神状态的执行能力测试，并在记录本上记下自己的分数。
2. 查看、确认你的随机试验流程，了解你当日应该采用哪种干预手段。
3. 穿上白大褂。
4. 在需要念诵“咒语”的日子里，念下面的“咒语”：“临床试验表明，通过身心的自我升级，执行能力可以实现明显的提升。穿上这件实验室白大褂将会提升我的执行能力！”
5. 花 10 分钟时间，做一项能够让你展现执行能力的任务。比如，利用第 12 章中提到过的计划兑现度来评估一下昨天过得如何，并为今天制订计划。在你的记录本上记下你对自己完成执行能力任务的感觉如何（得分从 1 到 5，1 代表很差，3 代表中等，5 代表完美）。
6. 再做一次步骤 1 中的执行能力测试，记录你的分数。

## 自我实验10：提升执行能力的运动[21]

SMARTER TOMORROW

SMARTER TOMORROW

你可以在第14章中读到更多与这个自我实验相关的内容。该自我实验将把两种干预手段对你执行能力的影响进行对比。其中一种干预手段是让你去做协调运动或高强度间歇训练，另一种是完全不做运动。

### 材料

- 小球（确保实验的随机性）
- 计时器
- 进行运动所需的服装，可以躺卧、踢腿或是步行的空间
- 如果你选择去做7分钟的高强度间歇训练，请准备：一把椅子、一个可以用来做俯卧撑和仰卧起坐的平面、一面可以用来做靠墙直角坐的墙，以及一款高强度间歇训练应用软件（或者照下文的说明去做）

### 成本

低（0～50美元）

### 复杂度

中

### 如何进行个性化定制

如果你受伤了或身患疾病，在开始锻炼之前请咨询医生。如果7分钟时长的高强度间歇训练不适合你（尤其是在你需要做低强度运动的情况下），请尝试以步行或是骑自行车代替，

但请确保按照高强度间歇训练的节奏进行。也就是说，做 1 分钟高强度训练，再做 1 分钟低强度训练，并重复这个过程。如果你选择做瑜伽，可以尝试拜日式瑜伽。

你需要在下面 3 种锻炼方案中选择其一：1. 做一次 7 分钟时长的高强度间歇训练；2. 练习一组跆拳道动作；3. 做一组瑜伽。你可以去网上观看相关视频，以确保动作正确，或是干脆照下文的说明去做。

我喜欢用强生公司的 7 分钟高强度间歇训练软件，因为它包含热身和放松阶段，整个流程全部做完会超过 10 分钟。应用市场中还有许多高品质的此类软件。你还可以采用网上的免费 7 分钟高强度间歇训练软件，将计时器设为 10 分钟，即做完 7 分钟之后，再重复前 3 分钟的动作。

如果你打算在大自然环境中尝试任何此类锻炼，那就应该全部都在户外进行。事实证明，身处大自然之中，本身就是一种能提升精神状态的干预手段。[22]

## 说明

1. 做你为了每日跟踪记录而选择的、基于精神状态的执行能力测试，并在记录本上记下自己的分数。
2. 查看确认你的随机试验流程，了解你当日应该采用哪种干预手段。
3. 在需要进行锻炼的日子里，按你所选择的锻炼步骤，进行 10 分钟运动。
4. 在什么都不需要做的日子里，坐下休息 10 分钟。
5. 再做一次步骤 1 中的执行能力测试，记录你的分数。

## 运动步骤说明

### 1.7分钟高强度间歇锻炼

请参照自我实验2中的说明。

### 2. 跆拳道动作锻炼

下列14个动作，每一个大概做43秒[23]：

1. 转动肩膀、手臂、臀部。
2. 转动膝盖，抬起膝盖，向外和向内拉伸膝盖。
3. 轻度慢跑，然后跳跃。
4. 俯卧撑，然后仰卧起坐。
5. 轻度慢跑，然后跳跃。
6. 左右抬腿。
7. 切换站姿，然后切换回来。
8. 回旋踢。
9. 斧踢。
10. 前踢。
11. 侧踢。
12. 后踢或反侧踢。
13. 反向回旋踢。
14. 深蹲和侧向拉伸。

### 3. 瑜伽

拜日式瑜伽，按照下面的动作说明吸气、呼气，下列12个姿势，每个做50秒：[24]

1. 祈祷姿势，呼气。
2. 举臂礼，吸气。
3. 前屈（手摸脚），呼气。
4. 左腿弓步，吸气。

5. 下犬式，呼气。
6. 手杖式（8点顶礼式），吸气。
7. 眼镜蛇式，呼气。
8. 下犬式，吸气。
9. 右腿弓步，呼气。
10. 前屈（手摸脚），吸气。
11. 举臂顶礼，呼气。
12. 祈祷姿势，吸气。

## 自我实验11：提升执行能力的光照疗法[25]

SMARTER TOMORROW

你可以在第15章中读到更多与这个自我实验相关的内容。该自我实验将就两种干预手段对你执行能力的影响进行对比。其中一种干预手段是让你接受蓝光照射，而另一种是让你服用咖啡因。

### 材料

- 小球（确保实验的随机性）
- 蓝光源：飞利浦便携蓝光灯goLITE BLU，是第15章所引述的两项研究的测试产品。蓝光源可以在网上订购，价格通常在80美元左右
- 40毫克咖啡因（例如，一杯红茶、半杯咖啡，或是一片咖啡因片）

SMARTER TOMORROW

### 成本

低到中等（0～150美元）

### 复杂度

低

### 如何进行个性化定制

有些研究表明，非常白的光照对于情绪也有类似的影响。普通的自然光谱治疗灯成本更低。我订购了一部Verilux Happylight Compact Personal，花了大概40美元。

将光的强度调整至舒适程度，以免造成眼疲劳。

选择一种你喜欢但不至于偏爱的方式来摄入咖啡因（茶、咖啡或咖啡因片），以免造成实验偏差。

### 说明

1. 做你为了每日跟踪记录而选择的、基于精神状态的执行能力测试，在记录本上记下自己的分数。
2. 查看、确认你的随机试验流程，了解你当日应该采用哪种干预手段。
3. 在你应该接受蓝光照射的日子里，花10分钟时间做些能够让你展现执行能力的任务。比如，利用第12章提到过的计划兑现度来评估一下昨天过得如何，并为今天制订计划。在你的记录本上记下你对自己完成执行能力任务的感觉如何（得分为1～5分，1分代表很差，3分代表中等，5分代表完美）。
4. 在你应该服用咖啡因的日子里，按要求服用。花30～60分钟做一些其他的事情，具体时间取决于从服用咖啡因到其达到最大功效的时间（当然，个体之间也可能存在非常明显的差异）。然后花 10 分钟时间做些能够让你展现执行能力的任务。比如，利用第 12 章中提到过的计划兑现度来评估一下昨天过得如何，并为今天制订计划。在你的记录本上记下你对自己完成执行能力任务的感觉如何。

5. 再做一次步骤 1 中的执行能力测试，记录你的分数。

## 自我实验 12：提升执行能力的神经反馈疗法[26]

SMARTER TOMORROW

你可以在第 16 章中读到更多与这个自我实验相关的内容。该自我实验将把两种干预手段对你执行能力的影响进行对比。其中一种干预手段是让你接受神经反馈治疗，另一种是让你进行正念冥想。

### 材料

- 利用头戴式神经反馈设备（150～300 美元）和软件（通常是免费的），或者预约有专业设备的神经反馈医师。我个人喜欢使用 Muse 头戴式神经反馈设备（由加拿大 Interaxon 公司制造）和相关的正念冥想助手软件，我甚至用它来做研究。如果你能通过以色列初创公司 Myndlift 的服务得到医生的远程指导，这种头戴式设备也是很有用的。相关治疗师的费用通常取决于其所在地的生活成本、其业务领域和执业资格。有些只有家庭婚姻治疗资格证书的治疗师收费或许少些，但那些将神经反馈作为诸多服务之一的医生，每

小时的费用或许超过100美元
- 10分钟的引导冥想（可以在YouTube或是应用软件上找到相关的免费内容）

### 成本

高（高于150美元）

### 复杂度

中

### 如何进行个性化定制

你要决定自己究竟要去专业医生的办公室接受治疗，还是在家中使用消费级设备和相关应用程序，又或是在专家的远程网络指导下，在家使用消费级设备。如果你决定使用消费级设备，请选用那些带有可调节头带的产品，毕竟人的头围差异极大。

如果你患有疾病，或者想要一套更为个性化的方案，也愿意付出更多金钱和时间，那么你可以去找一对一的专业神经反馈从业人员。想要知道你所在区域有哪些生物反馈认证协会的认证治疗师，请登录相关网站查询。

### 说明

1. 做你为了每日跟踪记录而选择的、基于精神状态的执行能力测试，并在记录本上记下自己的分数。
2. 查看、确认你的随机试验流程，了解你当日应该采用哪种干预手段。
3. 在需要接受神经反馈治疗的日子里，按要求进行10分钟的神经反馈。

4. 在需要进行正念冥想的日子里，按要求进行 10 分钟的冥想，请按照提升创造能力的大脑刺激疗法一段中的说明进行冥想。
5. 再做一次步骤 1 中的执行能力测试，记录你的分数。

## 自我实验 13：提升执行能力的游戏[27]

SMARTER TOMORROW

SMARTER TOMORROW

你可以在第 17 章中读到更多与这个自我实验相关的内容。该自我实验将把两种干预手段对你执行能力的影响进行对比。其中一种干预手段是让你去玩《大脑总部》（*BrainHQ*）游戏，另一种是让你去玩“双重隔行回溯”游戏。请注意，如果你选择“双重隔行回溯”游戏作为主要干预手段，你需要再选择一种不同的基于精神状态的测试。

### 材料

- 小球（确保实验的随机性）

### 成本

0 ～ 50 美元（无论是《大脑总部》还是“双重隔行回溯”游戏，都有免费版本。但想要解锁更多内容，你需要花钱）

### 复杂度

低

### 如何进行个性化定制

想要得到最好的结果，请选择你最感兴趣的游戏。

作为选择，你还可以玩《传送门2》和《动动脑》，并把游戏对执行能力的影响进行对比。或者，你可以去对比各种脑力游戏对你在10分钟内完成填字游戏进度的影响。

### 说明

1. 做你为了每日跟踪记录而选择的、基于精神状态的执行能力测试，并在记录本上记下自己的分数。
2. 查看、确认你的随机试验流程，了解你当日应该采用哪种干预手段。
3. 在应该玩《大脑总部》的日子里，玩10分钟。
4. 在应该玩“双重隔行回溯”游戏的日子里，玩10分钟。
5. 再做一次步骤1中的执行能力测试，记录你的分数。

## 自我实验14：提升执行能力的大脑刺激疗法[28]

SMARTER TOMORROW

你可以在第18章中读到更多与这个自我实验相关的内容。该自我实验将把两种干预手段对你执行能力的影响进行对比。其中一种干预手段是让你做经颅直流电刺激治疗，而另一种是让你进行正念冥想。

### 材料

- 小球（确保实验的随机性）

SMARTER TOMORROW

- 经颅直流电刺激相关系统（设备主机、阳极电极、阴极电极、海绵纱布、生理盐水、充电线、头带等）
- 书写工具（纸、铅笔或是计算机）
- 计时器

### 成本

高（高于 150 美元）

### 复杂度

高

### 如何进行个性化定制

调整经颅直流电刺激设备发出的电流强度，直至你略有刺痛感但仍觉舒适。有些人立刻就会有刺痛感，但有些人直至电流达到 2 毫安才略有感觉。但是，不要让电流超过 2 毫安。

### 说明

1. 做你为了每日跟踪记录而选择的、基于精神状态的执行能力测试，并在你的神经破解记录本上记下自己的分数。
2. 查看、确认你的随机试验流程，了解你当日应该采用哪种干预手段。
3. 如果你想进行一次非盲试验：在你应当进行经颅直流电刺激治疗的日子里，请将电极贴在《前额叶经颅直流电刺激对执行能力的影响：综合分析揭示的方法学考量》（*Effects of Prefrontal tDCS on Executive Function: Methodological Considerations Revealed by Meta-Analysis*）一文[29]中所描述的位置上。用 10 分钟时间来做刺激治疗。

4. 如果你想进行一次双盲自我实验：你需要找一位朋友帮你确认随机试验流程，但不告诉你当天要采用哪一类干预手段。然后，在应该进行真经颅直流电刺激的日子里，由他将设备切换到“真实”模式，而在其他需要进行虚假经颅直流电刺激的日子里，由他将设备调到“虚假”模式。如果你的设备没有“虚假”模式，那就让你的朋友先暂时打开设备，在试验的第一分钟内逐渐将其关闭。
5. 无论采用哪种试验方式，在进行过干预之后，花10分钟时间做能够让你展现执行能力的任务：利用第12章中提到过的计划兑现度评估昨天过得如何，并为今天制订计划。在你的记录本上记下你对自己完成执行能力任务的感觉如何。
6. 再做一次步骤1中的执行能力测试，记录你的分数。

## 自我实验15：提升执行能力的药物[30]

SMARTER TOMORROW

你可以在第19章中读到更多与这个自我实验相关的内容。这个实验将把两种干预手段对你执行能力的影响进行对比。其中一种干预手段是让你服用咖啡因和左旋茶氨酸，而另一种是让你服用安慰剂药片。

### 材料

- 小球（确保实验的随机性）
- 你可以购买含100～200毫克咖啡因和100～200毫克左

旋茶氨酸的复方胶囊。如果在网上订购咖啡因左旋茶氨酸复方胶囊，每片价格为 0.15 ～ 0.4 美元。请选购那些评价不错且经过第三方检测的产品，多花点钱以免买到掺杂了有害杂质的产品

- 安慰剂药片：在网上找品牌安慰剂生产商订购（每片大概 0.5 美元）
- 如果你想要进行双盲试验，就需要找一位朋友帮你制备药剂胶囊，在其中装入微晶纤维素粉末、咖啡因粉末、左旋茶氨酸粉末，或是什么都不装。你的朋友应当确保微晶纤维素粉末胶囊（作为安慰剂）和咖啡因左旋茶氨酸复方胶囊的数量相同，在一只容器中装入真的胶囊，在另一只容器里装入假的胶囊。在两只容器上分别贴上跟小球颜色相对应的标签（比方说红色和蓝色）。这样当你抽取相应颜色的小球时，就知道该吃哪只容器中的胶囊了

### 成本

低（0 ～ 50 美元）

### 复杂度

低

### 如何进行个性化定制

请特别注意，如果你认为自己对咖啡因很敏感，那就从 100 毫克开始。对于一般成年人而言，每天摄取咖啡因的最大剂量应该在 400 毫克左右。如果你处在孕期或是哺乳期，美国妇产科医师学会的最大推荐剂量为 100 ～ 200 毫克（100 毫克是孕期最大推荐剂量，200 毫克是哺乳期最大推荐剂量）。

**说明**

1. 做你为了每日跟踪记录而选择的、基于精神状态的执行能力测试，并在你的神经破解记录本上记下自己的分数。
2. 查看、确认你的随机试验流程，了解你当日应该采用哪种干预手段。
3. 吃一粒药。花 30 ～ 60 分钟做一些其他的事情，具体时间取决于从服用咖啡因到其达到最大功效的时间（当然，个体之间也可能存在非常显著的差异）。然后花 10 分钟时间做能够让你展现执行能力的任务：利用第 12 章中提到过的计划兑现度评估昨天过得如何，并为今天制订计划。在你的记录本上记下你对自己完成执行能力任务的感觉如何。
4. 再做一次步骤 1 中的执行能力测试，记录你的分数。

## 自我实验 16：提升学习与记忆能力的安慰剂[31]

SMARTER TOMORROW

你可以在第 13 章中读到更多与这个自我实验相关的内容。这个实验将把两种干预手段对你学习与记忆能力的影响进行对比。其中一种干预手段是让你采用视觉化思考并念诵“咒语”，另一种是让你身体力行地去练习（按照寻常方法）。

**材料**

- 小球（确保实验的随机性）

### 成本

低（0～50美元）

### 复杂度

低

### 如何进行个性化定制

选择一样你热衷的科目去学习。就这次实验而言，最好选择一项肢体技能，比如学习演奏吉他、钢琴，或是学新的舞蹈。

如果你不想按照随机流程进行实验，也可用一周时间全采用视觉化思考，另一周时间全采用非视觉化思考（躯体练习）。若你这样进行实验，请务必在每周开始和结束时进行实验前测试和实验后测试，以对比每种干预手段所触发的表现。无论你选择哪种手段，你依然需要重复足够多的周数，确保每种干预手段都做到15～30组。

### 说明

1. 做你为了每日跟踪记录而选择的、基于精神状态的学习与记忆能力测试，并在记录本上记下自己的分数。
2. 查看、确认你的随机试验流程，了解你当日应该采用哪种干预手段。
3. 在你应当进行视觉化思考的日子里，请以念诵这样的“咒语”开始：“临床试验表明，通过身心的自我升级，学习与记忆能力可以实现明显的提升。视觉化思考将会提升我的学习与记忆能力！”接着，在身体不动的情况下“练习”相关技能：闭上眼睛，保持身体不动，花10分钟想象自己正在做的相关动作。

4. 在不应该进行视觉化思考的日子里，只要像正常状态一样，花10分钟在身体动作层面练习相关技能即可。
5. 再做一次步骤1中的学习与记忆能力测试，记录你的分数。

## 自我实验17：提升学习与记忆能力的运动[32]

SMARTER TOMORROW

你可以在第14章中读到更多与这个自我实验相关的内容。该自我实验将把两种干预手段对你学习与记忆能力的影响进行对比。其中一种干预手段是让你去做高强度间歇训练，另一种是让你按稳定的节奏做运动。

### 材料

- 小球（确保实验的随机性）
- 计时器
- 进行运动所需的服装，可以躺卧、踢腿或是走路的空间
- 如果你选择去做7分钟的高强度间歇训练，请准备：一把椅子、一个可以用来做俯卧撑和仰卧起坐的平面、一面可以用来做靠墙直角坐的墙，以及一款高强度间歇训练软件

### 成本

低（0～50美元）

### 复杂度

低

### 如何进行个性化定制

选择一个你热衷的科目去学习。

如果你受伤了或身患疾病，在开始运动之前请咨询医生。如果 7 分钟时长的高强度间歇训练不适合你（尤其是在你需要做低强度运动的情况下），请尝试以步行或是骑自行车代替，但请确保按照高强度间歇训练的节奏进行。也就是说，做 1 分钟高强度训练，再做 1 分钟低强度训练，并重复这个过程。如果你选择做瑜伽，可以尝试拜日式瑜伽。

我喜欢用强生公司的 7 分钟高强度间歇训练软件，因为它包含热身和放松阶段，整个流程全部做完会超过 10 分钟。应用市场中还有许多高品质的此类软件。你还可以采用网上的免费 7 分钟高强度间歇训练软件，将计时器设为 10 分钟，即做完 7 分钟之后，再重复前 3 分钟的动作。

选择一种你感兴趣且适合你目前身体状态的稳定运动，比如骑自行车、步行或跑步。

如果你打算在大自然环境中尝试任何此类运动，那就应该全部都在户外进行。事实证明，身处大自然之中，本身就是一种能提升精神状态的干预手段。

### 说明

1. 做你为了每日跟踪记录而选择的、基于精神状态的学习与记忆能力测试，并在你的神经破解记录本上记下自己的分数。
2. 查看、确认你的随机试验流程，了解你当日应该采用哪种干预手段。

3. 在你应当作7分钟高强度间歇训练的日子里，请参照自我实验2中的说明。
4. 在你应当以稳定节奏进行运动的日子里，请以舒缓温和的节奏，花10分钟骑自行车、步行或是跑步（保持其间你应该可以与别人对话的程度）。
5. 再做一次步骤1中的学习与记忆能力测试。记录你的分数。

## 自我实验18：提升学习与记忆能力的神经反馈疗法[33]

SMARTER TOMORROW

你可以在第16章中读到更多与这个自我实验相关的内容。该自我实验将把两种干预手段对你学习与记忆能力的影响进行对比。其中一种干预手段是让你接受神经反馈治疗，另一种是让你进行正念冥想。

### 材料

- 小球（确保实验的随机性）
- 利用头戴式神经反馈设备（150～300美元）和软件（通常是免费的），或者预约有专业设备的神经反馈医师。我个人喜欢使用Muse头戴式神经反馈设备和相关的正念冥想助手软件，我甚至用它来做研究。如果你通过以色列初创公司Myndlift的服务得到医生的远程指导，这种头戴式设备也是很有用的。相关治疗师的费用通常取决于其所在地的生活成本、其业务领域和执业资格。有些只有家庭婚

姻治疗资格证书的治疗师收费或许少些，但那些将神经反馈作为诸多服务之一的医生，每小时的费用或许超过 100 美元

- 10 分钟的引导冥想

## 成本

高（高于 150 美元）

## 复杂度

中

## 如何进行个性化定制

你要决定自己究竟是去专业医生的办公室接受治疗，还是在家中使用消费级设备和相关应用程序，又或是在专家的远程网络指导下，在家使用消费级设备。如果你决定使用消费级设备，请选用那些带有可调节头带的产品，毕竟人的头围差异极大。

如果你患有疾病，或者想要一套更为个性化的方案，也愿意付出更多金钱和时间，那么你可以去找一对一的专业神经反馈从业人员。想要知道你所在区域有哪些生物反馈认证协会的认证治疗师，请登录相关网站查询。

## 说明

1. 做你为了每日跟踪记录而选择的、基于精神状态的学习与记忆能力测试，并在记录本上记下自己的分数。
2. 查看、确认你的随机试验流程，了解你当日应该采用哪种干预手段。
3. 在需要接受神经反馈治疗的日子里，按要求进行 10 分钟

的神经反馈。

4. 在需要进行正念冥想的日子里，按要求进行10分钟的冥想，请按照提升创造能力的大脑刺激疗法一段中的说明进行正念冥想。
5. 再做一次步骤1中的学习与记忆能力测试，记录你的分数。

## 自我实验19：提升学习与记忆能力的游戏[34]

SMARTER TOMORROW

你可以在第17章中读到更多与这个自我实验相关的内容。该自我实验将把两种干预手段对你学习与记忆能力的影响进行对比。其中一种干预手段是让你利用间隔重复软件学习新的内容，另一种是让你利用常规方法（实体的快闪记忆卡）去学习。由于这些干预手段都属于学习辅助手段，它们会对你学习新东西的过程产生影响，而不是在整体上影响你的学习方式。你将基于你所学习的材料，对自己进行测试，而不是单纯测试你的学习与记忆能力本身。

### 材料

- 间隔重复学习类软件程序
- 制作快闪记忆卡的工具（纸、记号笔）

### 成本

低（0～50美元）

### 复杂度

低

### 如何进行个性化定制

选择一种价格合适、最符合你个人风格的间隔重复学习软件。Anki 是最负盛名的这类免费软件之一，但还有许多同类软件可供选择。

选择一个你非常希望掌握的话题内容来学习，其中需包含一系列生词或是新的概念（比如说一门外语或是一类科学知识）。至少要设置 8 次关于所学内容的测试，以便你能在实验流程中评估自己的学习情况。将你计划学习的生词或是概念一分为二，一半利用间隔重复法学习，另一半利用常规方法学习。

## 说明

1. 进行一次基准线测试，评估你在学习前对自己计划学习的话题有多少了解。
2. 抛硬币以决定你从间隔重复法开始还是从常规学习方法开始。
3. 从抛硬币决定的方法开始学习。在一周中，每天都拿出 15 分钟，利用选定的方法进行学习。在你的神经破解记录本上记下你每天学习多少单词。在周末进行一次测试，评估你在这一周中学到了多少东西。
4. 下一周换用另一种干预手段。每周轮换，持续至少 8 周。
5. 在自我实验结束时，对比一下，你用两种干预手段每天都能学习多少单词。此外，还要对比你的周末测试成绩，看看哪种干预手段能提升你的学习与记忆能力。

## 自我实验20：提升学习与记忆能力的药物[35]

SMARTER TOMORROW

你可以在第19章中读到更多与这个自我实验相关的内容。该自我实验将把两种干预手段对你学习与记忆能力的影响进行对比。其中一种干预手段是让你服用假马齿苋，另一种是让你服用安慰剂药片。

### 材料

- 小球（确保实验的随机性）
- 一份高脂肪含量的食物或饮料
- 安慰剂药片：在网上找品牌安慰剂生产商订购（大概每片0.5美元）
- 如果你想要进行双盲试验，就需要找一位朋友帮你制备药剂胶囊，在其中装入微晶纤维素粉末、假马齿苋提取物粉末，或是什么都不装。你的朋友应当确保微晶纤维素粉末胶囊（作为安慰剂）和假马齿苋提取物粉末胶囊的数量相同，在一只容器中装入真的胶囊，在另一只容器中装入假的胶囊，在两只容器上分别贴上跟小球颜色相对应的标签（比方说红色和蓝色）。这样当你抽取相应颜色的小球时，就知道该吃哪只容器中的胶囊了

### 成本

低（0～50美元）

### 复杂度

低

## 如何进行个性化定制

有些神经破解者在服用假马齿苋提取物后，表示自己出现了恶心、胃部痉挛、腹胀和腹泻。所以请搭配包含脂肪的餐饭服用假马齿苋提取物，以便其能被正常吸收（这也是印度酥油的传统用途）。[36] 许多人在服用假马齿苋提取物后，报告说自己感觉非常放松，甚至有些嗜睡，你可以在夜晚尝试这种药物。[37]

## 说明

1. 做你为了每日跟踪记录而选择的、基于精神状态的学习与记忆能力测试，并在记录本上记下自己的分数。
2. 无须进行随机试验。我并不推荐你在这项实验中采用 A/B 测试，你只需要依靠与基准线期和清除期的测试数据进行对比，即可知晓哪种干预手段发挥了功效。
3. 研究表明，服用假马齿苋后，几乎马上就会降低被试的焦虑程度。但直到被试服用该药物达 12 周之后，其对记忆能力的改善作用似乎才有所体现。[38] 鉴于此，你可能也得花 12 周时间服用假马齿苋，以测试其对学习与记忆能力的改善在你身上是否奏效。

## 让大脑更聪明 SMARTER TOMORROW

1. 确定你自己要选择哪些心智能力和干预手段。
2. 你可以选定采用怎样的随机试验方式（例如，用不重复抽样法来调整实验的日期或是采样）和实验周期（比如，做15～30组）。
3. 你需要从20种不同的实验方案流程中做出选择。

# 22

# 分析实验数据，下一步该往哪走

一图胜千言。

**时间投入：**6 分钟

**目标：**分析你在实验中得到的数据，并决定接下来怎么做。

你进行了自我实验，收集了自己的数据，或许你感觉自己的精神状态得到了提升，但你想要进行一番计算，检验这一切是如何实际起效的。你该如何分析你所收集的数据呢？下面这两种方法或许可以给你提供帮助：一种是统计学方法，另一种则是图表分析法。

让我们先来看图表分析方法。有句话说："一图胜千言。"这句话有一定的道理。人类大脑中被分配用于计算的部分相对较小，相比于专门用来处理视觉信息的部分，用于计算的部分进化得也相对较晚。[1]而且，与处理视觉信息所花的时间相比，人类大脑处理符号化信息（文字）所花的时间要长得多。很多人在基于计算作出决策时感觉不爽，但大多数人基于图像作出决策时就舒服得多。没错，我就是希望你暂时把统计学分析放在一边，先画出一些美妙的图表。

你将可以在你的图表中观察到三种东西：趋势、"横摆差异"和水平线。[2]所谓趋势，指的是数据点走向整体是上升还是下降；"横摆差异"指的是数据点彼此之间的聚集程度；水平线则是指穿过所有数据点的线的粗略平均值。首先，用 $x$ 轴代表天数、$y$ 轴代表测试表现，绘制一幅散点图。使用任何电子表格程序都能做到这一点。将基准线期、干预期和清除期的数据点以不同的颜色（例如，红色、绿色和蓝色）表示，或者以不同的符号代表各个周期。接下来请查看这三个阶段的图表：你的表现是否随着时间的推移而提升，在基准线期达到了平稳状态？在干预期，你的表现又开始提升了吗？在清除期过程中是否保持了大致相同？这将是一幅让人看上去很有希望的图表。这种实验是基于你选择了只采用单一干预手段（比如假马齿苋这种益智药对学习和记忆的效用需要连续服用几周时间才能显现）而设计的。至于你的干预是否真的改善了精神状态，该如何评估呢？是要在精神状态测试中取平均值吗？先别急着下结论。

我们先来探讨一下平均分的问题。其实数据很容易愚弄我们，这就是我强烈建议你先在图表中“画”出数据的原因。为了说明平均值为何会对人产生误导，以及如何从整个实验的图表分析中了解到更多的东西，我们来看一组实例——我将它们称作“里克尔五重奏”（Bicber’s Quintet）。[3] 图 22-1 展示了自我实验样例的数据。在你看来，这些干预手段中哪些有效，哪些无效，哪些并未得出结论？

如果你的答案也是这样的：图 a 有向上趋势，所以干预手段起效了。图 b 起初呈现向上趋势，但在第 10 周之后开始呈现下降趋势，所以干预手段的效果逐渐消退了。图 c 看上去是一种向下趋势，因此，干预手段或许让人表现更差。图 d 是未得出结论，因为大多数数据点采集在同一天，即实验开始的第一天。即便最终得分要高得多，但中间的间隔时间太长了，有可能是其他原因导致的，而并不一定是干预手段。

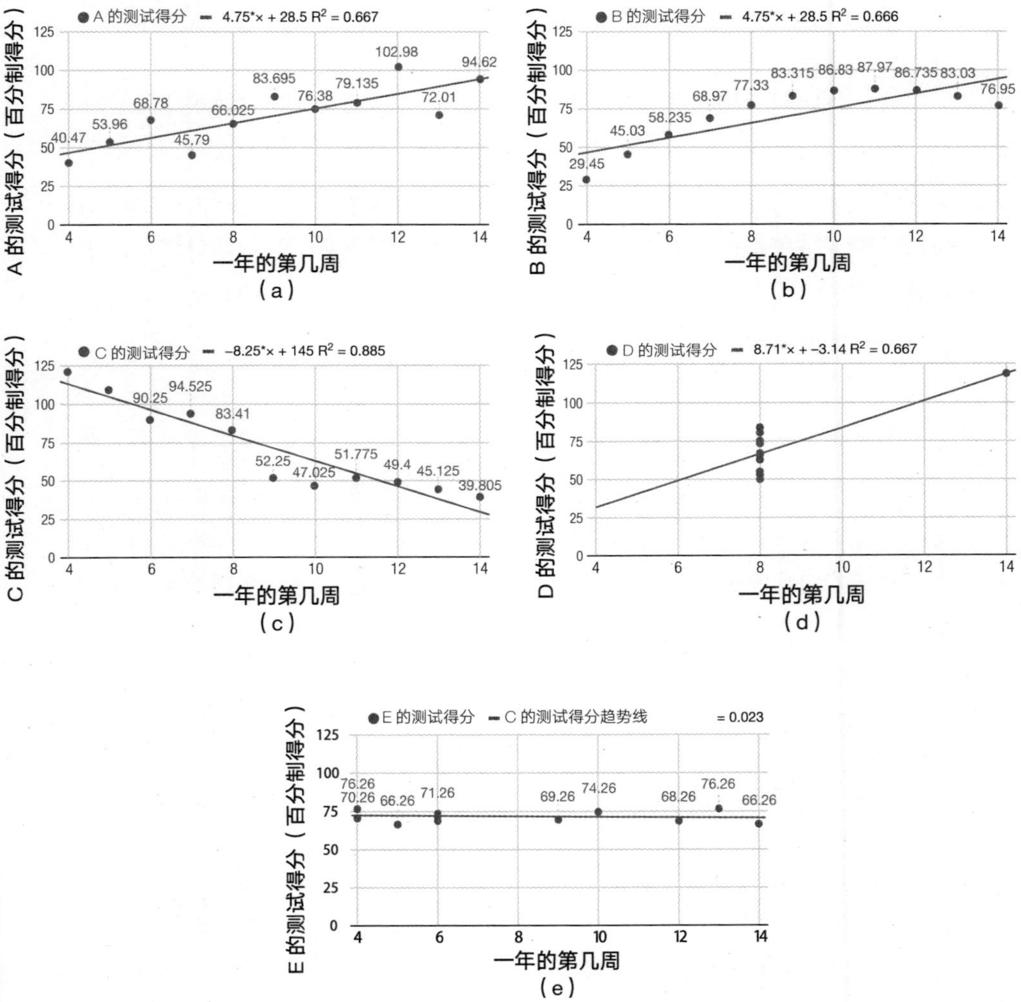

A 的测试得分
4.75*x + 28.5 R² = 0.667
A 的测试得分（百分制得分）
40.47
53.96
68.78
45.79
66.025
83.695
76.38
79.135
102.98
72.01
94.62
一年的第几周
(a)
B 的测试得分
4.75*x + 28.5 R² = 0.666
B 的测试得分（百分制得分）
29.45
45.03
58.235
68.97
77.33
83.315
86.83
87.97
86.735
83.03
76.95
一年的第几周
(b)
C 的测试得分
−8.25*x + 145 R² = 0.885
C 的测试得分（百分制得分）
90.25
94.525
83.41
52.25
47.025
51.775
49.4
45.125
39.805
一年的第几周
(c)
D 的测试得分
8.71*x + −3.14 R² = 0.667
D 的测试得分（百分制得分）
一年的第几周
(d)
E 的测试得分
C 的测试得分趋势线
= 0.023
E 的测试得分（百分制得分）
76.26
70.26
66.26
71.26
69.26
74.26
68.26
76.26
66.26
一年的第几周
(e)


图 22-1　里克尔五重奏

这些图表存在某些相同之处。你或许已经猜到了：它们的平均值都是71.25%。

我之所以要引用这些平均值相同但看上去不同的图表，只是为了强调一点：如果你只关注平均值，就有可能认为这些实验都是相似的。然而，显然干预手段A和B是让人心怀希望的干预手段，而其他干预手段却并非如此。所以，不要被平均值给骗了。在你开始计算平均值或是做其他统计之前，请先看看你的数据散点图。否则你会忽略重要的趋势信息。这些趋势信息常常能反映真实的状况。

现在我们来看看最后一幅图，图e。你能从中归纳出干预手段是否起效了吗？不用进行任何数据分析，单单通过观察大多数上升点被下降点抵消的情况，我就能大致猜出，这个实验中选用的干预手段基本没有起效。如果你在自我实验之后看到类似这样的图形，或许可以判定，你所采用的干预手段并未发挥太大作用。

接下来，让我们看一看如何对一场A/B测试进行解读。在这类实验里，你将随机采用两种不同的干预手段，比如冥想和玩《俄罗斯方块》。

你或许会对两个数量感到好奇。其中一个，是你在接受某种干预手段后能力或表现呈现“急剧变化”，而另外一个则是你在能力或表现上呈现的“长期改变”（我称其为“后天效应”）。所谓“急剧变化”，指的是你接受干预之前的精神状态测试得分与接受干预之后第一时间再测试得分之间的差异。如果后者得分低于前者，或许可以推断你所采用的干预手段降低了你的能力。为了观察这一模式是否始终成立，你应该将整个实验过程中的急剧变化都绘制成图。而想要观察“长期改变”，你将需要采用一种不同的方法。当你在下一次神经破解实验之前进行相同的精神状态评估时，需要测量干预手段所产生的长期效果，即所谓的后天效应。你可以将这一评估得分与之前一次神经破解实验的“干预前”评估得分进行对比。你观察到了怎样的模式？比如，周一，你的“干预前”得分是 10，你的干预手段是运动，你的“干预后”得分是 8。那么这里所谓的急剧变化就是下降了 2 分。周二，你的“干预前”得分是 12。与周一的“干预前”得分相比，你的后天效应就是上升了 2。

如果你在实验中引入了 A/B 测试，那么你可能还要去比较两种干预手段对于精神状态的影响。从本质上说，每种干预手段的影响，就相当于另一种干预手段的对照组。若要就它们对精神状态的影响进行对比，你需要将两种干预手段的急剧变化和后天效应绘制成图，对两者之间的差异模式进行观察。

想要知道每种干预手段对你能造成多少影响，以及该影响是否偶然，你就需要使用统计学工具了。下面这些图表样例，展示了你做 A/B 测试可能得到的结果。第一张图展示的是某交替随机试验中得出的粗略数据，数据收集于实验的干预阶段。图 22-2 展示的是干预手段 A 与干预手段 B 在整体急剧变化方面的对照。

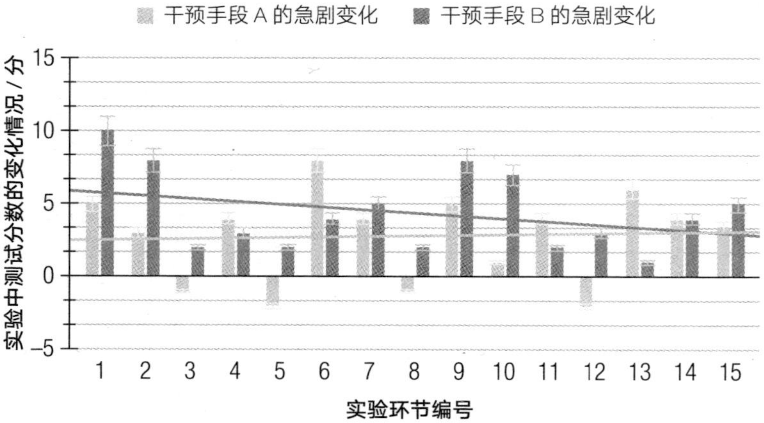


（a）

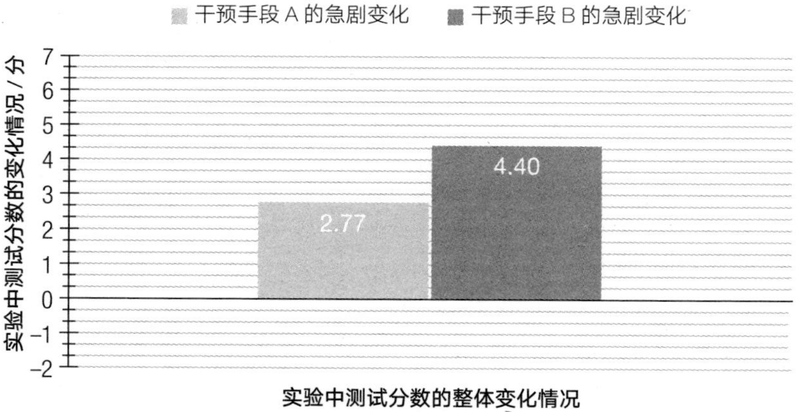


（b）

图 22-2　干预手段 A 与干预手段 B 的急剧变化趋势

通过反思，你会明白你的自我实验是否有效。你将会发现哪些干预手段可以帮助你迅速提升精神状态。由于你在所有精神领域、健康状况与生活方式、生活满意度和计划兑现度得分方面都对自己进行了重新评估，你会觉察到自己发生了多大变化。

如果你发现自己在许多更广泛的领域里全面提高，且目标能力也有所提高，但仍存在一处能力瓶颈。在这种情况下，请继续专注于提升这种能力。如果你的实验表明，一种干预手段比另一种对你更有用，那就暂时将精力集中在更有用的干预手段上。如果你开始觉得疲倦厌烦，或者怀疑这项心智能力已经不再是你的最大瓶颈，那么你就该重新开始自我实验过程了。

## 让大脑更聪明 SMARTER TOMORROW

1. 先绘制图表，再进行计算分析，你会对自己的表现有更直观地感知。这能帮助你不被平均值误导。
2. 请记得计算你的“改变得分”，用以对比每种干预手段的效果。
3. 当你想要用概略数字表达自己在基准线期、干预期和清除期的表现时，可以考虑采用第二高分的平均数（最高分可能是偶然获得的）。

# 自我提升是永远不会结束的旅程

科学是井然有序的知识，智慧是井然有序的生活。

康德

**时间投入：** 5 分钟
**目标：** 提醒你至今为止已有多少进展，并为你未来的探险留下最后的工具。

祝贺你，你已经迈出了神经破解之旅的第一步！在本章中，我们将回顾之前讨论过的流程，你将会了解到其他一些可以加入的神经破解者群体，本章还会介绍一些有关如何成为一名典范神经破解者的最后思路。

你已经学到了许多。

在本书的第一部分，你读到了各种各样神经破解者的故事。你已经了解到，我们对自己大脑的发育轨迹有着惊人的控制力；每个人的大脑都存在着显著的差异，甚至随着时间推移，同一个人的大脑也会发生巨大变化。你还了解到，自我实验是确保大脑按照我们希望的方式进行改变的关键。最终，你学会了如何去进行自我实验。

在本书的第二部分，你了解了大脑升级的 4 个潜在目标：执行能力、情绪调节能力、学习与记忆能力，以及创造能力。我们不仅可以依靠老师和医生来帮助我们提高这些方面的能力，也可以在家里自己提高。你还了解到，可以利用家庭测试来衡量自己在这些能力方面的进展。除了 4 个目标之外，你还看到了精神状态不佳的诸多潜在原因，它们可能隐藏在你的健康状况或生活方式中。找出这些根本原因，你的心智能力会自动得以提升。你会了解，除了心智能力的进展，它们还会带来生活中的可以跟踪记录的改变。你学会了如何跟踪记录结果的两种样本数据：生活满意度得分和计划兑现度得分。

在本书的第三部分，你了解了基本的干预手段，也就是，在尝试其他任何事情之前要首先尝试的工具；你学习了怎样以最好的方式利用安慰剂效应，蓝光照射是如何比咖啡更有效，如何记录自身的脑电波，学习如何操纵脑电波来提升自身的精神状态。我们还研究了玩游戏是如何让你变得更聪明的。

在本书的第四部分，你了解了一些更先进（也更具风险性）的干预手段；你了解了用电刺激自己的脑袋并不像听起来那么愚蠢。你知晓了可以使用何种产品让自己的大脑运行更顺畅，还了解了哪些技术即将面市。

在本书的第五部分，你找到了对应每种干预手段的 15 分钟实验流程，并且得到了关于如何使用它们的指导。

既然你正在进行神经破解，那么请访问我的网站，以便在你的神经破解之旅中获得更多支持。你将找到更多的测试和测评，以及关于干预手段的建议，帮助你收集和理解自身精神状态数据的组织工具。

一些重要提示和窍门：

- 找一位神经破解责任伙伴督促你，并让整个过程更具乐趣。在你进行神经破解的时候，为了保持精确数据的私密性，你只需要分享相对数据，而非原始数据。请务必与亲友一起学习和讨论你的实验项目，但不要去直接对比你和朋友的进展。你要走的是自己的路，而这条路将会是令人激动的。
- 与全世界的神经破解者社群建立联系，如果你所在的地方没有这类社区，那你就自己创建一个吧！
- 请记得保证安全，照顾好自己，如果你的实验涉及他人，请务必保证他们的安全。
- 请记住，所有人的大脑都是不同的，而且它们一直在随着时间推移发生变化。有些事情对你而言很简单，但对其他人而言就很困难，反之亦然。有些事情可能是你前几年难以做到的，然而如今它们莫名其妙地突然变得很简单了。
- 请期待惊喜吧！没有必要把别人的看法变成约束自己的桎梏，也不要用你的看法来限制别人。这一切都是全新的，对于大脑，我们不了解的部分，远大于了解的部分，所以请在这段神经破解之旅中保持好奇心、勇气和善意。

大脑是宇宙中最迷人的、不断变化的事物之一，关于它，我们还有很多东西要去了解。通过探索并掌控自己独特的大脑，你将成为这项伟大事业的一分子。要知道，根据每天结果的不同，自我实验的状态会在愉悦的满足感和刺痛的沮丧感之间交替。

我希望本书在未来几年能成为你的朋友和指南。自我提升是一个永远不会结束的过程。需要去探索的干预手段和心智能力很多，我希望你重新阅读书中的相关内容，尝试多种不同的自我实验。正如神经反馈先驱西格弗雷德·奥斯莫曾经对我说过的，“尽管任何特定方法都无法预见收益，但这不应该影响你的探索。”[1] 大脑的变化是一个科学领域的现实，但也并非是注定的。你需要测试不同的干预手段，直到找到最适合你的那一种。你可能会发现，对你来说最好的干预手段也许并未被记录在本书当中，它或许蕴藏在临床医生、老师或朋友的帮助之下。真正适合你的也可能不是单独一种干预手段；一次尝试多种干预手段的方式或许才是你最好的选择。但无论你探索什么样的方法，我都希望你能体验到自我实验的严谨和乐趣。

神经破解是一次以自我提升为目标的旅程，它追求更广阔的自我发现、自我理解，以及最终的自我掌控。你可以选择自己去操作，也可以与朋友分享这段旅程。你知道最重要的是什么吗？是你使用你那美丽的、升级过的大脑。请与我保持联络，将你的冒险经历告诉我。

祝你能有愉快的神经破解之旅！

SMARTER TOMORROW

# 致谢

> 我不只用我全部的脑力，还有所有我能借到的脑力。
>
> **伍德罗·威尔逊（Woodrow Wilson）**
>
> 美国第 28 任总统

本书中的任何错误都是我的责任，而许多有用的内容则来自我与下面这些智者的交流。

## 家人

- **瓦伦：**你是这样一个有着惊人创造能力和无比可爱的人。你相信我、对这个项目有信心，并让我也对这个项目充满信心。感谢你在我一遍又一遍提出有关统计和数据分析的问题时保持耐心和风趣，感谢你为了帮助我确定自我实验流程的各时间节点所做的美妙模拟计算。感谢你在我不想睡觉的时候强迫我睡觉，在我不想笑的时候逗我笑。感谢你照看我们的小宝贝，以便我能全身心投入写作和编辑工作。虽然你自己也承受着那么多压力，却依然能够在工作中取得优异成绩。谢谢你，我爱你。

- **妈妈和爸爸：**感谢你们教导我热爱学习。感谢你们即便自己有很多重要的事，也依然全心全意地鼓励我完成这个项目；感谢你们用一切可能的方式支持我。当我因草稿太多、修订太多而丢失了部分初稿的时候，是你们的爱让我重拾勇气。
- **妈妈：**感谢你用你独有的身心连接给我爱；感谢你教会了我如何进入心流状态，借助内心、头脑和双手去构建人生；感谢你教会了我在跌倒时自己爬起来，感谢你那些足以传世的鼓舞人心的话语：它们有时滑稽，有时吓人，但总是能激励我重拾精神。儿时的我希望有朝一日能够成为你这样富有开拓心的女性。感谢你向我证明，同时做一名“叛逆女士”和一位充满求知欲、善良、好奇心同时又爱恶作剧的女性，并不是一件矛盾的事。
- **爸爸：**感谢你激发了我对实验方法的热爱，并引导我自己去解决问题，感谢你鼓励我在这个项目开始前做了深入的研究，这解开了我的困境，让这个项目走上了一条出乎意料的进化道路；感谢你做出了鲜活的证明——当伟大的想法邂逅对细节的尊重和无比的职业道德时，疯狂的梦想也能成真；感谢你一直作为我心中的科学楷模，坚持基本原则、厌恶草率思考、总是追根溯源；感谢你教会了我如何通过证明人类的观点是如此渺小（有时候是通过数学手法），来对抗心中的不安全感。
- **林赛：**这些年来，我们之间的无数次对话改变了我思考问题的方式。作为我的大姐姐，你教会了我进入冰冷泳池的最好方法是勇敢地跳进去。感谢你鼓励我以更诚实的情感去写作，并找到自己心底的声音；感谢你花了那么多时间来阅读本书手稿；感谢你在每一页上写下的幽默而精准的评论。
- **莱莎：**没有你帮忙照顾孩子，我不可能完成手稿。你几个月的付出，意味着我可以专注于我的工作，因为我知道孩子是安全的，而且被珍爱着、照顾着，谢谢你。顺便说一句，有着如此高超厨艺的你，应该出一本自己的烹饪书！

- **GP：**你对本书手稿提出的问题和评论不仅令我鼓舞，而且让我受益匪浅。你对我家小宝贝的爱，对我而言是一种激励。
- **莱莎和 GP：**你们是我有幸结识的在精神和行动上最敬业、最慷慨的人。感谢你们在与我共进晚餐时进行的许多自由讨论，感谢你们陪我玩充满欢笑的克朗棋（carrom），感谢你们对我家小宝贝的关爱，感谢你们在我完成这个项目的过程中给予的宝贵支持。
- **我的小宝贝：**你出生后的每一天，都带给我出乎意料的欢乐和意义。还有，其实你在第一次呼吸之前就在帮我写这本书！有多少婴儿有这么说的资本？感谢你所有的笑容、咯咯声和恶作剧。快快长大吧，我都等不及想要（在你身上或和你一起）做实验啦……

## 团队

- 霍华德·尹（Howard Yoon）：谢谢你多年来一直和我坚持做这个项目。在每一个时间节点上，甚至在经历受伤、新冠肺炎、出生和死亡时，面对这世上的一切艰难险阻，你都在为我的这本书而奋斗。
- 玛丽莎·维吉兰特（Marisa Vigilante）：感谢你从一开始就理解我想做什么，感谢你对本书手稿结构上提出的极佳见解；感谢你的理解，即使在疾病流行和（我们两人都）怀孕、项目遭遇阻碍的时候，你也能理解我。
- 特蕾西·比哈尔（Tracy Behar）：谢谢你给我这个机会，也谢谢你坚信我能成为一名作者。感谢伊恩·斯特劳斯（Ian Straus）：感谢你对我许许多多问题的耐心而详细的回答。感谢整个小布朗炎花出版社和 HBG 团队：谢谢你们帮我把梦想照进了现实。

- 汉娜·库什尼克（HannahKushnick）：你是一位深沉宽广的思想家、一位有洞察力的编辑、一位心胸宽广的知己，和你一起工作是我职业生涯中最好的决定之一。你总是走在我前面为我探路，你总是逗笑我，而不是让我愁得挠头。不知为何，你总能猜到我真正想说的是什么，并帮助我把它们记录下来。
- 斯蒂芬妮·法恩·萨斯（Stephanie Fine Sasse）：你是我结交过的最棒的责任伙伴。感谢你对本书的内容有着如此迅速而深刻的理解，感谢你对手稿提出了很好的反馈。你像我一样热爱电子表格和自我跟踪记录，还帮我绘制了非常棒的大脑图表。
- 科学事实核查和引用团队：非常感谢你们的聪明才智、辛勤工作，以及支撑这一切冒险的对科学的热爱。得知反复审阅我书稿的是这样一个杰出的团队，我感到非常欣慰！你们发现了一些模棱两可的地方，找到了相关研究论文，并提出了一些很棒的问题。感谢你们，萨曼莎·比罗（Samantha Bureau）、马诺伊·多斯（Manoj Doss）、盖克瓦德（Gaikwad）、阿祖雷·格兰特（Azure Grant）、加布里埃拉·赫希（Gabriella Hirsch）、凯瑟琳·米克劳（Katherine Miclau）、诺亚·格雷·罗森茨威格（Noah Grey Rosenzweig）、阿莱娅·斯卡拉（Alea Skwara）、莱蒂西娅·王（Laetitia Wang）。
- 我的神经科学“智囊团”（看看我在那里做了什么？）——伊琳娜·斯凯勒-斯科特、陆颂熙、内维尔·桑贾纳（Neville Sanjana）、艾米·戴奇（Amy Daitch）：能有这样一个团队帮我审阅手稿，是我的荣幸。感谢你们敏锐的眼光，感谢你们引领我进行额外的外部研究，感谢你们对这个项目的热忱。
- 所有被试、所有创新者以及所有研究者，你们的工作填满了本书的每一页：我希望自己能对得起你们的工作，我也希望把同样的喜悦和尊重带给我的读者。感谢你们所做的一切，感谢你们让我与全世界分享你们的故事和发现。

## 导师们 / 给过我启发的人们 / 友人们

托德·罗斯（Todd Rose）：感谢你，你是一个年轻人能够求助的最宽容、最富同理心、最真诚的研究生导师。

奥吉·奥加斯（Ogi Ogas）和蒂娜·希里格（Tina Seelig）：感谢你们从一开始就相信我能写成本书，并在关键时刻为我提供鼓励、反馈和支持。

安娜·韦斯（Anna Weiss）：感谢你为我提出的杰出的反馈意见，你热情、视野开阔、充满温情，感谢你在阅读初稿时给我发短信，告诉我你喜欢它。我想，那条短信让我找回了多年前的美妙时光。

戴维·伊戈尔曼（也感谢林赛介绍你我相识）：我是何等幸运，这么年轻时就结识了这样一个知识分子（对不起，我忍不住想这样说）。感谢你以令人敬畏的精力、慷慨的建议和鼓励，为我做出了最好的治学榜样。感谢你多年来对本项目的持续兴趣。

卡米拉·洛克菲勒（Camilla Rockefeller）：感谢你对所有与思维和大脑相关事物永恒的好奇心，以及你所提出的那些令人愉快且充满想象力的问题。想象自己该如何向你解释某个发现，有助于我对本书中一些更棘手的内容做出阐释。感谢你用开怀大笑来回应我那些糟糕的笑话。感谢你从 9 岁开始几乎从未停歇的、彻夜在哲学和荒谬之间辗转反侧的思索。感谢你对本书初稿提出的宝贵意见。

皮亚·帕尔（Pia Pal）：感谢你与我进行了那么多关于大脑、信息组织能力和信息产出能力的精彩对话。

戴维・斯奈德（David Snider）：感谢你与我进行了那些对话，即便是我们还在上初中和高中的时候。它们也让我相信一切皆有可能，在你成功出版你自己的书后，你告诉我，你期待着读我的书，而我从未忘记。

感谢其他在本书面世过程中给过我各种帮助的人。

表姐罗琪［罗莎琳・柏林（Rosalind Berlin）］：我真希望你能活得更久，这样我就能和你讨论这个项目。你那些如手术刀般尖锐的提问方式，一定能让我一次又一次地追根溯源，那会很有趣。

叫喳喳的糖木兰小队（Sugar Magnolia Peeps）：罗伯，感谢你在旧金山房租飞涨的情况下给了我一个安身之所。艾米丽，感谢你向我证明了麸质不耐受体质并不一定意味着与美味食物说永别。阿泰伊，感谢你的美妙音乐，以及和我令人愉悦的哲思聊天。还有我的其他室友，感谢你们的善良、幽默和创造能力，感谢你们举办的那些史诗般的派对（对，这里所说的就是你，考特尼）。

SMARTER
TOMORROW
# 注 释

## 引言　开启脑力升级的神奇之旅


1. 匿名处理。

2. Shaywitz, S. E., et al. “Persistence of Dyslexia: The Connecticut Longitudinal Study at Adolescence.” *Pediatrics* 104 (6): 1351–59, 1999.

3. Fiester, Leila, and Ralph Smith. “Early Warning! Why Reading by the End of Third Grade Matters.” A KIDS COUNT Special Report ,Annie E. Casey Foundation. 2010. Planty, Michael, et al. “The Condition of Education 2009. NCES2009-081.” National Center for Education Statistics: 41, 2009.

4. Saygin, Z. M., et al. “Tracking the Roots of Reading Ability: White Matter Volume and Integrity Correlate with Phonological Awareness in Prereading and Early-Reading Kindergarten Children.” *Journal of Neuroscience* 33 (33):13251–58, 2013.Centanni, Tracy M., et al. “Disrupted Left Fusiform Response to Print in Beginning Kindergartners Is Associated with Subsequent Reading.” *NeuroImage: Clinical* 22: 101715, 2019.

5. Rabiner, David, and John D. Coie. “Early Attention Problems and Children’s Reading Achievement: A Longitudinal Investigation.” *Journal of the American Academy of*

*Child and Adolescent Psychiatry* 39 (7): 859–67, 2000.

## 01 科学自助，像诺贝尔奖得主一样做自己的小白鼠

1. Research and Markets. “The U.S. Market for Self-Improvement Products & Services, 2003–2023: Market Size & Growth, Trends, In-Depth Profiles of 60 Top Motivational Speakers, List of the Top 100 Infomercials.” Globe Newswire News Room. March 3, 2020.

2. Hanley, Brian P., William Bains, and George Church. “Review of Scientific Self-Experimentation:Ethics History, Regulation, Scenarios, and Views Among Ethics Committees and Prominent Scientists.” *Rejuvenation Research* 22 (1): 31–42, 2019.

3. Heidt, Amanda. “Self-Experimentationin the Time of COVID-19.” *The Scientist Magazine*.Tan, Sy, and N. Ponstein. “Jonas Salk (1914–1995): A Vaccine against Polio.” *Singapore Medical Journal* 60 (1): 9–10, 2019.

4. Altman, Lawrence K. *Who Goes First?: The Story of Self-Experimentation in Medicine*. Berkeley: University of California Press, 1998.

## 02 揭示神经破解者的秘密

1. “Roger Craig—Spaced Repetition: A Cognitive QS Method for Knowledge Acquisition.” Vimeo. August 23, 2012.

2. Wolf, Gary. “Want to Remember Everything You’ll Ever Learn? Surrender to This Algorithm.” *Wired*. April 21, 2008.

3. 彼得·沃兹尼亚克（Piotr Wozniak）是“间隔重复”理念当代重要的推动者，他开发了一款记忆软件 SuperMemo。

4. Craig, Roger. n.d. “Knowledge Tracking.” Quantified Self.

5. Harrison, Richard. n.d. “How I Lost 200 Pounds.” Quantified Self.

6. Boesel, Whitney Erin. n.d. “My Numbers Sucked but I Made This Baby Anyway.” Quantified Self.

7. Jonas, Steven. n.d. "Show & Tell Projects Archive." Quantified Self.

8. Drangsholt, Mark. "Deciphering My Brain Fog." Quantified Self. August 21, 2014.

## 03 大脑真的可以被改变吗

1. Kaufman, Alan S. *IQ Testing 101*. New York, London: Springer, 2009.

2. Kaufman. *IQ Testing 101*.

3. Kim, Woojong, et al. "An FMRI Study of Differences in Brain Activity among Elite, Expert, and Novice Archers at the Moment of Optimal Aiming." *Cognitive and Behavioral Neurology* 27(4): 173–82, 2014.

4. Draganski, B., et al. "Temporal and Spatial Dynamics of Brain Structure Changes during Extensive Learning." *Journal of Neuroscience* 26 (23): 6314–17, 2006.

5. Zatorre, Robert J., R. Douglas Fields, and Heidi Johansen-Berg. "Plasticity in Gray and White: Neuroimaging Changes in Brain Structure during Learning." *Nature Neuroscience* 15 (4): 528–36, 2012.

6. Woollett, Katherine, and Eleanor A. Maguire. "Acquiring 'the Knowledge' of London's Layout Drives Structural Brain Changes." *Current Biology* 21 (24): 2109–14, 2011.

7. Mackey, Allyson P., Kirstie J. Whitaker, and Silvia A. Bunge. "Experience-Dependent Plasticity in White Matter Microstructure: Reasoning Training Alters Structural Connectivity." *Frontiers in Neuroanatomy* 6 (32), 2012.

8. Draganski, et al. "Temporal and Spatial Dynamics."

9. Seminowicz, David A., et al. "Cognitive-Behavioral Therapy Increases Prefrontal Cortex Gray Matter in Patients with Chronic Pain." *Journal of Pain* 14 (12): 1573–84,2013.

10. Yeh, Fang-Cheng, et al. "Quantifying Differences and Similarities in Whole-Brain White Matter Architecture Using Local Connectome Fingerprints." *PLOS Computational Biology* 12(11): e1005203, 2016.

11. Paul Pringle. "College Board Scores with Critics of SAT Analogies." *Los Angeles*

*Times*. July 27, 2003.

12. "De Novo Classification Request for Neuropsychiatric EEG-Based Assessment Aid for ADHD(NEBA) System Regulatory Information."

13. Valizadeh, Seyed Abolfazl, et al. "Identification of Individual Subjects on the Basis of Their Brain Anatomical Features." *Scientific Reports* 8 (1), 2018.

14. Mars, Rogier B., Richard E. Passingham, and Saad Jbabdi. "Connectivity Fingerprints: From Areal Descriptions to Abstract Spaces." *Trends in Cognitive Sciences* 22 (11): 1026–37, 2018.

15. Yeh, et al. "Quantifying Differences."

16. Ruiz-Blondet,Maria V., Zhanpeng Jin, and Sarah Laszlo. "CEREBRE: A Novel Method for Very High Accuracy Event-RelatedPotential Biometric Identification." *IEEE Transactions on Information Forensics and Security* 11 (7): 1618–29, 2016.

17. Armstrong, Thomas. *The Power of Neurodiversity: Discovering the Extraordinary Gifts of Autism, ADHD, Dyslexia, and Other Brain Differences.* Cambridge, MA: Da Capo Lifelong, 2010.

18. Whipps, Heather. "Why Did People Become White?" Livescience.com. September 1, 2009.

19. Posner, David. "ADHD: An Overview by David Posner, M.D. — ADD Resource Center." September 23, 2012.

20. Facer-Childs, Elise R., Sophie Boiling, and George M. Balanos. "The Effects of Time of Day and Chronotype on Cognitive and Physical Performance in Healthy Volunteers." *Sports Medicine Open* 4 (1), 2018.

## 04 成为神经破解者的快捷四步法

1. Othmer, Siegfried. Letter to Elizabeth Ricker. Email, March 15, 2021.

2. "Quantified Mind Team."

3. Donner, Yoni. n.d. "Quantified Mind: Scalable Assessment of Within-Person

Variation in Cognition."

4. Ngandu, Tiia, et al. "A 2 Year Multidomain Intervention of Diet, Exercise, Cognitive Training,and Vascular Risk Monitoring Versus Control to Prevent Cognitive Decline in At-Risk Elderly People (FINGER): A Randomised Controlled Trial." *Lancet* 385 (9984): 2255–63, 2015.

5. "Neuroscience Lightning Talks." n.d.

6. "Introduction to Cross-over Designs." n.d. Penn State: Statistics Online Courses.

## 05 保持积极，为成为神经破解者做好准备

1. "Goals Research Summary." n.d.

2. Nickerson, David W., and Todd Rogers. "Do You Have a Voting Plan?: Implementation Intentions,Voter Turnout, and Organic Plan Making." *Psychological Science* 21 (2): 194–99, 2010.

3. Nolan, Christopher. *Batman Begins.* Warner Bros. Pictures, DC Comics, Legendary Pictures, Syncopy, Patalex III Productions: 2006.

4. Milkman, Katherine L. "The Science of Keeping Your New Year's Resolution." *Washington Post,* January 1, 2018.

5. Sharif, Marissa A., and Suzanne B. Shu. "The Benefits of Emergency Reserves: Greater Preference and Persistence for Goals That Have Slack with a Cost." *Journal of Marketing Research* 54(3): 495–509, 2017.

## 06 自我调试，保持好的状态

1. Baldacci, S., et al. "Allergy and Asthma: Effects of the Exposure to Particulate Matter and Biological Allergens."*Respiratory Medicine* 109 (9): 1089–104, 2015. doi:10.1016/j.rmed.2015.05.017.

2. Killgore, William, D. S. "Effects of Sleep Deprivation on Cognition." *Progress in Brain Research* 185: 105–29, 2010.

3. Shehab, M. A., and F. D. Pope. “Effects of Short-Term Exposure to Particulate Matter Air Pollution on Cognitive Performance.” *Scientific Reports* 9 (1), 2019.

4. Ingraham, Christopher. “Heat Makes You Dumb, in Four Charts.” *Washington Post.* July 7, 2018.Goodman Joshua, et al. “Heat and Learning.” National Bureau of Economic Research. 2018.

5. Selhub, Eva. “Nutritional Psychiatry: Your Brain on Food.” Harvard Health Blog. April 5, 2018.

6. Spencer, Sarah J., et al. “Food for Thought: How Nutrition Impacts Cognition and Emotion.” *NPJ Science of Food* 1 (1), 2017;Vojdani, Aristo, Datis Kharrazian, and Partha Mukherjee. “The Prevalence of Antibodies against Wheat and Milk Proteins in Blood Donors and Their Contribution to Neuroimmune Reactivities.” *Nutrients* 6 (1): 15–36, 2013.Yelland, Gregory W. “Gluten-Induced Cognitive Impairment (‘Brain Fog’) in Coeliac Disease.” *Journal of Gastroenterology and Hepatology* 32: 90–93, 2017.

7. Spencer, et al. “Food for Thought.”

8. Peters, Steven. “Nearly 10% of Americans Have a Nutritional Deficiency. These Are the Most Common.” *USA Today.* August 20, 2019.

9. “CDC’S Second Nutrition Report: A Comprehensive Biochemical Assessment of the Nutrition Status of the U.S. Population.” CDC. 2012.

10. Grinder-Pedersen, et al. “Calcium from Milk or Calcium-Fortified Foods Does Not Inhibit Nonheme-Iron Absorption from a Whole Diet Consumed over a 4-d Period.” *American Journal of Clinical Nutrition* 80 (2): 404–9, 2004.

11. Rae, Caroline, et al. “Oral Creatine Monohydrate Supplementation Improves Brain Performance: a Double-Blind, Placebo-Controlled, Cross-overTrial.” *Proceedings of the Royal Society of London. Series B: Biological Sciences* 270 (1529): 2147–50, 2003.

12. Rae, et al. “Oral Creatine Monohydrate.”

13. Brown, Wyatt. “Do You Need to Take Multivitamins?” Examine.com. September 18, 2019. Calton, Jayson B. “Prevalence of Micronutrient Deficiency in Popular Diet

Plans." *Journal of the International Society of Sports Nutrition* 7 (1), 2010. Vici, Giorgia, et al. "Gluten Free Diet and Nutrient Deficiencies: A Review." *Clinical Nutrition* 35 (6): 1236–41, 2016. Craig, Winston J. "Health Effects of Vegan Diets." *American Journal of Clinical Nutrition* 89 (5): 1627S1633S, 2009.

14. Harvard Health Publishing. "Should You Get Your Nutrients from Food or from Supplements?" Harvard Health. 2015.

15. Clifford, J., and Curely, J. "Water-Soluble Vitamins: B-Complex and Vitamin C-9.312."*Extension.* February 26, 2020. Weil, Andrew. "Can Any B Vitamins Be Harmful?" DrWeil.com. 2019.

16. Forbes, Scott C., et al. "Effect of Nutrients, Dietary Supplements and Vitamins on Cognition: A Systematic Review and Meta-Analysis of Randomized Controlled Trials." *Canadian Geriatrics Journal* 18 (4), 2015.

17. Mazereeuw, Graham, et al. "Effects of Omega-3 Fatty Acids on Cognitive Performance: a Meta-Analysis." *Neurobiology of Aging* 33 (7), 2012.

18. Callahan, Alice. 2017. "Do DHA Supplements Make Babies Smarter?" *New York Times.*

19. Hoover, Nathan, Ashlyn Aguiniga, and Jaime Hornecker. "In the Adult Population, Does Daily Multivitamin Intake Reduce the Risk of Mortality Compared with Those Who Do Not Take Daily Multivitamins?" *Evidence-Based Practice* 22 (3): 15, 2019.

20. Mursu, Jaakko, et al. "Dietary Supplements and Mortality Rate in Older Women." *Archives of Internal Medicine* 171 (18): 1625, 2011.

21. Jairoun, Ammar Abdulrahman, Moyad Shahwan, and Sa'Ed H. Zyoud. "Heavy Metal Contamination of Dietary Supplements Products Available in the UAE Markets and the Associated Risk." *Scientific Reports* 10 (1), 2020.

22. Buscemi, Nina, et al. "Melatonin for Treatment of Sleep Disorders: Summary." *AHRQ Evidence Report Summaries.* 2004.

23. Skylar-Scott, Irina. 写给 Elizabeth Ricker 的信。February 14, 2021; Pressler,

Ann. "Melatonin:How Much Should I Take for a Good Night's Rest?" *Health Essentials from Cleveland Clinic.* 2020.

24. "Melatonin: What You Need to Know." National Center for Complementary and Integrative Health. 2021.

25. Harvard Health Publishing. "By the Way, Doctor: Are Sleeping Pills Addictive?" Harvard Health, n.d.

26. Walker, Matthew P. *Why We Sleep: Unlocking the Power of Sleep and Dreams.* New York: Scribner, 2018; Fitzgerald, Timothy, and Jeffrey Vietri. "Residual Effects of Sleep Medications Are Commonly Reported and Associated with Impaired Patient-Reported Outcomes among Insomnia Patients in the United States." *Sleep Disorders* 2015: 1–9, 2015.

27. Willyard, Cassandra. "How Gut Microbes Could Drive Brain Disorders." *Nature* 590 (7844):22–25, 2021.

28. Quintero, Esther. "Feeling Socially Connected Fuels Intrinsic Motivation and Engagement." Shanker Institute. 2015.

29. Beutel, Manfred E., et al. "Loneliness in the General Population: Prevalence, Determinants and Relations to Mental Health." *BMC Psychiatry* 17 (1), 2017.

30. "Facts and Statistics." Anxiety and Depression Association of America (ADAA). 2021.

31. Maletic, V., et al. "Neurobiology of Depression: An Integrated View of Key Findings." *International Journal of Clinical Practice* 61 (12): 2030–40, 2007.

32. Sackeim, Harold A., et al. "Effects of Major Depression on Estimates of Intelligence." *Journal of Clinical and Experimental Neuropsychology* 14 (2): 268–88, 1992.Payne, Tabitha W., and Madeline Thompson. "Impaired Mental Processing Speed with Moderate to Severe Symptoms of Depression." *Major Depressive Disorder: Cognitive and Neurobiological Mechanisms.* 2015.

33. Mandelli, Laura, et al. "Improvement of Cognitive Functioning in Mood

Disorder Patients with Depressive Symptomatic Recovery during Treatment: An Exploratory Analysis." *Psychiatry and Clinical Neurosciences* 60 (5): 598–604, 2006.
Priyamvada,Richa, Rupesh Ranjan, and Suprakash Chaudhury."Cognitive Rehabilitation of Attention and Memory in Depression." *Industrial Psychiatry Journal* 24 (1): 48, 2015.
Schaefer, Jonathan D., et al. "Is Low Cognitive Functioning a Predictor or Consequence of Major Depressive Disorder? A Test in Two Longitudinal Birth Cohorts." *Development and Psychopathology:* 1–15, 2017.

34. "Mental Illness." National Institute of Mental Health. U.S. Department of Health and Human Services. 2021.

35. "Mental Health By the Numbers." National Alliance on Mental Illness (NAMI). 2012.

36. "The 9 Best Online Therapy Programs of 2019." Verywell Mind. 2019.

37. Puhan, Milo A, et al. "Didgeridoo Playing as Alternative Treatment for Obstructive Sleep Apnoea Syndrome: Randomised Controlled Trial." *British Medical Journal* 332 (7536): 266–70, 2006.

38. Lahl, Olaf, et al. "An Ultra Short Episode of Sleep Is Sufficient to Promote Declarative Memory Performance." *Journal of Sleep Research* 17 (1): 3–10, 2008.

39. Carefoot, Helen. "Plastic, Metal or Glass: What's the Best Material for a Reusable Water Bottle?" *Washington Post.* 2019.

40. "9 out of 10 People Worldwide Breathe Polluted Air, But More Countries Are Taking Action." World Health Organization. 2018.

41. Ingraham. "Heat Makes You Dumb."

42. Marshall, P. S., and E. A. Colon. "Effects of Allergy Season on Mood and Cognitive Function."*Annals of Allergy, Asthma & Immunology* 71 (3): 251–8, 1993. PMID: 8372999.

43. 一款名为 SpotCrime 的应用程序利用警方的数据绘制犯罪发生地区的地图，提醒用户避开这些地区。

44. CDC. "Loneliness and Social Isolation Linked to Serious Health Conditions." May 26, 2020.cdc.gov/aging/publications/features/lonely-older-adults.html.

45. Killam, Kasley. "To Combat Loneliness, Promote Social Health." *Scientific American*. 2018.

46. Killam, Kasley. "A Solution for Loneliness." *Scientific American*. 2019. scientificamerican.com/article/a-solution-for-loneliness/.

47. O'Connell, Brenda H., Deirdre Oshea, and Stephen Gallagher. "Mediating Effects of Loneliness on the Gratitude-Health Link." *Personality and Individual Differences* 98: 179–83, 2016.

48. Käll, Anton, et al. "Internet-Based Cognitive Behavior Therapy for Loneliness: A Pilot Randomized Controlled Trial." *Behavior Therapy* 51 (1): 54–68, 2020.

49. Nortje, Alicia. "Realizing Your Meaning: 5 Ways to Live a Meaningful Life." PositivePsychology.com. 2021. Smith, Jeremy Adam. "How to Find Your Purpose in Life." Greater Good. 2018.

## 07 执行能力

1. Diamond, D. M., et al. "The Temporal Dynamics Model of Emotional Memory Processing: A Synthesis on the Neurobiological Basis of Stress-Induced Amnesia, Flashbulb and Traumatic Memories, and the Yerkes-Dodson Law." *Neural Plasticity* 33, 2007.

2. Diamond, et al., "The Temporal Dynamics."

3. Tracy Alloway, Ross Alloway. *The New IQ: Use Your Working Memory to Think Stronger, Smarter, Faster* . 该书介绍的是工作记忆而不是执行能力。

4. 除了使用 MRI（一种相关性工具），研究者还使用了因果分析法来证实执行功能和大脑特定区域的关系。其中，因果分析法包括使用经颅磁刺激设备等。

5. Fine Sasse, Stephanie. *Executive Function: Frontal Cortex*. 2021.

6. Alvarez, Julie A., and Eugene Emory. "Executive Function and the Frontal Lobes: A Meta-Analytic Review." *Neuropsychology Review* 16 (1): 17–42, 2006.

7. Moffitt, Terrie E., et al. "A Gradient of Childhood Self-Control Predicts Health, Wealth, and Public Safety." *Proceedings of the National Academy of Sciences* 108 (7): 2693–98, 2011.

8. Alloway and Alloway, 2010; Bull and Scerif, 2001; Dumontheil and Klingberg, 2012; Gathercole, et al., 2004; McClelland and Cameron, 2011; Nicholson, 2007; Passolunghi, et al., 2007; St Clair-Thompson and Gathercole, 2006; Savage, et al., 2006; Swanson, 2014.

9. "Christine Hooker." rushu.rush.edu/faculty/christine-hooker-phd.

10. Alloway, Tracy Packiam, and Ross G Alloway. "Investigating the Predictive Roles of Working Memory and IQ in Academic Attainment." *Journal of Experimental Child Psychology* 106: 20–29, 2010.

11. Kaufman, Scott Barry. "The Mind of the Prodigy." *Scientific American.* February 10, 2014.

12. Germine, Laura, et al. "Is the Web as Good as the Lab? Comparable Performance from Web and Lab in Cognitive/Perceptual Experiments." *Psychonomic Bulletin & Review* 19 (5): 847–57, 2012.

13. Feenstra, Heleen E. M., et al. "Online Self-Administered Cognitive Testing Using the Amsterdam Cognition Scan: Establishing Psychometric Properties and Normative Data." *Journal of Medical Internet Research* 20 (5): e192, 2018.

14. Castellanos, Irina, William G. Kronenberger, and David B. Pisoni."Questionnaire-BasedAssessment of Executive Functioning: Psychometrics."*Applied Neuropsychology: Child* 7 (2): 93–109, 2016.

15. Baddeley, Alan. "Working Memory: Looking Back and Looking Forward." *Nature Reviews Neuroscience* 4 (10): 829–39, 2003.

16. Del Rossi, Gianluca, Alfonso Malaguti, and Samanta Del Rossi. "Practice Effects Associated with Repeated Assessment of a Clinical Test of Reaction Time." *Journal of Athletic Training* 49(3): 356–59, 2014.

17. Schooten, Kimberley S. van, et al. “Catch the Ruler: Concurrent Validity and Test–Retest Reliability of the ReacStick Measures of Reaction Time and Inhibitory Executive Function in Older People.” *Aging Clinical and Experimental Research* 31 (8): 1147–54, 2018.Kail, Robert, and Timothy A. Salthouse. “Processing Speed as a Mental Capacity.” *Acta Psychologica* 86 (2–3):199–225, 1994.

18. Eriksen, B. A., and C. W. Eriksen. “Effects of Noise Letters upon Identification of a Target Letter in a Non-Search Task.” *Perception and Psychophysics* 16: 143–49, 1974.

19. Stroop, J. R. “Studies of Interference in Serial Verbal Reactions.” *Journal of Experimental Psychology* 18 (6): 643–62, 1935.

20. Stroop, “Studies of Interference in Serial Verbal Reactions.”

## 08 情绪调节能力

1. Kelley, Nicholas J., et al. “Stimulating Self-Regulation:A Review of Non-Invasive Brain Stimulation Studies of Goal-Directed Behavior. *Frontiers in Behavioral Neuroscience* 12 (337), 2019.

2. Aldao, Amelia, Gal Sheppes, and James J. Gross. “Emotion Regulation Flexibility.” *Cognitive Therapy and Research* 39 (3): 263–78, 2015.

3. Urquijo, Itziar, Natalio Extremera, and Josu Solabarrieta. “Connecting Emotion Regulation to Career Outcomes: Do Proactivity and Job Search Self-Efficacy Mediate This Link?” *Psychology Research and Behavior Management* 12 (December): 1109–20, 2019.

4. Duckworth, Angela, and Stephanie Carlson. “Self-Regulation and School Success.” 2013.

5. Bloch, Lian, Claudia M. Haase, and Robert W. Levenson. “Emotion Regulation Predicts Marital Satisfaction: More than a Wives’ Tale.” *Emotion* 14 (1): 130–44, 2014. Gross, James J., and Oliver P. John.“Individual Differences in Two Emotion Regulation Processes: Implications for Affect, Relationships, and Well-Being.” *Journal of Personality and Social Psychology* 85 (2): 348–62, 2003.

6. Vogel, S., and L. Schwabe. "Learning and Memory Under Stress: Implications for the Classroom." *NPJ Science of Learning* 1 (16011), 2016.

7. Diamond, L. M., and L. G. Aspinwall. "Emotion Regulation Across the Life Span: An Integrative Perspective Emphasizing Self-Regulation, Positive Affect, and Dyadic Processes." *Motivation and Emotion* 27 (2), 125–56, 2003.

8. Nakagawa, Takeshi, et al. "Age, Emotion Regulation, and Affect in Adulthood: The Mediating Role of Cognitive Reappraisal." *Japanese Psychological Research* 59 (4): 301–8, 2017. Silvers, Jennifer A., et al. "Age-Related Differences in Emotional Reactivity,Regulation, and Rejection Sensitivity in Adolescence."*Emotion* 12 (6): 1235–47, 2012.

9. Lantrip and Huang. "Cognitive Control."

10. Chowdhury, Madhuleena Roy. "What Is Emotion Regulation? + 6 Emotional Skills and Strategies." PositivePsychology.com. August 13, 2019. Van Bockstaele,Bram, et al. "Choose Change: Situation Modification, Distraction, and Reappraisal in Mild Versus Intense Negative Situations." *Motivation and Emotion* 44, 2019.

11. Ochsner, Kevin N., Jennifer A. Silvers, and Jason T. Buhle. "Functional Imaging Studies of Emotion Regulation: A Synthetic Review and Evolving Model of the Cognitive Control of Emotion." *Annals of the New York Academy of Sciences* 1251 (1): E1–24, 2012.

12. Paschke, Lena M., et al. "Individual Differences in Self-Reported Self-Control Predict Successful Emotion Regulation." *Social Cognitive and Affective Neuroscience* 11 (8): 1193–204, 2016.

13. Paschke, et al. "Individual Differences."

14. Harvard Health Publishing. "Understanding the Stress Response." Harvard Health, May 1, 2018.

15. Aristizabal, Juan-Pablo, et al. "Use of Heart Rate Variability Biofeedback to Reduce the Psychological Burden of Frontline Healthcare Professionals against COVID-19." *Frontiers in Psychology*11 (October), 2020.

16. Mather, Mara, and Julian F. Thayer. "How Heart Rate Variability Affects Emotion Regulation Brain Networks." *Current Opinion in Behavioral Sciences* 19 (February): 98–104, 2018. doi.org/10.1016/j.cobeha.2017.12.017; Appelhans, Bradley M., and Linda J. Luecken. "Heart Rate Variability as an Index of Regulated Emotional Responding." *Review of General Psychology* 10(3) : 229–40, 2006.

17. Kaufman, Erin A., et al. "The Difficulties in Emotion Regulation Scale Short Form (DERS-SF): Validation and Replication in Adolescent and Adult Samples." *Journal of Psychopathology and Behavioral Assessment* 38 (3): 443–55, 2015.

18. 注意，MFA 评估的是与积极心理学中的幸福感相关的快乐感受（如感激、敬畏、同情等）以及用广泛使用的"积极与消极情感量表"测量的那些感受：Watson, David, Lee Anna Clark, and Auke Tellegen. "Development and Validation of Brief Measures of Positive and Negative Affect:The PANAS Scales." *Journal of Personality and Social Psychology* 54 (6): 1063–70, 1988。

## 09 学习与记忆能力

1. "Scientific Reports on Highly Superior Autobiographical Memory." n.d. Center for the Neurobiology of Learning and Memory.

2. Patihis, L., et al. "False Memories in Highly Superior Autobiographical Memory Individuals."*Proceedings of the National Academy of Sciences* 110 (52): 20947–52, 2013.

3. Veiseh, Nima. "TEDxRhodes: Memory and Mindfulness." December 9, 2016.

4. "Neuroscience: How Much Power, in Watts, Does the Brain Use?" n.d. Psychology & Neuroscience Stack Exchange. "Computation Power: Human Brain Versus Supercomputer." Foglets: Science Discovery. April 10, 2019.

5. Patihis, et al. "False Memories."

6. LePort, Aurora K. R., et al. "Highly Superior Autobiographical Memory: Quality and Quantity of Retention over Time." *Frontiers in Psychology* (6), 2016.

7. Urcelay, G. P., and R. R. Miller. "Retrieval from Memory." *Learning and Memory: A*

*Comprehensive Reference* 1: 53–73,2008. doi.org/10.1016/b978-012370509-9.00075-9;Squire, Larry R., etal. “Memory Consolidation.” *Cold Spring Harbor Perspectives in Biology* 7 (8): a021766, 2015.

8. Hockley, William E., Fahad N. Ahmad, and Rosemary Nicholson. “Intentional and Incidental Encoding of Item and Associative Information in the Directed Forgetting Procedure.” *Memory & Cognition* 44 (2): 220–28, 2015.

9. Bauer, Patricia J., et al. “Neural Correlates of Autobiographical Memory Retrieval in Children and Adults.”*Memory* 25 (4): 450–66, 2016.

10. 当新鲜事物出现时，那些使用 PFC 的人通常表现最好。(Duncan and Owen 2000, Poldrack, et al. 2005.) 当你很擅长做这件事时，你就不会那么频繁地使用 PFC 了。(Chein and Schneider 2005; Garavan, et al. 2000; Landau, et al. 2007; Milham, et al.2003; Miller, et al. 2003.)

11. Fine Sasse, Stephanie. *Learning and Memory: Frontal Cortex, Striatum, Amygdala, Cerebellum, Hippocampus*. 2021.

12. Blumenstyk, Goldie. “By 2020, They Said, 2 out of 3 Jobs Would Need More Than a High-School Diploma. Were They Right?” *Chronicle of Higher Education*. January 22, 2020.

13. Gumbel, Peter. “How Will Automation Affect Jobs, Skills, and Wages?” Podcast. McKinsey Global Institute. 2018.

14. Bourke, Juliet. “The Overwhelmed Employee: Simplify the Work Environment.” Deloitte Australia.October 2014.

15. Center for the Neurobiology of Learning and Memory. “Highly Superior Autobiographical Memory.” 2017.

16. Lapp, Danielle C. *Don’t Forget!: Easy Exercises for a Better Memory at Any Age*. New York: McGraw-Hill, 1987.

## 10 创造能力

1. Wujec, Tom. "TED: Build a Tower, Build a Team." February 2010.

2. Jauk, Emanuel, et al. "The Relationship between Intelligence and Creativity: New Support for the Threshold Hypothesis by Means of Empirical Breakpoint Detection." *Intelligence* 41(4): 212–21, 2013.

3. Kaufman, Alan S. *IQ Testing 101*. New York: Springer, 2009.

4. Jauk, et al. "The Relationship between Intelligence and Creativity."

5. Adapted from the University of Kent, "Mathematical Lateral Logic Test." n.d.

6. King, Stephen. "Stephen King: Can a Novelist Be Too Productive?" *New York Times*. August 27, 2015.

7. Simonton, Dean Keith. "Creative Productivity: A Predictive and Explanatory Model of Career Trajectories and Landmarks." *Psychological Review* 104 (1): 66–89, 1997.

8. Yamada, Yohei, and Masayoshi Nagai. "Positive Mood Enhances Divergent but Not Convergent Thinking.*Japanese Psychological Research* 57 (4): 281–87, 2015.

9. Kaufman, Scott Barry. "The Emotions That Make Us More Creative." *Harvard Business Review*. August12, 2015.

10. Kaufman, Scott Barry. "The Emotions."

11. Baer, John. "Creativity Doesn't Develop in a Vacuum." *New Directions for Child and Adolescent Development* (151): 9–20, 2016.

12. Kaufman, Scott Barry. "The Real Neuroscience of Creativity." *Scientific American*. August 19, 2013.

13. Beaty, Roger E., et al. "Robust Prediction of Individual Creative Ability from Brain Functional Connectivity."*Proceedings of the National Academy of Sciences* 115 (5): 1087–92,2018.

14. Liu, Siyuan, et al. "Neural Correlates of Lyrical Improvisation: An FMRI Study of Freestyle Rap." *Scientific Reports* 2 (1), 2012. Limb, Charles J., and Allen R.Braun. "Neural Substrates of Spontaneous Musical Performance: An FMRI Study of Jazz Improvisation."

*PLOS One* 3 (2): e1679, 2018.

15. Csikszentmihalyi, Mihaly. *Creativity: The Psychology of Discovery and Invention.* New York, London:Harper Perennial Modern Classics, 2013.

16. Carson, Shelley H., Jordan B. Peterson, and Daniel M. Higgins. "Reliability, Validity, and Factor Structure of the Creative Achievement Questionnaire." *Creativity Research Journal* 17 (1):37–50, 2015.

### 11 找到瓶颈，选择升级的目标

1. Three skyline images, pages 115–16: iStock. *New York City Skyline Silhouette Vector Illustration*.

2. Hough, Lory. "Beyond Average." Harvard Graduate School of Education. 2015.

3. "Twice-ExceptionalStudents." Nagc.org, 2000.

4. Schaefer, Charles E., and Howard L. Millman. *How to Help Children with Common Problems*. Northvale, NJ: J. Aronson, 1994.

5. Keller, Arielle S., et al. "Paying Attention to Attention in Depression." *Translational Psychiatry* 9(1), 2019.

6. Pacheco-Unguetti, Antonia Pilar, et al. "Attention and Anxiety." *Psychological Science* 21 (2):298–304, 2010.

7. "Sleep, Learning, and Memory." Harvard.edu, 2019.

8. Lucius, Khara. "'Brain Fog': Exploring a Symptom Commonly Encountered in Clinical Practice." *Alternative and Complementary Therapies* 27 (1): 23–30, 2021.

9. Centers for Disease Control and Prevention. "What Is ADHD?" September 19, 2018.

10. Ram, Nilam, et al. "Cognitive Performance Inconsistency: Intraindividual Change and Variability."*Psychology and Aging* 20 (4): 623–33, 2005.

11. Facer-Childs,Elise R., Sophie Boiling, and George M. Balanos. "The Effects of Time of Day and Chronotype on Cognitive and Physical Performance in Healthy

Volunteers." *Sports Medicine Open* 4 (1), October 24, 2018.

12. Smarr, Benjamin L., and Aaron E. Schirmer. "3.4 Million Real-World Learning Management System Logins Reveal the Majority of Students Experience Social Jet Lag Correlated with Decreased Performance." *Scientific Reports* 8 (1), 2018.

13. Facer-Childs, et al. "The Effects of Time of Day."

14. Dunster, Gideon P., et al. "Sleepmore in Seattle: Later School Start Times Are Associated with More Sleep and Better Performance in High School Students." *Science Advances* 4 (12): eaau6200, 2018.

15. Tamnes, C. K., et al. "Becoming Consistent: Developmental Reductions in Intraindividual Variability in Reaction Time Are Related to White Matter Integrity." *Journal of Neuroscience* 32 (3) : 972–82,2012.Ram, Nilam, et al. "Cognitive Performance Inconsistency." 2005.

16. Gamaldo, Alyssa A., et al. "Variability in Performance: Identifying Early Signs of Future Cognitive Impairment."*Neuropsychology* 26 (4): 534–40, 2012.

17. Kiziltas, Semiha, Burcu Akinci, and Cleotilde Gonzalez. "Comparison of Experienced and Novice Cost Estimator Behaviors in Information Pull and Push Methods." *Canadian Journal of Civil Engineering* 37 (2): 290–301, 2010.

## 12 为自己的生活打分

1. Doran, G. T. "There's a S.M.A.R.T. Way to Write Management's Goals and Objectives." *Management Review.* 70 (11): 35–36, 1981.

2. Quantified Self. "Show & Tell: Tracking What I Do Versus What I Say I'll Do." n.d.

3. "Learn to Human Better." n.d.

4. "Designing Your Life." 2007.

5. "The Wheel of Life." Positive Psychology. 2016.

6. Pascha, Mariana. 2019. "The PERMA Model: Your Scientific Theory of Happiness." Positive Psychology. July 3, 2019.

7. “Ed Diener, Subjective Well-Being.” n.d.

8. 18 Areas of Life, Handel Method: “PE.550 Designing Your Life.” 2007. Diener, E., et al. “The Satisfaction with Life Scale.” *Journal of Personality Assessment* 49 (1): 71–75, 1985.

### 13 方法 1：利用安慰剂

1. Kopp, Vincent. *Henry K. Beecher, M.D.: Contrarian (1904–1976)*.American Society of Anesthesiologists, 1999. 这个故事存在一些争议。

2. “Placebos Are Getting More Effective. Drugmakers Are Desperate to Know Why.” *Wired*. August 24, 2009.

3. Beecher, Henry K. “The Powerful Placebo.” *Journal of the American Medical Association* 159 (17): 1602, 1955.

4. Levine, Jon D., Newton C. Gordon, and Howard L. Fields. “The Mechanism of Placebo Analgesia.” *The Lancet* 312 (8091): 654–57,1978.Lipman, JonathanJ., et al. “Peak B Endorphin Concentration in Cerebrospinal Fluid: Reduced in Chronic Pain Patients and Increased during the Placebo Response.” *Psychopharmacology* 102 (1): 112–16, 1990. Vachon-Presseau, Etienne, et al. “Brain and Psychological Determinants of Placebo Pill Response in Chronic Pain Patients.” *Nature Communications* 9 (1), 2018. “Sugar Pills Relieve Pain for Chronic Pain Patients.”*Science Daily*. Northwestern University. September 12, 2018.

5. Pittrof, Rudiger. “Placebo Treatment in Mild to Moderate Depression.” *British Journal of General Practice* 61 (584), 2011.

6. Darragh, Margot, et al. “A Take-Home Placebo Treatment Can Reduce Stress, Anxiety and Symptoms of Depression in a Non-Patient Population.” *Australian & New Zealand Journal of Psychiatry* 50 (9): 858–65, 2016.

7. Fuente-Fernandez,R. de la, S. Lidstone, and A. J. Stoessl. “Placebo Effect and Dopamine Release.” *Parkinson’s Disease and Related Disorders* 70: 415–18, 2006.

8. Sihvonen, Raine, et al. "Arthroscopic Partial Meniscectomy Versus Sham Surgery for a Degenerative Meniscal Tear." *New England Journal of Medicine* 369 (26): 2515–24, 2013. Talbot, Margaret. "The Placebo Prescription." *New York Times.* January 9,2000. Moseley, J. Bruce, etal. "A Controlled Trial of Arthroscopic Surgery for Osteoarthritis of the Knee." *New England Journal of Medicine* 347 (2): 81–88, 2002.

9. Wadyka, Sally. "3 Ways to Use the Placebo Effect to Have a Better Day." Health. com. 2021.Draganich, Christina,and Kristi Erdal. "Placebo Sleep Affects Cognitive Functioning." *Journal of Experimental Psychology: Learning, Memory, and Cognition* 40 (3): 857–64, 2014.

10. Kross, E., et al. "Social Rejection Shares Somatosensory Representations with Physical Pain." *Proceedings of the National Academy of Sciences* 108 (15): 6270–75,2011. Szalavitz, Maia. "New Test Distinguishes Physical From Emotional Pain in Brain for First Time." *Time.* May 6, 2013.

11. Graham, Sarah. "Brain's Own Pain Relievers at Work in Placebo Effect, Study Suggests." *Scientific American.* August 24, 2005.

12. Hall, Kathryn T., Joseph Loscalzo, and Ted J. Kaptchuk. "Genetics and the Placebo Effect: the Placebome." *Trends in Molecular Medicine* 21 (5): 285–94, 2015.

13. "Parkinson's Disease." Mayo Foundation for Medical Education and Research. December 8, 2020. Triarhou, Lazaros C."Dopamine and Parkinson's Disease." National Center for Biotechnology Information.U.S. National Library of Medicine. January 1, 1970.

14. Hall, et al. "Genetics and the Placebo Effect: the Placebome."

15. Ongaro, Giulio, and Ted J. Kaptchuk. "Symptom Perception, Placebo Effects, and the Bayesian Brain." *Pain* 1, 2018.

16. "You Get What You Pay For? Costly Placebo Works Better Than Cheap One." ScienceDaily. March 5, 2008.

17. "Placebos Are Getting More Effective"; Waber R. L., et al. "Commercial Features of Placebo and Therapeutic Efficacy." *Jama* 299 (9): 1016, 2008.

18. Adam, Hajo, and Adam D. Galinsky. "Enclothed Cognition." *Journal of Experimental Social Psychology* 48 (4): 918–25, 2012.

19. Dispenza, Joe. *You Are the Placebo: Making Your Mind Matter.* Carlsbad, CA: Hay House, 2015.

20. Madrigal, Alexis C. "The Dark Side of the Placebo Effect: When Intense Belief Kills."*The Atlantic.* 2011.

21. Jakšić, Nenad, Branka Aukst-Margetić,and Miro Jakovljević. "Does Personality Play a Relevant Role in the Placebo Effect?" *Psychiatria Danubina*. U.S. National Library of Medicine, 2013.

22. Vachon-Presseau,Etienne, et al. "Brain and Psychological Determinants of Placebo PillResponse in Chronic Pain Patients." *Nature Communications* 9 (1), 2018.

23. Romm, Cari. "Is the Placebo Effect in Your DNA?" *The Atlantic,* April 13, 2015.

24. "rs4680." SNPedia. 2021. Hall, et al. "Genetics and the Placebo Effect: the Placebome."

25. Kaptchuk, Ted J., et al. "Placebos without Deception: A Randomized Controlled Trial in Irritable Bowel Syndrome."*PLOS One* 5 (12), 2010.

26. Locher, Cosima, et al. "Is the Rationale More Important than Deception? A Randomized Controlled Trial of Open-Label Placebo Analgesia." *Pain* 158 (12): 2320–28, 2017.

27. "What Oprah Learned from Jim Carrey." Oprah.com. October 12, 2011.

28. "Natan Sharansky: How Chess Kept One Man Sane." BBC News. January 3, 2014.

29. Schmemann, Serge. "Kasparov Beaten in Israel, by Russians." *New York Times*. October 16, 1996.

30. Pascual-Leone, A., et al. "Modulation of Muscle Responses Evoked by Transcranial Magnetic Stimulation during the Acquisition of New Fine Motor Skills." *Journal of Neurophysiology* 74 (3):1037–45, 1995.

31. Denis, M. "Visual Imagery and the Use of Mental Practice in the Development of Motor Skills."*Canadian Journal of Applied Sport Sciences.* U.S. National Library of Medicine. 2021. Ietswaart, Magdalena, et al. "Mental Practice with Motor Imagery in Stroke Recovery: Randomized Controlled Trial of Efficacy." *Brain* 134 (5): 1373–86,2011. Page, Stephen J., Peter Levine, and Anthony Leonard"Mental Practicein Chronic Stroke." *Stroke* 38 (4): 1293–97, 2007.

32. 特别感激我的妹妹建议我在这个句子中使用"激发"一词。

33. Schleider, Jessica, and John Weisz. "A Single-Session Growth Mindset Intervention for Adolescent Anxiety and Depression: 9-Month Outcomes of a Randomized Trial." *Journal of Child Psychology and Psychiatry* 59 (2): 160–70, 2017.

34. Rozenkrantz, Liron, et al. "Placebo Can Enhance Creativity." *PLOS One* 12 (9), 2017.

35. Guevarra, Darwin A., et al. "Placebos without Deception Reduce Self-Report and Neural Measures of Emotional Distress." *Nature Communications* 11 (1), 2020. Schaefer, Michael, et al."Open-Label Placebos Reduce Test Anxiety and Improve Self-Management Skills: A Randomized-Controlled Trial." *Scientific Reports* 9 (1), 2019.

### 14 方法 2：进行运动

1. Diamond, Adele, and Daphne S. Ling. "Conclusions about Interventions, Programs, and Approaches for Improving Executive Functions That Appear Justified and Those That, despite Much Hype, Do Not." *Developmental Cognitive Neuroscience* 18: 34–48,2016.

2. Hillman, C. H., et al. "Effects of the FITKids Randomized Controlled Trial on Executive Control and Brain Function." *Pediatrics* 134 (4), 2014.

3. Chang, Y. K., et al. "The Effects of Acute Exercise on Cognitive Performance: A Meta-Analysis." *Brain Research* 1453: 87–101, 2012.

4. Based on Cohen's D of XX. Conversion from Becker, Dr. Lee A., "Effect Size Calculators." n.d.

5. Randolph, Derek D., and Patrick J. O'Connor. "Stair Walking Is More Energizing than Low Dose Caffeine in Sleep Deprived Young Women." *Physiology & Behavior* 174: 128–35, 2017.

6. Ratey, John J., and Eric Hagerman. *Spark! How Exercise Will Improve the Performance of Your Brain.* Quercus. 2010.

7. Westcott, Wayne L. "Resistance Training Is Medicine: Effects of Strength Training on Health." *Current Sports Medicine Reports* 11 (4): 209–16, 2012.

8. Winter, Bernward, et al. "High Impact Running Improves Learning." *Neurobiology of Learning and Memory* 87 (4): 597–609, 2007.

9. Van Dongen, Eelco V., et al. "Physical Exercise Performed Four Hours after Learning Improves Memory Retention and Increases Hippocampal Pattern Similarity during Retrieval." *Current Biology* 26 (13): 1722–27, 2016.

10. Oaten, Megan, and Ken Cheng. "Longitudinal Gains in Self-Regulation from Regular Physical Exercise." *British Journal of Health Psychology* 11 (4): 717–33, 2006.

11. Loy, Bryan D., Patrick J. O'Connor, and Rodney K. Dishman. "The Effect of a Single Bout of Exercise on Energy and Fatigue States: a Systematic Review and Meta-Analysis." *Fatigue: Biomedicine, Health & Behavior* 1 (4): 223–42, 2013. Randolph and O'Connor, "Stair Walking."

12. Edwards, Meghan K., et al. "Effects of Acute Aerobic Exercise or Meditation on Emotional Regulation. *Physiology & Behavior* 186: 16–24, 2018.

13. Association for Psychological Science. "A Positive Mood Allows Your Brain to Think More Creatively," December 15, 2010. psychologicalscience.org/news/releases/a-positive-mood-allows-your-brain-to-think-more-creatively.html; Zenasni, Franck, and Todd Lubart. "Effects of Mood States on Creativity." *Current Psychology Letters Behaviour, Brain and Cognition* 2002/2, 8, 2002.

14. Steinberg, Hannah, et al. "Exercise Enhances Creativity Independently of Mood." *British Journal of Sports Medicine* 31 (3): 240–45, 1997.

15. Oppezzo, Marily, and Daniel L. Schwartz. "Give Your Ideas Some Legs: The Positive Effect of Walking on Creative Thinking." *Journal of Experimental Psychology: Learning, Memory, and Cognition* 40 (4): 1142–52, 2014.

16. Rominger, Christian, et al. "Creative Challenge: Regular Exercising Moderates the Association between Task-Related Heart Rate Variability Changes and Individual Differences in Originality." *PLOS One* 14 (7), 2019.

## 15 方法 3：使用蓝光

1. health.harvard.edu/blog/seasonal-affective-disorder-bring-on-the-light-201212215663.

2. Vandewalle, Gilles, Pierre Maquet, and Derk-JanDijk. "Light as a Modulator of Cognitive Brain Function." *Trends in Cognitive Sciences* 13 (10): 429–38, 2009.

3. Ma, Zhiqiang, Yang Yang, Chongxi Fan, et al. "Melatonin as a Potential Anticarcinogen for Non-Small-Cell Lung Cancer." *Oncotarget* 7 (29): 46768–84, 2016. 注册信息：Creative Commons Attribution4.0 International license。

4. Alkozei, Anna, et al. "Acute Exposure to Blue Wavelength Light during Memory Consolidation Improves Verbal Memory Performance." *PLOS One* 12 (9), 2017.

5. Viola, Antoine U., et al. "Blue-Enriched White Light in the Workplace Improves Self-Reported Alertness, Performance and Sleep Quality." *Scandinavian Journal of Work, Environment & Health* 34 (4): 297–306, 2008.

6. Craig, Michael. "Seasonal Affective Disorder: Bring on the Light," Harvard Health. December 21, 2012.

7. Taillard, Jacques, et al. "In-Car Nocturnal Blue Light Exposure Improves Motorway Driving: A Randomized Controlled Trial." *PLOS One* 7 (10): e46750, 2012.

8. Koninklijke Philips NV. "Buy the Philips GoLITE BLU Energy Light HF3422/60 Energy Light." n.d.

9. Viola, et al. "Blue-Enriched White Light."

10. Beaven, C. Martyn, and Johan Ekström. "A Comparison of Blue Light and

Caffeine Effects on Cognitive Function and Alertness in Humans." *PLOS One* 8 (10): e76707, 2013.

11. Duke Health. "Myth or Fact: People with Light Eyes Are More Sensitive to Sunlight." August 27, 2013.

12. Alkozei, Anna, et al. "Acute Exposure to Blue Wavelength Light during Memory Consolidation Improves Verbal Memory Performance." *PLOS One* 12 (9), 2017.

13. Alkozei, et al., "Acute Exposure."

## 16 方法 4：神经反馈

1. Bindrā, Abhinava, and Rohit Brijnath. *A Shot at History: My Obsessive Journey to Olympic Gold.* Uttar Pradesh, India: Harper Sport. 2013.

2. Bindr ā and Brijnath, *A Shot at History.*

3. "Meditation Dramatically Changes Body Temperatures." *Harvard Gazette*, April 18, 2002.

4. Krol, Laurens R. *Ten Seconds of Simulated EEG Data in the Five Differently Named Frequency Bands of Neural Oscillations, or Brainwaves: Delta, Theta, Alpha, Beta, and Gamma*. December 3, 2020.

5. "Clarification of Neurofeedback." International Society for Neuroregulation and Research. February 6, 2017.

6. Marzbani, Marateb, and Mansourian. "Methodological Note."

7. University of Goldsmiths London. "Mind Control Can Make You A Better Surgeon." Science-Daily. August 20, 2009.

8. Association for Applied Biopsychology and Biofeedback. n.d. "Review of New Research Regarding EEG Neurofeedback and Musicians."

9. Murphy, Jen. "Mental, Physical Training for Olympic Volleyball." *Wall Street Journal,* July 11, 2012.

10. McAllister, Mike. "How Bryson Trains His Brain." PGATour.com. February 19,

2019.

11. Bhayee, Sheffy, et al. "Attentional and Affective Consequences of Technology Supported Mindfulness Training: A Randomised, Active Control, Efficacy Trial." *BMC Psychology* 4, 2016.

12. Goddard, Nick. "Psychology." *Core Psychiatry* 63–82, 2012.

13. "About Brian—Brian Othmer Foundation." n.d.

14. Fleischman, Matthew J., and Siegfried Othmer. "Case Study: Improvements in IQ Score and Maintenance of Gains Following EEG Biofeedback with Mildly Developmentally Delayed Twins." *Journal of Neurotherapy* 9 (4): 35–46, 2006.

15. Othmer, Siegfried. Email to Elizabeth Ricker, March 15, 2021.

16. Engelbregt, H. J., et al. "Short-and Long-Term Effects of Sham-Controlled Prefrontal EEG-Neurofeedback Training in Healthy Subjects." *Clinical Neurophysiology* 127 (4): 1931–37, 2016.

17. Meinlschmidt, Gunther, et al. "Smartphone-Based Psychotherapeutic Micro-Interventions to Improve Mood in a Real-World Setting." *Frontiers in Psychology* 7: 1112, 2016.

18. "About Dr. Browne." n.d. Neurenics Psychology, Inc.

### 17 方法 5：玩游戏

1. Granic, Isabela, Adam Lobel, and Rutger C. M. E. Engels. "The Benefits of Playing Video Games." *American Psychologist* 69 (1): 66, 2014.

2. Azadegan, Aida, Johann C. K. H. Riedel, and Jannicke Baalsrud Hauge. "Serious Games Adoption in Corporate Training." In *International Conference on Serious Games Development and Applications*. Berlin and Heidelberg: Springer, 2012. 74–85.

3. Csikszentmihalyi, Mihaly. *Finding Flow: The Psychology of Engagement with Everyday Life*. New York: Basic Books, 2008.

4. Wise, Roy A. "Dopamine, Learning and Motivation." *Nature Reviews Neuroscience*

5 (6): 483–94, 2004.

5. Freeman, Bob. "Researchers Examine Video Gaming's Benefits." U.S. Air Force. n.d.

6. Palaus, Marc, et al. "Neural Basis of Video Gaming: A Systematic Review." *Frontiers in Human Neuroscience* 11, 2017.

7. BioMed Central Limited. "Is Tetris Good for the Brain?" ScienceDaily.

8. Shute, Valerie J., Matthew Ventura, and Fengfeng Ke. "The Power of Play: The Effects of Portal 2 and Lumosity on Cognitive and Noncognitive Skills." *Computers & Education* 80: 58–67, 2015.

9. Strenziok, Maren, et al. "Neurocognitive Enhancement in Older Adults: Comparison of Three Cognitive Training Tasks to Test a Hypothesis of Training Transfer in Brain Connectivity."*NeuroImage* 85 Pt 3: 1027–39, 2014.

10. Tennstedt, Sharon L., and Frederick W. Unverzagt. "The ACTIVE Study." *Journal of Aging and Health* 25 (8 suppl): 3S20S, 2013.

11. Owsley, Cynthia, et al. "Timed Instrumental Activities of Daily Living Tasks: Relationship to Cognitive Function and Everyday Performance Assessments in Older Adults." *Gerontology* 48(4): 254–65, 2002.

12. Tennstedt and Unverzagt, "The ACTIVE Study."

13. Wolinsky, Fredric D., et al. "A Randomized Controlled Trial of Cognitive Training Using a Visual Speed of Processing Intervention in Middle Aged and Older Adults." *PLOS One* 8 (5):e61624, 2013.

14. Hardy, Joseph L., et al. "Enhancing Cognitive Abilities with Comprehensive Training: A Large, Online, Randomized, Active-Controlled Trial." *PLOS One* 10 (9): e0134467, 2015.

15. Anguera, J. A., et al. "Video Game Training Enhances Cognitive Control in Older Adults." *Nature* 501 (7465): 9–101, 2013.

16. Kühn, Simone, et al. "Does Playing Violent Video Games Cause Aggression? A

Longitudinal Intervention Study." *Molecular Psychiatry* 24, 2018.

17. Prescott, Anna T., James D. Sargent, and Jay G. Hull. "Metaanalysis of the Relationship between Violent Video Game Play and Physical Aggression over Time." *Proceedings of the National Academy of Sciences* 115 (40): 9882–88, 2018.

18. "Mortality and Morbidity Statistics." n.d.

19. "Internet Gaming." Psychiatry.org, 2013.

20. Przybylski, Andrew K., Netta Weinstein, and Kou Murayama. "Internet Gaming Disorder:Investigating the Clinical Relevance of a New Phenomenon." *American Journal of Psychiatry* 174 (3): 230–36, 2017.

21. González-Bueso, Vega, et al. "Association Between Internet Gaming Disorder or Pathological Video-Game Use and Comorbid Psychopathology: A Comprehensive Review." *International Journal of Environmental Research and Public Health* 15 (4): 668, 2018.

22. González-Bueso, et al. "Association Between Internet Gaming Disorder"; Przybylski, Weinstein,and Murayama."Internet Gaming Disorder."

23. Palaus, Marc, et al. "Neural Basis of Video Gaming: A Systematic Review." *Frontiers in Human Neuroscience* 11, 2017.

24. Krishnan, Lavanya, et al. "Neural Strategies for Selective Attention Distinguish Fast-Action Video Game Players." *Brain Topography* 26 (1): 83–97, 2012.

25. Green, C. Shawn, and Daphne Bavelier. "Action Video Game Modifies Visual Selective Attention." *Nature* 423 (6939): 534–37, 2003.

26. Tsai, M.-H., R.-J. Cherng, and J.-Y. Chen, "Visuospatial Attention Abilities in the Action and Real Time Strategy Video Game Players as Compared with Nonplayers," in *2013 1st International Conference on Orange Technologies (ICOT)* (Tainan: IEEE), 264–265, 2013.

27. Jaeggi, Susanne M., et al. "Improving Fluid Intelligence with Training on Working Memory." *Proceedings of the National Academy of Sciences* 105 (19): 6829–33, 2008.

28. Asprey, Dave. "The Father of Biohacking."

29. "HighIQPro IQ Increase Guarantee." highiqpro.com/high-iq-pro-training-guarantees.

30. Hemenover, Scott H., and Nicholas D. Bowman. "Video Games, Emotion, and Emotion Regulation:Expanding the Scope." *Annals of the International Communication Association* 42 (2): 125,n.d. Villani, Daniela, et al. "Videogames for Emotion Regulation: A Systematic Review."*Games for Health Journal* 7 (2): 85–99, 2018.

31. Iyadurai, L., et al. "Preventing Intrusive Memories after Trauma via a Brief Intervention Involving Tetris Computer Game Play in the Emergency Department: A Proof-of-Concept Randomized Controlled Trial." *Molecular Psychiatry* 23 (3): 674–82,2017.

32. Villani, et al. "Videogames for Emotion Regulation."

33. Villani, et al. "Videogames for Emotion Regulation."

34. mightier.com/wp-content/uploads/2019/11/ScientificOverview.pdf.

35. Lobel, Adam, et al. "Designing and Utilizing Biofeedback Games for Emotion Regulation: The Case of Nevermind." In *Proceedings of the 2016 CHI Conference Extended Abstracts on Human Factors in Computing Systems,* ACM, 2016. 1945–1951.

36. McGonigal, Jane. "Transcript of 'The Game That Can Give You 10 Extra Years of Life.' "TED, 2012.

37. Bakker, David, et al. "Mental Health Smartphone Apps: Review and Evidence-Based Recommendations for Future Developments." *JMIR Mental Health* 3 (1): e7, 2016. Payne, Hannah E., Victor B. A. Moxley, and Elizabeth MacDonald. "Health Behavior Theory in Physical Activity Game Apps: A Content Analysis." *JMIR Serious Games* 3(2): e4, 2015. Roepke, Ann Marie, et al. "Randomized Controlled Trial of SuperBetter, a Smartphone-Based/Internet-BasedSelf-Help Tool to Reduce Depressive Symptoms." *Games for Health Journal* 4 (3): 235–46,2015. Devan, Hemakumar, et al."Evaluation of Self-Management Support Functions in Apps for People with Persistent Pain: Systematic Review."*JMIR MHealth and UHealth* 7 (2): e13080, 2019.

38. Derlyatka, Anton, et al. "Bright Spots, Physical Activity Investments That Work: Sweatcoin: A Steps Generated Virtual Currency for Sustained Physical Activity Behaviour Change." *British Journal of Sports Medicine* 53 (18): 1195–96, 2019.

39. Patoka, Josh. "14 Legit Apps That Will Pay You to Workout [*sic*]." Well Kept Wallet. April 19, 2020.

40. Kelley, Paul, and Terry Whatson. "Making Long-Term Memories in Minutes: A Spaced Learning Pattern from Memory Research in Education. *Frontiers in Human Neuroscience* 7: 589, 2013. frontiersin.org/articles/10.3389/fnhum.2013.00589/full#h1.

41. Karpicke, Jeffrey D., and Althea Bauernschmidt. "Spaced Retrieval: Absolute Spacing Enhances Learning regardless of Relative Spacing." *Journal of Experimental Psychology: Learning, Memory,and Cognition* 37 (5): 1250–57, 2011.

42. Kelley and Whatson. "Making Long-Term Memories in Minutes."

43. Karpicke, Jeffrey D., and J. R. Blunt. "Retrieval Practice Produces More Learning than Elaborative Studying with Concept Mapping." *Science* 331 (6018): 772–75,2011.

44. Icez. *Forgetting Curve with Spaced Repetition*, 2007.

45. Nakano, Dana. "Elevate Effectiveness Study Principal Author." 2015.

46. Grego, John. "Duolingo Effectiveness Study Final Report." 2012.

47. Vesselinov, Roumen. "Measuring the Effectiveness of Rosetta Stone Final Report." 2009.

48. "How Hockey Sense Training Changed the Game for USA Hockey." n.d. The Hockey IntelliGym.

49. "Concussion Study Indicates Hockey IntelliGym Training Could Reduce Chance of Injury."n.d. The Hockey IntelliGym.

50. "Science & Research." n.d. The Hockey IntelliGym."Intelligym's Cognitive Therapy Technologies Added to Comprehensive Approach in Mayo Clinic Sports Medicine Center's Hockey Program." PRWeb. 2014. "Mayo Clinic Sports Medicine CenterAdopts Intelligym Cognitive Training." Sharp Brains. May 14, 2014.

51. Morrison, Briana B., and Betsy DiSalvo. "Khan Academy Gamifies Computer Science."*Proceedings of the 45th ACM Technical Symposium on Computer Science Education —SIGCSE' 14*. 2014.

52. Rayner, Keith, et al. "So Much to Read, so Little Time." *Psychological Science in the Public Interest* 17 (1): 4–34, 2016.

53. Adams, Tim. "Speed-ReadingApps: Can You Really Read a Novel in Your Lunch Hour?" *The Guardian.* April 8, 2017.Rayner, et al., "So Much to Read, so Little Time"; Geoffrey B., and Stephen J. Payne. "Skim Reading by Satisficing." *Proceedings of the 2011 Annual Conference on Human Factors in Computing Systems—CHI' 11*. 2011.

54. Hutton, Elizabeth, and S. Shyam Sundar. "Can Video Games Enhance Creativity? Effects of Emotion Generated ByDance Dance Revolution." *Creativity Research Journal* 22 (3): 294–303,2010.

55. "Want to Boost Creativity? Try Playing Minecraft." 2019. "Want to Boost Creativity? Try Playing Minecraft." Science Daily. 2019.

## 18 方法6：神经电刺激

1. "What Is Cranial Electrotherapy Stimulation (CES)?" n.d. Neuromodec.com.

2. "Transcutaneous Vagus Nerve Stimulation." n.d. PubMed.

3. Cappabianca, Paolo, and Enrico de Divitiis. "Back to the Egyptians: Neurosurgery via the Nose. A Five-Thousand-Year History and the Recent Contribution of the Endoscope." *Neurosurgical Review* 30 (1): 1–7; discussion 7, 2007.

4. Salehpour, Farzad, et al. "Brain Photobiomodulation Therapy: A Narrative Review." *Molecular Neurobiology* 55 (8): 6601–36,2018. "Brain Photobiomodulation."Vielight Inc.Zomorrodi, Reza, et al."Pulsed near Infrared Transcranial and Intranasal Photobiomodulation Significantly ModulatesNeural Oscillations: A Pilot Exploratory Study." *Scientific Reports* 9 (1), 2019. Chao, Linda L. "Effects of Home Photobiomodulation Treatments on Cognitive and Behavioral Function, Cerebral Perfusion, and Resting-State

Functional Connectivity in Patients with Dementia: A Pilot Trial." *Photobiomodulation, Photomedicine, and Laser Surgery* 37 (3): 133–41, 2019.

5. Medeiros, Liciane Fernandes, et al. "Neurobiological Effects of Transcranial Direct Current Stimulation: A Review." *Frontiers in Psychiatry* 3, 2012.

6. DaSilva, Alexandre F., et al. "Electrode Positioning and Montage in Transcranial Direct Current Stimulation." *Journal of Visualized Experiments* 51, 2011.

7. Bikson, Marom, et al. "Safety of Transcranial Direct Current Stimulation: Evidence Based Update 2016." *Brain Stimulation* 9 (5): 641–61, 2016.

8. Kar, Kohitij, and Bart Krekelberg. "Transcranial Electrical Stimulation over Visual Cortex Evokes Phosphenes with a Retinal Origin." *Journal of Neurophysiology* 108 (8): 2173–78, 2012.

9. Woods, A. J., et al. "A Technical Guide to TDCS, and Related Non-InvasiveBrain Stimulation Tools." *Clinical Neurophysiology* 127 (2): 1031–48, 2016.

10. Fields, R. Douglas. "Amping up Brain Function: Transcranial Stimulation Shows Promise in Speeding up Learning." *Scientific American.* November 25, 2011.

11. Monai, Hiromu, et al. "Calcium Imaging Reveals Glial Involvement in Transcranial Direct Current Stimulation-Induced Plasticity in Mouse Brain." *Nature Communications* 7 (1), 2016.

12. Martin, Donel M., et al. "Can Transcranial Direct Current Stimulation Enhance Outcomes from Cognitive Training? A Randomized Controlled Trial in Healthy Participants." *International Journal of Neuropsychopharmacology* 16 (9): 1927–36, 2013.

13. Nelson, Justin, et al. "The Effects of Transcranial Direct Current Stimulation (TDCS) on Multitasking Throughput Capacity." *Frontiers in Human Neuroscience* 10, 2016.

14. Kwon, Jung Won, et al. "The Effect of Transcranial Direct Current Stimulation on the Motor Suppression in Stop-Signal Task." *NeuroRehabilitation* 32 (1): 191–96, 2013.

15. Fregni, Felipe, et al. "Anodal Transcranial Direct Current Stimulation of Prefrontal

Cortex Enhances Working Memory." *Experimental Brain Research* 166 (1): 23–30, 2005.

16. Gill, Jay, Priyanka P. Shah-Basak, and Roy Hamilton. "It's the Thought That Counts: Examining the Task-Dependent Effects of Transcranial Direct Current Stimulation on Executive Function." *Brain Stimulation* 8 (2): 253–59, 2015.

17. Ditye, Thomas, et al. "Modulating Behavioral Inhibition by TDCS Combined with Cognitive Training." *Experimental Brain Research* 219 (3): 363–68, 2012.

18. Leadam, JD. n.d. "How I Zapped My Brain with a 9v Battery to Overcome Analysis Paralysis." Quantified Self. Leadam, JD. n.d. "How I Shocked My Brain and Created Change."

19. Sandrini, Marco, et al. "Older Adults Get Episodic Memory Boosting from Noninvasive Stimulation of Prefrontal Cortex during Learning." *Neurobiology of Aging* 39: 210–16, 2016.

20. Callaway, Ewen. "Shocks to the Brain Improve Mathematical Abilities." *Nature,* May, 2013. Doi .org/10.1038/nature.2013.13012; Cohen Kadosh, Roi, et al. "Modulating Neuronal Activity Produces Specific and Long-Lasting Changes in Numerical Competence." *Current Biology* 20 (22): 2016–20, 2010.

21. Sarkar, A., A. Dowker, and R. Cohen Kadosh. "Cognitive Enhancement or Cognitive Cost: Trait- Specific Outcomes of Brain Stimulation in the Case of Mathematics Anxiety." *Journal of Neuroscience* 34 (50): 16605–10, 2014.

22. Matzen, Laura E., et al. "Effects of Non-Invasive Brain Stimulation on Associative Memory." *Brain Research* 1624: 286–96, 2015.

23. Buch, Ethan R., et al. "Effects of TDCS on Motor Learning and Memory Formation: A Consensus and Critical Position Paper." *Clinical Neurophysiology: Official Journal of the International Federation of Clinical Neurophysiology* 128 (4): 589–603, 2017.

24. "Depression, TDCS." Reddit. 2018.

25. Kelley, Nicholas J., et al. "Stimulating Self-Regulation: A Review of Non-

Invasive Brain Stimulation Studies of Goal-Directed Behavior." *Frontiers in Behavioral Neuroscience* 12, 2019.

26. Ferrucci, R., et al. "Transcranial Direct Current Stimulation in Severe, Drug-Resistant Major Depression." *Journal of Affective Disorders* 118 (1-3): 215–19, 2009. Fregni, Felipe, et al. "Treatment of Major Depression with Transcranial Direct Current Stimulation." *Bipolar Disorders* 8 (2): 203–4, 2006. Boggio, Paulo S., Soroush Zaghi, and Felipe Fregni. "Modulation of Emotions Associated with Images of Human Pain Using Anodal Transcranial Direct Current Stimulation (TDCS)." *Neuropsychologia* 47 (1): 212–17, 2009.Kelley,"Stimulating Self-Regulation."

27. Sarkar, A., A. Dowker, and R. Cohen Kadosh. 2014. "Cognitive Enhancement."; Kelley, "Stimulating Self-Regulation."

28. Dambacher, Franziska, et al. "The Role of Right Prefrontal and Medial Cortex in Response Inhibition: Interfering with Action Restraint and Action Cancellation Using Transcranial Magnetic Brain Stimulation." *Journal of Cognitive Neuroscience* 26 (8): 1775–84, 2014. Kelley, "Stimulating Self-Regulation."

29. Pripfl, Jurgen, and Claus Lamm. 2015. "Focused Transcranial Direct Current Stimulation (TDCS) over the Dorsolateral Prefrontal Cortex Modulates Specific Domains of Self-Regulation." *Neuroscience Research* 91 (February): 41–47. Kelley, "Stimulating Self-Regulation."

30. Hortensius, Ruud, Dennis J. L. G. Schutter, and Eddie Harmon-Jones. "When Anger Leads to Aggression: Induction of Relative Left Frontal Cortical Activity with Transcranial Direct Current Stimulation Increases the Anger–Aggression Relationship." *Social Cognitive and Affective Neuroscience* 7 (3): 342–47, 2011. Kelley, "Stimulating Self-Regulation."

31. Powers, Abigail, et al. "Effects of Combining a Brief Cognitive Intervention with Transcranial Direct Current Stimulation on Pain Tolerance: A Randomized Controlled Pilot Study." *Pain Medicine* 19 (4): 677–85, 2017. Kelley, "Stimulating Self-Regulation."

32. Nejati, Vahid, Mohammad Ali Salehinejad, and Michael A. Nitsche. "Interaction of the Left Dorsolateral Prefrontal Cortex (L-DLPFC) and Right Orbitofrontal Cortex (OFC) in Hot and Cold Executive Functions: Evidence from Transcranial Direct Current Stimulation (TDCS)." *Neuroscience* 369: 109–23, 2018. Kelley, "Stimulating Self-Regulation."

33. Fregni, Felipe, et al. "Transcranial Direct Current Stimulation of the Prefrontal Cortex Modulates the Desire for Specific Foods." *Appetite* 51 (1): 34–41, 2008. Ljubisavljevic, M., et al. "Long-Term Effects of Repeated Prefrontal Cortex Transcranial Direct Current Stimulation (TDCS) on Food Craving in Normal and Overweight Young Adults." *Brain Stimulation* 9 (6): 826–33, 2016."Stimulating Self-Regulation."

34. Sacks, Oliver. "A Bolt from the Blue." *New Yorker.* July 16, 2007.

35. Chi, Richard P., and Allan W. Snyder. "Facilitate Insight by Non-Invasive Brain Stimulation." *PLOS One* 6 (2): e16655, 2011.

36. Rosen, David S., et al. "Anodal TDCS to Right Dorsolateral Prefrontal Cortex Facilitates Performance for Novice Jazz Improvisers but Hinders Experts." *Frontiers in Human Neuroscience* 10, 2016.

37. Horvath, Jared Cooney, Jason D. Forte, and Olivia Carter. "Quantitative Review Finds No Evidence of Cognitive Effects in Healthy Populations from Single-Session Transcranial Direct Current Stimulation (TDCS)." *Brain Stimulation* 8 (3): 535–50, 2015.

38. Wong, Lidia Y. X., Stephen J. Gray, and David A. Gallo. "Does TDCS over Prefrontal Cortex Improve Episodic Memory Retrieval? Potential Importance of Time of Day." *Cognitive Neuroscience* 9 (3-4): 167–80, 2018.

39. Iuculano, T., and R. Cohen Kadosh. "The Mental Cost of Cognitive Enhancement." *Journal of Neuroscience* 33 (10): 4482–86, 2013.

40. "Roi Cohen Kadosh: Keeping Tabs on Transcranial Direct Current Stimulation." November 7, 2016.

41. Wurzman, Rachel, et al. "An Open Letter Concerning Do-It-Yourself Users of

Transcranial Direct Current Stimulation." *Annals of Neurology* 80 (1): 1–4, 2016.

42. Nikolin, Stevan, et al. "Safety of Repeated Sessions of Transcranial Direct Current Stimulation: A Systematic Review." *Brain Stimulation* 11 (2): 278–88, 2018.

### 19 方法 7：适当使用药物

1." 'I Learned Why They're Called Wonder Drugs: You Wonder What They'll Do to You.' Harlan Miller." Dictionary of Quotes.

2. Giurgea, Corneliu. "Pharmacology of Integrative Activity of the Brain: Attempt at Nootropic Concept in Psychopharmacology" (in French). *Actualités Pharmacologiques* 25: 115–56, 1972. PMID 4541214.

3. Center for Food Safety and Applied Nutrition. "Peak Nootropics LLC Aka Advanced Nootropics—557887—02/05/2019." Center for Food Safety and Applied Nutrition. December 20, 2019.

4. White, C. Michael. "Dietary Supplements Pose Real Dangers to Patients." *Annals of Pharmacotherapy* 54 (8): 815–19, 2020.

5. "Arsenic, Lead Found in Popular Protein Supplements." *Consumer Reports*. March 12, 2018.

6. White, "Dietary Supplements."

7. "FTC and FDA Send Warning Letters to Companies Selling Dietary Supplements Claiming to Treat Alzheimer's Disease and Remediate or Cure Other Serious Illnesses such as Parkinson's, Heart Disease, and Cancer." Federal Trade Commission. February 11, 2019.

8. "The Trouble with Mice as Behavioral Models for Alzheimer's." *STAT*. April 16, 2019. Gribkoff, Valentin K., and Leonard K. Kaczmarek. "The Need for New Approaches in CNS Drug Discovery: Why Drugs Have Failed, and What Can Be Done to Improve Outcomes." *Neuropharmacology* 120 ( July): 11–19, 2017.

9. "Big Pharma Backed Away from Brain Drugs. Is a Return in Sight?" n.d. BioPharma Dive.

10. “Don’t Be Tempted to Use Expired Medicines.” U.S. Food and Drug Administration, 2019.

11. “Prescription Stimulants.” Drugabuse.gov. June 6, 2018.

12. “Prescription Stimulants.” Drugabuse.gov, June 6, 2018.

13. repository.upenn.edu/neuroethics_pubs/130/; Ilieva, Irena P., Cayce J. Hook, and Martha J. Farah. “Prescription Stimulants’ Effects on Healthy Inhibitory Control, Working Memory, and Episodic Memory: A Meta-Analysis.” *Journal of Cognitive Neuroscience* 27 (6): 1069–89, 2015.Bagot, Kara Simone, and Yifrah Kaminer. “Efficacy of Stimulants for Cognitive Enhancement in Non-Attention Deficit Hyperactivity Disorder Youth: A Systematic Review.” *Addiction* 109 (4): 547–57, 2014.

14. “Prescription Stimulants’ Effects on Healthy Inhibitory Control, Working Memory, and Episodic Memory: A Meta-Analysis,” 2015.

15. Ilieva, I., Boland, J., and Martha J. Farah. “Objective and Subjective Cognitive Enhancing Effects of Mixed Amphetamine Salts in Healthy People. *Neuropharmacology* 64, 496–505, 2013. Ilieva, Irena P., and Martha J. Farah. “Enhancement Stimulants: Perceived Motivational and Cognitive Advantages.” *Frontiers in Neuroscience* 7, 2013.

16. Silver, Larry. “ADHD Neuroscience 101.” ADDitude. November 30, 2006.

17. Tsai, Ching-Shu, et al. “Long-Term Effects of Stimulants on Neurocognitive Performance of Taiwanese Children with Attention-Deficit/Hyperactivity Disorder.” *BMC Psychiatry* 13 (1), 2013.

18. “Brain Maturity Extends Well beyond Teen Years.” NPR.org. October 10, 2011.

19. Acee, Anna M., and Leighsa Sharoff. “Herbal Remedies, Mood, and Cognition.” *Holistic Nursing Practice* 26 (1): 38–51, 2021.

20. Bykov, Katsiaryna, PharmD. “CBD and Other Medications: Proceed with Caution.” Harvard Health Blog, January 11, 2021.

21. Darbinyan, V., et al. “Rhodiola Rosea in Stress Induced Fatigue: A Double Blind Cross-over Study of a Standardized Extract SHR-5 with a Repeated Low-Dose Regimen

on the Mental Performance of Healthy Physicians during Night Duty." *Phytomedicine: International Journal of Phytotherapy and Phytopharmacology* 7 (5): 365–71, 2000.

22. "Rhodiola." nccih.nih.gov/health/Rhodiola.

23. "RHODIOLA: User Ratings for Effectiveness, Side Effects, Safety and Interactions." n.d.Webmd.

24. Dimpfel, Wilfried, Leonie Schombert, and Alexander G. Panossian. "Assessing the Quality and Potential Efficacy of Commercial Extracts of Rhodiola Rosea L. by Analyzing the Salidroside and Rosavin Content and the Electrophysiological Activity in Hippocampal Long-Term Potentiation, a Synaptic Model of Memory." *Frontiers in Pharmacology* 9 (425): 1–11, 2018.

25. Chandrasekhar, K., Jyoti Kapoor, and Sridhar Anishetty. "A Prospective, Randomized Double-Blind, Placebo-Controlled Study of Safety and Efficacy of a High-Concentration Full-Spectrum Extract of Ashwagandha Root in Reducing Stress and Anxiety in Adults." *Indian Journal of Psychological Medicine* 34 (3): 255–62, 2012.

26. "Withanolide: An Overview." n.d. ScienceDirect; Wal, Pranay, and Ankita Wal. "Chapter 34—an Overview ofAdaptogens with a Special Emphasis on Withania and Rhodiola." In *Nutrition and Enhanced Sports Performance,* Academic Press, 343–50,2013.

27. Salve, Jaysing, et al. "Adaptogenic and Anxiolytic Effects of Ashwagandha Root Extract in Healthy Adults: A Double-Blind, Randomized, Placebo-Controlled Clinical Study." *Cureus* 11(12), 2019.

28. Auddy, Biswajit, et al. "A Standardized Withania Somnifera Extract Significantly Reduces Stress-Related Parameters in Chronically Stressed Humans: A Double-Blind, Randomized, Placebo-Controlled Study." 2008.

29. Cooperman, Tod. n.d. "Ashwagandha Supplement Reviews & Information." ConsumerLab.

30. Cooperman, "Ashwagandha Supplement Reviews & Information."

31. Sarris, Jerome, et al. "The Acute Effects of Kava and Oxazepam on Anxiety,

Mood, Neurocognition; and Genetic Correlates: A Randomized, Placebo-Controlled, Double-Blind Study." *Human Psychopharmacology: Clinical and Experimental* 27 (3): 262–69, 2012.

32. Volz, H.P., and M. Kieser. "Kava-Kava Extract WS 1490 Versus Placebo in Anxiety Disorders: A Randomized Placebo-Controlled 25-Week Outpatient Trial." *Pharmacopsychiatry* 30 (1): 1–5, 1997.

33. Sarris, Jerome, Emma LaPorte, and Isaac Schweitzer. "Kava: A Comprehensive Review of Efficacy, Safety, and Psychopharmacology." *Australian & New Zealand Journal of Psychiatry* 45 (1): 27–35, 2011.

34. Scaccia, Annamarya. "Kava: Inside the All-Natural High That's Sweeping America." *Rolling Stone*. March 16, 2018.

35. "Kava: A Review of the Safety of Traditional and Recreational Beverage Consumption Technical Report," n.d.

36. Zuraw, Lydia. "NPR Choice Page." npr.org. 2019.

37. O'Callaghan, Frances, Olav Muurlink, and Natasha Reid. "Effects of Caffeine on Sleep Quality and Daytime Functioning." *Risk Management and Healthcare Policy* 11 (December): 263–71, 2018.

38. McLellan, Tom M., John A. Caldwell, and Harris R. Lieberman. "A Review of Caffeine's Effects on Cognitive, Physical and Occupational Performance." *Neuroscience & Biobehavioral Reviews* 71: 294–312, 2016.

39. Smith, Andrew P. "Caffeine, Extraversion and Working Memory." *Journal of Psychopharmacology* 27 (1): 71–76, 2012.

40. Haskell, Crystal F., et al. "The Effects of L-Theanine, Caffeine and Their Combination on Cognition and Mood." *Biological Psychology* 77 (2): 113–22, 2008.

41. Camfield, David A., et al. "Acute Effects of Tea Constituents L-Theanine, Caffeine, and Epigallocatechin Gallate on Cognitive Function and Mood: A Systematic Review and Meta-Analysis." *Nutrition Reviews* 72 (8): 507–22, 2014.

42. McCall, Rosie. "Yes, It's Possible to Have Too Much Caffeine (and These Are the Caffeine Overdose Symptoms to Look For)." Health.com. January 27, 2017.

43. "Do I Need to Cycle Caffeine?" Examine.com. October 22, 2018.

44. Rogers, Peter J., et al. "Effects of Caffeine and Caffeine Withdrawal on Mood and Cognitive Performance Degraded by Sleep Restriction." *Psychopharmacology* 179 (4): 742–52, 2005.

45. Dodd, F. L., et al. "A Double-Blind, Placebo-Controlled Study Evaluating the Effects of Caffeine and L-Theanine Both Alone and in Combination on Cerebral Blood Flow, Cognition and Mood." *Psychopharmacology* 232 (14): 2563–76, 2015.

46. Holmgren, Per, Lotta Norden-Pettersson, and Johan Ahlner. "Caffeine Fatalities—Four Case Reports." *Forensic Science International* 139 (1): 71–73, 2004.

47. Office of the Commissioner. "Spilling the Beans: How Much Caffeine Is Too Much?" FDA, September 2020.

48. 23andMe. "Caffeine Consumption & Genetics."

49. ncbi.nlm.nih.gov/pubmed/22747190; Pase, Matthew P., etal. "The Cognitive-Enhancing Effects of *Bacopa monnieri*: A Systematic Review of Randomized, Controlled Human Clinical Trials." *Journal of Alternative and Complementary Medicine* 18 (7): 647–52, 2012. Nathan, P. J., et al. "The Acute Effects of an Extract of *Bacopa monniera* (Brahmi) on Cognitive Function in Healthy Normal Subjects." *Human Psychopharmacology: Clinical and Experimental* 16 (4): 345–51, 2001.

50. Neale, Chris, et al. "Cognitive Effects of Two Nutraceuticals Ginseng and Bacopa Benchmarked against Modafinil: A Review and Comparison of Effect Sizes." *British Journal of Clinical Pharmacology* 75 (3): 728–37, 2013.

51. Kongkeaw, Chuenjid, et al. "Meta-Analysis of Randomized Controlled Trials on Cognitive Effects of *Bacopa monnieri* Extract." *Journal of Ethnopharmacology* 151 (1): 528–35, 2014.

52."Nootropics." 2013.

53. “Blood Alcohol Concentration.” Rev. James E. McDonald, C.S.C., Center for Student Well-Being. Rev. 2019.

54. Jarosz, Andrew F., Gregory J. H. Colflesh, and Jennifer Wiley. “Uncorking the Muse: Alcohol Intoxication Facilitates Creative Problem Solving.” *Consciousness and Cognition* 21 (1): 487–93, 2012.

55. Schuster, Julius, and Ellen S. Mitchell. “More than Just Caffeine: Psychopharmacology of Methylxanthine Interactions with Plant-Derived Phytochemicals.” *Progress in Neuro-Psychopharmacology and Biological Psychiatry* 89: 263–74, 2019.

56. Patterson, Brittany. “Can Tea Help Save the Amazon?” *Scientific American*, n.d.

57. Schuster and Mitchell, “More than Just Caffeine”; Prediger, Rui D. S., et al. “Effects of Acute Administration of the Hydroalcoholic Extract of Mate Tea Leaves (Ilex Paraguariensis) in Animal Models of Learning and Memory.” *Journal of Ethnopharmacology* 120 (3): 465–73, 2008.Frank, Kurtis, et al. “Yerba Mate Research Analysis.” Examine.com, Frank, Kurtis, et al. “Lion’s Mane Research Analysis.” Examine.com, February 2021.

58. Harvard Health Publishing. “Nicotine: It May Have a Good Side.” Harvard Health. March 9, 2014.

59. Heishman, Stephen J., Bethea A. Kleykamp, and Edward G. Singleton. “Meta-Analysis of the Acute Effects of Nicotine and Smoking on Human Performance.” *Psychopharmacology* 210 (4):453–69, 2010.

60. Winblad, Bengt. “Piracetam: A Review of Pharmacological Properties and Clinical Uses.” *CNS Drug Reviews* 11 (2): 169–82, 2006. doi.org/10.1111/j.1527-3458.2005.tb00268.x; Tariska, P.,and Andras Paksy. “Cognitive Enhancement Effect of Piracetam in Patients with Mild Cognitive Impairment and Dementia.” *Orvosi Hetilap* 141 (22): 1189–93,2000; Wilsher, Colin R.“Effects of Piracetam on Developmental Dyslexia.” *International Journal of Psychophysiology* 4 (1): 29–39, 1986. Malykh, Andrei G., and M. Reza Sadaie. “Piracetam and Piracetam-likeDrugs: From Basic Science to Novel Clinical Applications to

CNS Disorders." *Drugs* 70 (3): 287–312, 2010.

61. Malykh and Sadaie, "Piracetam and Piracetam-like Drugs."

62. "Peak Nootropics LLC Aka Advanced Nootropics—557887—02/05/2019." Center for Food Safety and Applied Nutrition December 20, 2019.

63. Battleday, R. M., and A. K. Brem. "Modafinil for Cognitive Neuroenhancement in Healthy Non-Sleep-Deprived Subjects: A Systematic Review." *European Neuropsychopharmacology* 26 (2): 391, 2016.

64. "Modafinil Side Effects: Common, Severe, Long Term."

### 20 从科幻到现实，即将实现的科技手段

1. 截至 2021 年 1 月，23andMe 不再提供与人认知有关的解释。

2. Allegrini, A. G., et al. "Genomic Prediction of Cognitive Traits in Childhood and Adolescence." *Molecular Psychiatry* 24 (6): 819–27, 2019.

3. Payton, Antony. "The Impact of Genetic Research on Our Understanding of Normal Cognitive Ageing: 1995 to 2009." *Neuropsychology Review* 19 (4): 451–77, 2009.

4. Ericsson, Anders. *Peak.* New York: Vintage. 2017.

5. "The California Prenatal Screening Program." cdph.ca.gov. California Department of Public Health, Genetic Disease Screening Program. March 2017. Porter, Forbes D. "Smith–Lemli–OpitzSyndrome: Pathogenesis, Diagnosis and Management." *European Journal of Human Genetics* 16 (5): 535–41, 2008.

6. Araki, Motoko, and Tetsuya Ishii. "International Regulatory Landscape and Integration of Corrective Genome Editing into in Vitro Fertilization." *Reproductive Biology and Endocrinology* 12(1): 108, 2014.

7. Powell, Alvin. "CRISPR's Breakthrough Implications." *Harvard Gazette*. May 16, 2018.

8. "The Science and Engineering of Intelligence: A Bridge across Vassar Street." The Center for Brains, Minds & Machines. Massachusetts Institute of Technology. January

15, 2016. Zhang, Feng. “Improving, Applying and Extending CRISPR-Cas9 Systems.” Presented at the Science and Engineering of Intelligence: A Bridge across Vassar Street, January 15, 2016.

9. “DIY Bacterial Gene Engineering CRISPR Kit.” n.d. The ODIN.

10. Taub, Eric A. “Sleepy behind the Wheel? Some Cars Can Tell.” *New York Times*. March 16, 2017.

11. Perlow, Jon. “New in Labs: Stop Sending Mail You Later Regret.” Official Gmail Blog. Google, October 6, 2008.

12. Iawama, Gabrie, et al. “Introducing the Decision Advisor: A Simple Online Tool That Helps People Overcome Cognitive Biases and Experience Less Regret in Real-Life Decisions.” 论文发表在判断与决策学会（the Society for Judgement and Decision Making）第 40 届年度会议上。Montreal, November 15–18, 2019.

13. Chui, Michael, James Manyika, and Mehdi Miremadi. “Where Machines Could Replace Humans— and Where They Can’t (Yet).” *McKinsey Quarterly*. McKinsey & Company. July 8, 2016.

14. Savage, Maddy. “Thousands of Swedes Are Inserting Microchips under Their Skin.” National Public Radio. October 22, 2018.

15. Coffey, Helen. “This Swedish Rail Company Is Letting Commuters Pay Using Microchips in Their Hands.” *Independent*. June 16, 2017.

16. “XEM RFID Chip.” n.d. Dangerous Things.

17. Rodriguez, Salvador. “Facebook Agrees to Acquire Brain-Computing Start-up CTRL-labs.” CNBC. September 23, 2019.

18. “F8 2017: AI, Building 8 and More Technology Updates from Day Two.” Facebook. April 19, 2017.

19. Eveleth, Rose. “Google Glass Wasn’t a Failure. It Raised Crucial Concerns.” *Wired*. December 12, 2018. Levy, Karyne. “A Surprising Number of Places Have Banned Google Glass in San Francisco.” *Business Insider*. March 18, 2014.

20. Eagleman, David. 2015. "Can We Create New Senses for Humans?" TED. 2015.

21. "Neosensory Announces $10 Million Series a Financing Round." *Markets Insider*. January 9, 2019.

22. "Infrared Vision." *National Geographic*. October 17, 2013.

23. Rosen, Rebecca J. "6 Animals That Can See or Glow in Ultraviolet Light." *The Atlantic*. August 15, 2011.

24. Keller, Kate. "Could This Futuristic Vest Give Us a Sixth Sense?" *Smithsonian Magazine*. April 20, 2018. King, Darryn. "Hearing Loss? A New Device Lets You Feel Sound." *Wall Street Journal*. September 5, 2019. Kotler, Steven. "Neuroscientist David Eagleman Aims to Give Deaf People a New Way to Hear— and Upgrade Everyone Else's Senses Too." NEO.LIFE. January 10, 2019. Walters, Helen. "How to Hear the World through Your Back." TED Conferences. March 17, 2015.

25. Eberhardt, Jennifer. *Biased*. New York: Penguin Books. 2020.

26. Watts, Alexander W. "Why Does John Get the STEM Job rather than Jennifer?" The Clayman Institute for Gender Research. Stanford University. June 2, 2014.

27. Vartan, Starre. "Racial Bias Found in a Major Health Care Risk Algorithm." *Scientific American*. October 24, 2019.

28. Reuters. "Amazon Ditched AI Recruiting Tool That Favored Men for Technical Jobs." *The Guardian*. October 11, 2018.

29. Larson, Jeff, et al. "How We Analyzed the COMPAS Recidivism Algorithm." ProPublica. May 23, 2016.

30. Markoff, John. "Elon Musk's Neuralink Wants 'Sewing Machine-Like' Robots to Wire Brains to the Internet." *New York Times*. July 17, 2019.

31. Markoff, "Elon Musk's Neuralink"; Rogers, Adam. "Here's How Elon Musk Plans to Put a Computer in Your Brain." *Wired*. July 17, 2019.

32. Sanders, Robert. "Sprinkling of Neural Dust Opens Door to Electroceuticals." *Berkeley News*. August 3, 2016.

33. Sanders, "Sprinkling of Neural Dust"; Marr, Bernard. "Smart Dust Is Coming. Are You Ready?" *Forbes*. September 16, 2018.

34. Sutcliffe, Magdalena, and Madeline A. Lancaster. "A Simple Method of Generating 3D Brain Organoids Using Standard Laboratory Equipment." *Methods in Molecular Biology* 1576: 1–12, 2017.

35. Yeager, Ashley. "Infographic: How to Make a Brain Organoid." *The Scientist.* July 31, 2018. "Center for Genomically Engineered Organs." n.d. Harvard University. cgeo.hms.harvard.edu/; "Mark Skylar- Scott." n.d. Stanford Bioengineering. Stanford University.

36. Whiteman, Honor. "Your Brain Could Be Backed Up, for a Deadly Price." Healthline Media UK, March 16, 2018.

37. Letzter, Rafi. "MIT Just Cut Ties with Nectome, the '100-Percent-Fatal'Brain-Preserving Company." Live Science. April 2, 2018.

38. Bell, Gordon, and Jim Gray. "Digital Immortality." *Communications of the ACM* 44 (3): 28–31, 2001.

39. Hamilton, Isobel Asher. "2 Tech Founders Lost Their Friends in Tragic Accidents. Now They've Built AI Chatbots to Give People Life after Death." Insider. November 17, 2018. Ohman, Carl, and Luciano Floridi. "An Ethical Framework for the Digital Afterlife Industry." *Nature Human Behaviour* 2 (5): 318–20, 2018.

40. Eckstein, Maria K., et al. "Beyond Eye Gaze: What Else Can Eyetracking Reveal about Cognition and Cognitive Development?" *Developmental Cognitive Neuroscience* 25 (June 2017): 69–91.

41. "Detect and Monitor Brain Diseases through Typing Cadence."

42. Johnson, Bryan. "A Plan for Humanity." Medium. December 31, 2019.

43. "GDPR.eu." 2019.

44. Johnson, "A Plan for Humanity."

45. Johnson, "A Plan for Humanity."

46. Yong, Ed. "Psychology's Replication Crisis Is Running Out of Excuses." *The*

*Atlantic*. November 19, 2018.

47. "MIT Solve | Sapien Labs."

48. "MIT Solve | Sapien Labs."

49. "About Us." Sapien Labs.

50. "About Us." Sapien Labs, n.d.

## 21 20种15分钟自我实验

1. McGlothlin, Anna E., and Roger J. Lewis. "Minimal Clinically Important Difference." *JAMA* 312 (13): 1342, 2014. Wright, Alexis, et al. "Clinimetrics Corner: A Closer Look at the Minimal Clinically Important Difference (MCID)." *Journal of Manual & Manipulative Therapy* 20 (3): 160–66, 2012.

2. Rozenkrantz, Liron, et al. "Placebo Can Enhance Creativity." Emmanuel Manalo 编辑。*PLOS One* 12 (9): e0182466, 2017.

3. Kovacevic, Ana, et al. "The Effects of Aerobic Exercise Intensity on Memory in Older Adults." *Applied Physiology, Nutrition, and Metabolism,* October 2019. Oppezzo, Marily, and Daniel L. Schwartz. "Give Your Ideas Some Legs: The Positive Effect of Walking on Creative Thinking." *Journal of Experimental Psychology: Learning, Memory, and Cognition* 40, 2014; Stenfors, Cecilia U. D., et al. "Positive Effects of Nature on Cognitive Performance Across Multiple Experiments: Test Order but Not Affect Modulates the Cognitive Effects." *Frontiers in Psychology* 10, July 2019. Steinberg, H., et al. "Exercise Enhances Creativity Independently of Mood." *British Journal of Sports Medicine* 31 (3): 240–45, 1997.

4. Lifehack. 2013. "7-Minute Workout." YouTube. youtube.com/watch?v=ECxYJcn-vyMw; Reynolds, Gretchen. "The Scientific 7-Minute Workout." *New York Times,* May 9, 2013.

5. Iowa State University News Service. "Want to Boost Creativity? Try Playing Minecraft." Iastate .edu, 2019. Hutton, Elizabeth, and S.Shyam Sundar. "Can Video Games

Enhance Creativity? Effects of Emotion Generated byDance Dance Revolution." *Creativity Research Journal* 22 (3): 294–303, 2010.

6. "Get Minecraft." Minecraft.net, September 29, 2020.

7. Chrysikou, Evangelia G., et al. "Noninvasive Transcranial Direct Current Stimulation over the Left Prefrontal Cortex Facilitates Cognitive Flexibility in Tool Use." *Cognitive Neuroscience* 4 (2): 81–89, 2013.

8. Chrysikou, et al., "Noninvasive Transcranial Direct Current Stimulation."

9. Mineo, Liz. "Less Stress, Clearer Thoughts with Mindfulness Meditation." *Harvard Gazette,* April 17, 2018.

10. Flett, Jayde A. M., et al. "Mobile Mindfulness Meditation: A Randomised Controlled Trial of the Effect of Two Popular Apps on Mental Health." *Mindfulness* 10 (5): 863–76, 2018. Mani, Madhavan, et al. "Review and Evaluation ofMindfulness-Based IPhone Apps." *JMIR MHealth and UHealth* 3 (3): e82, 2015.

11. Guevarra, Darwin A., et al. "Placebos Without Deception Reduce Self-Report and Neural Measures of Emotional Distress." *Nature Communications* 11 (1): 3785, 2020. Schaefer, Michael, et al. "Open-Label Placebos Reduce Test Anxiety and Improve Self-Management Skills: A Randomized-Controlled Trial." *Scientific Reports* 9 (1), 2019.

12. Spiridon, Elena, and Stephen Fairclough. "The Effects of Ambient Blue Light on Anger Levels: Applications in the Design of Unmanned Aircraft GCS." *International Journal of Unmanned Systems Engineering* 5 (3): 53–69, 2017. De Kort, Yvonne, et al."Lighting and Self-Regulation: Can Light Revitalize the Depleted Ego?" 2017.

13. Iyadurai, L., et al. "Preventing Intrusive Memories After Trauma via a Brief Intervention Involving Tetris Computer Game Play in the Emergency Department: A Proof-of-Concept Randomized Controlled Trial." *Molecular Psychiatry* 23 (3): 674–82, 2017. Lobel, Adam, et al. "Designing and Utilizing Biofeedback Games for Emotion Regulation." *Proceedings of the 2016 CHI Conference Extended Abstracts on Human Factors in Computing Systems,* May 2016.Bakker, David, et al. "Mental Health Smartphone Apps:

Review and Evidence-Based Recommendations for Future Developments." *JMIR Mental Health* 3 (1): e7, 2016. Payne, Hannah E., Victor B. A. Moxley, and Elizabeth MacDonald. "Health Behavior Theory in Physical Activity Game Apps: A Content Analysis." *JMIR Serious Games* 3 (2): e4, 2015. Roepke, Ann Marie, et al. "Randomized Controlled Trial of SuperBetter, a Smartphone-Based/Internet-Based Self-Help Tool to Reduce Depressive Symptoms." *Games for Health Journal* 4 (3):235–46, 2015. Devan, Hemakumar, et al. "Evaluation of Self-Management Support Functions in Apps for People with Persistent Pain: Systematic Review." *JMIR MHealth and UHealth* 7 (2): e13080, 2019.

14. Sarris, Jerome, Emma LaPorte, and Isaac Schweitzer. "Kava: A Comprehensive Review of Efficacy, Safety, and Psychopharmacology." *Australian and New Zealand Journal of Psychiatry* 45 (1): 27–35, 2011.

15. Lover, Kava. "Genuine Kava — Helping Your Search for Certified Roots Kava.com." The Trusted Kava Source | Kava Root Powder | Kava Wholesale, March 23, 2017.

16. "Menu." Kava Lounge SF, 2016.

17. "Buy Fine Kava | Kava Powders | Instant Kava | Bottled Kava | Green Kava | the Kava Society." Kava Society, 2011.

18. "Menu." Kava Lounge SF.

19. Chowhound. "Kava Shake Recipe." Chowhound, n.d.

20. Adam, Hajo, and Adam D. Galinsky. "Enclothed Cognition." *Journal of Experimental Social Psychology* 48 (4): 918–25, 2012.

21. Hsieh, Shu-Shih, et al. "Systematic Review of the Acute and Chronic Effects of High-Intensity Interval Training on Executive Function across the Lifespan." *Journal of Sports Sciences* 39 (1):10–22, 2020. Stenfors, Cecilia U. D., et al. "PositiveEffects of Nature on Cognitive Performance Across Multiple Experiments: Test Order but Not Affect Modulates the Cognitive Effects." *Frontiers in Psychology* 10 (July 2019). Hsieh, Shu-Shih, et al. "Systematic Review of the Acute and Chronic Effects of High-Intensity Interval Training on Executive Function across the Lifespan." *Journal of Sports Sciences* 39 (1):

10–22, 2020.

22. Stenfors, Cecilia U. D., et al. "Positive Effects of Nature."

23. "10 Minute Taekwondo Workout." YouTube, n.d.

24. "Surya Namaskar." Wikipedia, November 9, 2020.

25. Beaven, C. Martyn, and Johan Ekstrom. "A Comparison of Blue Light and Caffeine Effects on Cognitive Function and Alertness in Humans." Edited by Denis Burdakov. *PLOS One* 8 (10):e76707, 2013.

26. Bhayee, Sheffy, et al. "Attentional and Affective Consequences of Technology Supported Mindfulness Training: A Randomised, Active Control, Efficacy Trial." *BMC Psychology* 4 (November 2016).

27. Smith, Glenn E., et al. "A Cognitive Training Program Based on Principles of Brain Plasticity: Results from the Improvement in Memory with Plasticity-Based Adaptive Cognitive Training (IMPACT) Study." *Journal of the American Geriatrics Society* 57 (4): 594–603, 2009. Jaeggi, S. M., et al. "Improving Fluid Intelligence with Training on Working Memory." *Proceedings of the National Academy of Sciences* 105 (19): 6829–33, 2008. Smith, Glenn E., et al. "A Cognitive Training Program Based on Principles of Brain Plasticity: Results from the Improvement in Memory with Plasticity-Based Adaptive Cognitive Training (IMPACT) Study." *Journal of the American Geriatrics Society* 57 (4): 594–603, 2009.

28. Imburgio, Michael J., and Joseph M. Orr. "Effects of Prefrontal tDCS on Executive Function: Methodological Considerations Revealed by Meta-Analysis." *Neuropsychologia* 117 (August 2018): 156–66.

29. Imburgio and Orr, "Effects of Prefrontal tDCS."

30. Haskell, Crystal F., et al. "The Effects of L-Theanine, Caffeine and Their Combination on Cognition and Mood." *Biological Psychology* 77 (2): 113–22, 2008.

31. Denis, M. 1985. "Visual Imagery and the Use of Mental Practice in the Development of Motor Skills." *Canadian Journal of Applied Sport Sciences. Journal*

*canadien des sciences appliquées au sport* 10 (4): 4S16S. Pascual-Leone, A., et al. “Modulation of Muscle Responses Evoked by Transcranial Magnetic Stimulation during the Acquisition of New Fine Motor Skills.” *Journal of Neurophysiology* 74 (3): 1037–45, 1995. Kaptchuk, Ted J., et al. “Placebos Without Deception: A Randomized Controlled Trial in Irritable Bowel Syndrome.” Edited by Isabelle Boutron. *PLOS One* 5 (12): e15591, 2010.

32. Winter, Bernward, et al. “High Impact Running Improves Learning.” *Neurobiology of Learning and Memory* 87 (4): 597–609, 2007.

33. Marzbani, H., H. Marateb, and M. Mansourian. “Methodological Note: Neurofeedback: A Comprehensive Review on System Design, Methodology and Clinical Applications.” *Basic and Clinical Neuroscience Journal* 7 (2), 2016.

34. Karpicke, J. D., and J. R. Blunt. “Retrieval Practice Produces More Learning than Elaborative Studying with Concept Mapping.” *Science* 331 (6018): 772–75, 2011.

35. Neale, Chris, et al. “Cognitive Effects of Two Nutraceuticals Ginseng and Bacopa Benchmarked against Modafinil: A Review and Comparison of Effect Sizes.” *British Journal of Clinical Pharmacology* 75 (3): 728–37, 2013.

36. “Beginners—Nootropics.” Reddit, 2013.

37. Frank, Kurtis, et al. “*Bacopa monnieri* Research Analysis.” Examine.com, February 2019.

38. Pase, Matthew P., et al. “The Cognitive-Enhancing Effects of *Bacopa monnieri*: A Systematic Review of Randomized, Controlled Human Clinical Trials.” *Journal of Alternative and Complementary Medicine* 18 (7): 647–52, 2012. Nathan, P. J., et al. “The Acute Effects of an Extract of *Bacopa monnieri* (Brahmi) on Cognitive Function in Healthy Normal Subjects.” *Human Psychopharmacology: Clinical and Experimental* 16 (4): 345–51, 2001.

## 22 分析实验数据，下一步该往哪走

1. Schel, M. A., and T. Klingberg. "Specialization of the Right Intraparietal Sulcus for Processing Mathematics During Development." *Cerebral Cortex* 27 (9): 4436–46, 2017. PMID: 27566976.

2. Olive, Melissa L., and Jessica H. Franco. "(Effect) Size Matters: And So Does the Calculation." *Behavior Analyst Today* 9 (1): 5–10, 2008.

3. 你觉得这些眼熟，那是因为它们是我自己对安斯库姆四重奏（Anscombe's Quartet）的演绎。安斯库姆四重奏是英国统计学家弗朗西斯·安斯库姆（Francis Anscombe）给出的著名的统计数据集，目的是说明使用平均值而不用图来呈现数据存在的风险。

## 结语 自我提升是永远不会结束的旅程

1. Othmer, Siegfried. 发送给 Elizabeth Ricker 的邮件 . March 15, 2021.

# 未来，属于终身学习者

我们正在亲历前所未有的变革——互联网改变了信息传递的方式，指数级技术快速发展并颠覆商业世界，人工智能正在侵占越来越多的人类领地。

面对这些变化，我们需要问自己：未来需要什么样的人才？

答案是，成为终身学习者。终身学习意味着具备全面的知识结构、强大的逻辑思考能力和敏锐的感知力。这是一套能够在不断变化中随时重建、更新认知体系的能力。阅读，无疑是帮助我们整合这些能力的最佳途径。

在充满不确定性的时代，答案并不总是简单地出现在书本之中。“读万卷书”不仅要亲自阅读、广泛阅读，也需要我们深入探索好书的内部世界，让知识不再局限于书本之中。

## 湛庐阅读 App：与最聪明的人共同进化

我们现在推出全新的湛庐阅读 App，它将成为您在书本之外，践行终身学习的场所。

- 不用考虑“读什么”。这里汇集了湛庐所有纸质书、电子书、有声书和各种阅读服务。
- 可以学习“怎么读”。我们提供包括课程、精读班和讲书在内的全方位阅读解决方案。
- 谁来领读？您能最先了解到作者、译者、专家等大咖的前沿洞见，他们是高质量思想的源泉。
- 与谁共读？您将加入到优秀的读者和终身学习者的行列，他们对阅读和学习具有持久的热情和源源不断的动力。

在湛庐阅读 App 首页，编辑为您精选了经典书目和优质音视频内容，每天早、中、晚更新，满足您不间断的阅读需求。

【特别专题】【主题书单】【人物特写】等原创专栏，提供专业、深度的解读和选书参考，回应社会议题，是您了解湛庐近千位重要作者思想的独家渠道。

在每本图书的详情页，您将通过深度导读栏目【专家视点】【深度访谈】和【书评】读懂、读透一本好书。

通过这个不设限的学习平台，您在任何时间、任何地点都能获得有价值的思想，并通过阅读实现终身学习。我们邀您共建一个与最聪明的人共同进化的社区，使其成为先进思想交汇的聚集地，这正是我们的使命和价值所在。

著作权合同登记号　图字 11-2023-218
Smarter Tomorrow: How 15 Minutes of Neurohacking a Day Can Help You Work Better, Think Faster, and Get More Done by Elizabeth R. Ricker


**图书在版编目（CIP）数据**

自我升级的大脑 /（美）伊丽莎白·里克著；鲁创创译 . — 杭州：浙江科学技术出版社，2023.9
ISBN 978-7-5739-0722-6

Ⅰ . ①自… Ⅱ . ①伊… ②鲁… Ⅲ . ①心理过程—普及读物 Ⅳ . ① B842-49

中国国家版本馆 CIP 数据核字 (2023) 第 130039 号

| | |
|---|---|
| **书　　名** | **自我升级的大脑** |
| **著　　者** | [美] 伊丽莎白·里克 |
| **译　　者** | 鲁创创 |

| | |
|---|---|
| **出版发行** | **浙江科学技术出版社** |
| | 地址：杭州市体育场路 347 号　邮政编码：310006 |
| | 办公室电话：0571-85176593 |
| | 销售部电话：0571-85062597 |
| | E-mail:zkpress@zkpress.com |
| **印　　刷** | 唐山富达印务有限公司 |

| | | | |
|---|---|---|---|
| **开　　本** | 710mm × 965mm　1/16 | **印　　张** | 30.5 |
| **字　　数** | 435 000 | **插　　页** | 1 |
| **版　　次** | 2023 年 9 月第 1 版 | **印　　次** | 2023 年 9 月第 1 次印刷 |
| **书　　号** | ISBN 978-7-5739-0722-6 | **定　　价** | 139.90 元 |

| | | | |
|---|---|---|---|
| **责任编辑** | 陈淑阳　柳丽敏 | **责任美编** | 金　晖 |
| **责任校对** | 张　宁 | **责任印务** | 田　文 |